U0216370

厦门大学百年校庆系列出版物 · 编委会

1921-2021
厦门大学
XIAMEN UNIVERSITY

厦门大学百年校庆系列出版物

百年精神文化系列

芙蓉园里尽芳菲

厦大校园的花草树木

A Picturesque and Poetic Campus:
Flowers, Plants and Trees in XMU

林 间 ◎ 著

厦门大学出版社
XIAMEN UNIVERSITY PRESS

国家一级出版社
全国百佳图书出版单位

图书在版编目(CIP)数据

芙蓉园里尽芳菲:厦大校园的花草树木/林间著.—厦门:厦门大学出版社,2021.3

(百年精神文化系列)

ISBN 978-7-5615-8116-2

Ⅰ.①芙… Ⅱ.①林… Ⅲ.①厦门大学－园林植物－概况②厦门大学－校园文化 Ⅳ.①S68②G649.285.73

中国版本图书馆 CIP 数据核字(2021)第 045358 号

出 版 人	郑文礼
责任编辑	冀　钦
装帧设计	李夏凌　蒋卓群
技术编辑	许克华

出版发行　厦门大学出版社

社　　址　厦门市软件园二期望海路 39 号

邮政编码　361008

总　　机　0592-2181111　0592-2181406(传真)

营销中心　0592-2184458　0592-2181365

网　　址　http://www.xmupress.com

邮　　箱　xmup@xmupress.com

印　　刷　厦门市竞成印刷有限公司

开　本　720 mm×1 000 mm　1/16

印　张　22.5

字　数　412 千字

版　次　2021 年 3 月第 1 版

印　次　2021 年 3 月第 1 次印刷

定　价　100.00 元

厦门大学出版社
微信二维码

厦门大学出版社
微博二维码

总　序

厦门大学 | 党委书记　张　彦
　　　　 | 校　　长　张　荣

　　2021年4月6日，厦门大学百年华诞。百载风雨，十秩辉煌，这是厦门大学发展的里程碑，继往开来的新起点。全校师生员工和海内外校友满怀深情地期盼这一荣耀时刻的到来。

　　为迎接百年校庆，学校在三年前就启动了"百年校庆系列出版工程"的筹备工作，专门成立"厦门大学百年校庆系列出版物编委会"，加强领导，统一部署。各院系、部门通力合作，众多专家学者和相关单位的工作人员全身心地参与到这项工作之中。同志们满怀高度的责任感和紧迫感，以"提升质量，确保进度，打造精品"为目标，争分夺秒，全力以赴，使这项出版工程得以快速顺利地进行。在这个重要的历史时刻，总结厦大百年奋斗历史，阐扬百年厦大"四种精神"，抒写厦大为伟大祖国所做出的突出贡献，激发厦大人的自豪感和使命感，无疑是献给百岁厦大最好的生日礼物。

　　"百年校庆系列出版工程"包括组织编撰百年校史、百年组织机构史、百年院系史、百年精神文化、百年学术论著选刊、校史资料与学生名录……有多个系列近150种图书将与广大读者见面。从图书规模、涉及领域、参编人员等角度看，此项出版工程极为浩大。这些出版物的问世，将为学校留下大量珍贵的历史资料，为学校深入开展校史教育提供丰富生动的素材，也将为弘扬厦门大学"自强不息，止于至善"校训精神注入时代的新鲜血液，帮助人们透过"中国最美大学校园"

的山海空间和历史回响，更加清晰地理解厦门大学在中国发展进程中发挥的独特作用、扮演的重要角色，领略"南方之强"的文化与精神魅力。

百年校庆系列出版物将多方呈现百年厦大的精彩历史画卷。这些凝聚全校师生员工心血的出版物，让我们感受到厦大人弦歌不辍的精神风貌。图文并茂的《厦门大学百年校史》，穿越历史长廊，带领我们聆听厦大不平凡百年岁月的历史足音。《为吾国放一异彩——厦门大学与伟大祖国》浓墨重彩地记述厦门大学与全国34个省级行政区以及福建省九市一区一县血浓于水的校地情缘，从中可以读出厦门大学在中华民族伟大复兴征程中留下的深深烙印。参与面最广的"厦门大学百年院系史系列"、《厦门大学百年组织机构史》，共有30多个学院和直属单位参与编写，通过对厦门大学各学院和组织机构发展脉络、演变轨迹的细致梳理，深入介绍厦门大学的党建工作、学科建设、人才培养、组织管理、社会服务等方面的发展历程，展示办学成就，彰显办学特色。《厦门大学校史资料选编（1992—2017）》和《南强之星——厦门大学学生名录（2010—2019）》，连同已经出版的同类史料，将较完整、翔实地展现学校发展轨迹，记录下每位厦大学子的荣耀。"厦门大学百年精神文化系列"涵盖人物传记和校园风采两大主题，其中《陈嘉庚传》在搜集大量史料的基础上，以时代精神和崭新视角，生动展现了校主陈嘉庚先生的丰功伟绩。此次推出《林文庆传》《萨本栋传》《汪德耀传》《王亚南传》四部厦门大学老校长传记，是对他们为厦大发展所做出的突出贡献的深切缅怀。厦大校友、红军会计制度创始人、中国共产党金融事业奠基人之一高捷成的传记《我的祖父高捷成》，则是首次全面地介绍这位为中国人民解放事业做出杰出贡献的烈士的事迹。新版《陈景润传》，把这位"最美奋斗者"、"感动中国人物"、令厦大人骄傲的杰出校友、世界著名数学家不平凡的人生再次展现在我们眼前。抒写校园风采的《厦门大学百年建筑》、《厦门大学餐饮百年》、《建南大舞台》、《芙蓉园里尽芳菲》、《我的厦大老师》（百年华诞纪念专辑）、《创新创业厦大人2》、

《志愿之光》、《让建南钟声传响大山深处》、《我的厦大范儿》以及潘维廉的《我在厦大三十年》等，都从不同的角度，引领我们去品读厦门大学的真正内涵，感受厦门大学浓郁的人文精神和科学精神。

此次出版的"厦门大学百年学术论著选刊"，由专家学者精选，重刊一批厦大已故著名学者在校工作期间完成的、具有重要价值的学术论著（包括讲义、未刊印的论著稿本等），目的在于反映和宣传厦门大学百年来的学术成就和贡献，挖掘百年来厦门大学丰厚的历史积淀和传统资源，展示厦门大学的学术底蕴，重建"厦大学派"，为学校"双一流"建设提供学术传统的支撑。学校将把这项工作列入长期规划，在百年校庆时出版第一辑共40种，今后还将陆续出版。

"自强！自强！学海何洋洋！"100年前，陈嘉庚先生于民族危难之际，抱着"教育为立国之本，兴学乃国民天职"的信念，创办了厦门大学这所中国历史上第一所由华侨独资建设的大学。100年来，厦大人秉承"研究高深学术，养成专门人才，阐扬世界文化"的办学宗旨，在实现中华民族伟大复兴的征程上书写自己的精彩篇章。我们相信，当百年校庆的欢庆浪潮归于平静时，这些出版物将会是一串串熠熠生辉的耀眼珍珠，成为记录厦门大学百年奋斗之旅的永恒坐标，成为流淌在人们心中的美好记忆，并将不断激励我们不忘初心继承传统，牢记使命乘风破浪，向着中国特色世界一流大学目标奋勇前行！

张彦 张荣

2020年12月

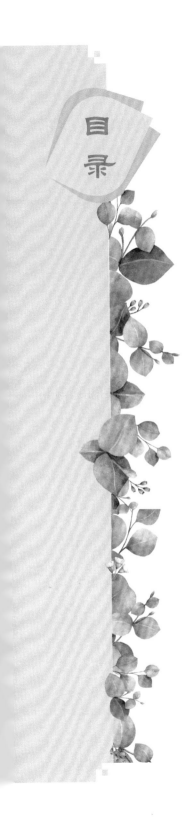

目录

凤凰花开满天

百年厦大的草木诗情

"那一年，我听到五老峰的呼唤，仿佛就那么一瞬间，凤凰花开满天……"2019年，著名女歌唱家韩红作曲并演唱的一曲《凤凰花季》，感动了无数的厦大人，瞬间刷爆了海内外厦大校友的朋友圈。

如果说，烂漫的樱花是武汉大学的骄傲，洁白的玉兰花是复旦大学的自豪，那么，火红的凤凰花则是厦大师生的最爱！莘莘学子对凤凰花情有独钟，美丽的凤凰花也因此被誉为厦大的"校花"。

凤凰花一年花开两度：一次在六月，送别老生，让理想飞翔于蓝天；一次在九月，迎来新生，遨游知识的海洋。火焰般怒放的凤凰花，不仅饱含着同学们的离别情、相思意，也充满了新老学生相聚的欢欣与快乐。"凤凰花开"由此成为厦大毕业季和迎新季的代名词。

春去春又来，花开会有时。每年厦大送旧迎新，整个校园都沉浸在凤凰花海中。每个即将离校的毕业生见证了凤凰花的花开花谢，逝者如斯，留下了温馨的记忆；而每个初入厦大的新生见到林荫道上那一树树鲜艳的凤凰花时，更是赞不绝口。花与人、人与花交相辉映，构成了一幅人与自然和谐相处的美丽画面。

四年春来秋去，时光流逝，看着凤凰木几度花开花落，叶绿叶黄，同学们也一年年地成长。虽然有时快乐有时落寞，但大家都很庆幸，因为"生命中某一段时光曾一起度过"。眼看就要离开这美丽的校园，怎能忘记老师的嘱托和期盼，怎能忘记同窗的深情与厚谊，又怎能忘记那如火如荼的凤凰花。它记录了同学们的青春历程，凝结着南强学子对母校永远的记忆！

厦大校园里花草繁茂、绿树成荫，除了火红的凤凰花，还有许多你耳熟能详的植物。

芙蓉湖畔，那一株株婀娜多姿、妖媚动人的垂柳，那随风摇曳的柳枝，轻轻撩过湖面的柳叶，那荡起阵阵涟漪的湖水，以及从湖畔走过的撑着花伞、身材窈窕的女生，天然就是一幅色彩迷人的风景画。

芙蓉湖畔的柳树

早春二月，群贤楼外那一字排开的几株高大的木棉树，显得格外俊俏挺拔。硕大的木棉花朵高挂在枝头，红彤彤的花冠像火焰般燃烧，远远望去，一片如火如荼，把一个春天渲染得绚烂至极。著名女诗人舒婷在那首脍炙人口的《致橡树》中，就把

群贤楼外的木棉

木棉和橡树相提并论，讴歌了木棉的勇敢和坚贞。

芙蓉园里，处处可见一株株长髯飘拂的老榕树。从一走进校门口就扑面而来的那株枝繁叶茂的大榕树，到南洋所大楼前那两株冠盖如伞、浓荫蔽日的老榕树；从老化学馆北侧那几株枝干虬曲、缠绵悱恻的榕树，到湖畔道旁的高山榕、小叶榕……厦大的榕树不仅品种多，而且许多老榕树都有上百年的树龄，比厦大的历史还要悠久。

漫山遍野的相思树

环绕校园四周的山间林谷，处处可见相思树婀娜的身影。每到初夏开花时节，漫山遍野的相思树仿佛一夜之间悄然铺展开来，把满目青山浸染成黄灿灿的一片。近前一看，圆圆的金黄色小花开遍相思树枝头，散发出淡淡的清香；远处眺望，层层叠叠，如花海般灿烂而热烈，成了山野林间最亮丽的色彩。

应该感谢校主陈嘉庚当年独到的眼光，选择了鹭岛东南海滨这片依山傍海、风景绝佳的土地，选择了厦门这个地处亚热带、气候温暖、四季如春的城市，来建设厦门大学这个美丽的校园。百年来，厦大校园始终以树木繁盛、绿意葱茏而著称，即使抗战时期西迁长汀也毫不逊色，在面对汀江的梅林"踏雪赏梅"、在俯瞰校园的北山"红叶题诗"，给师生们留下多少难忘的记忆。

今天，当你走进厦大，在校园里可以看到许多你叫得出名或叫不出名的花草树木：从环抱上弦场的蒲葵，到白城海滨的木麻黄；从亭亭玉立的南洋杉到随风摇曳的柠檬桉；从洁白馨香的玉兰花到清姿雅质的木芙蓉，从迷人的香樟树到美丽的蓝花楹，还有腊肠树、龙船花、夹竹桃、三角梅、波罗蜜……；还有几十种南方亚热带的果树，如龙眼、荔枝、枇杷、杧果、番石榴、番木瓜、莲雾、阳桃、柿子，一到收获季节，

花果飘香

果香飘满四方，令人流连忘返。

在厦大百年校庆即将到来之际，我们从厦大校园的成百上千种植物中遴选出百种花草树木，撰写了近百篇植物随笔、散文，辑为《芙蓉园里尽芳菲——厦大校园的花草树木》一书。该书从人文视角展现了这些花草树木的植物形态和特征，生动地描写了隐藏在这些花草树木背后的文化内涵、历史典故和青葱往事。全书资料翔实，文笔生动，图文并茂，是一部既有知识性、又有可读性的大众读物，也是厦门大学作为"中国最美的大学校园之一"的历史见证。

十年树木、百年树人。芙蓉园里的花草树木，见证了一代代南强学子的青春年华，共同谱写了大学生活的美丽篇章，成为厦大人永远的珍贵记忆。

合欢花开

第一辑

芙蓉湖畔柳依依

芙蓉湖畔的垂柳

芙蓉湖畔柳依依

美丽的芙蓉湖是厦门大学的一道绿色风景线，湖畔的垂柳则是许多厦大学子留存心中、挥之不去的记忆。

一个细雨霏霏的春日，我穿过白墙红瓦的群贤楼群，走向绿意葱茏的芙蓉湖，映入我眼帘的是湖边那一株株婀娜多姿、妩媚动人的垂柳。虽然厦大校园里以树木繁多而著称，如花开似火的木棉树和凤凰木，如傲然挺立的棕榈树和柠檬桉，如长髯如须的榕树和冠盖如伞的蒲葵……但唯有芙蓉湖边的如丝垂柳，最是柔情似水。

那随风摇曳的柳枝，那轻轻撩过湖面的柳叶，那荡起阵阵涟漪的湖水，还有湖畔走过的撑着花伞、身材窈窕的女生，构成了一幅色彩迷人的风景画。花晨月夕，湖边草地上、柳树边，成双成对的情侣若隐若现，婆娑的树影造就了幽深与神秘，也成全了许多年轻学子的浪漫爱情。难怪有人说芙蓉湖是厦大的情人湖，也有人说芙蓉湖之于厦大，该如康河之于康桥吧？

我喜欢春风丽日里的芙蓉湖，更喜欢烟雨迷蒙中的芙蓉湖。天空中飘洒的雨丝，湖岸边轻飏的柳叶，色彩古朴的红砖楼，倒映在粼粼湖水中，产生了多变的光影效果，显得那样生动而又丰富。

　　望着眼前摇曳生姿的垂柳，我不禁想起了自己出生、成长的泉州古城，那百源清池边的株株垂柳，那府文庙泮池边的棵棵柳树，还有池塘边绕着柳枝飞来飞去的蜻蜓，是那样亲切，那般动人。记得中学时代，有一首名为《送别》的柬埔寨歌曲曾在校园里风靡一时："春风吹动了岸边垂柳，水中月影移；乌云遮住了一轮明月，月儿出水中。送

郎出征，漫步原野，情比月夜浓……"据说这首歌的词、曲是由西哈努克·莫妮克公主谱写的，曲调悠扬，歌词优美。在当时文艺"百花凋零"的氛围中，这首充满人性、情深意长的歌曲，自然在青年学生中激起了阵阵涟漪。唱着它，岸边的垂柳和水中的月影仿佛也一幕幕地在我的眼前闪现……

　　送别似乎是柳树永恒的主题。柳与"留"音近，古人常于送别时折柳相赠，表示心中的离愁别绪。从《诗经》（小雅·采薇）中的"昔我往矣，杨柳依依"，到唐代诗人李白的"年年柳色，霸陵伤别"，莫不如此。王维的《送元二使安西》更是写出了送别友人的无奈与感伤："渭城朝雨浥轻尘，客舍青青柳色新。劝君更尽一杯酒，西出阳关无故人。"全诗借"客舍青青柳色新"表达了作者内心强烈深沉的惜别之情，可谓"情景交融，韵味隽永"，具有很强的艺术感染力。诗成不久就被谱成乐曲，名为《阳关三叠·渭城曲》，后来成为流传千古的名曲。

　　唐代是中国诗歌的极盛时代。据统计，在《全唐诗》收录的近五万首诗中，柳树是被引述最多的植物。如唐代诗人贺知章的《咏柳》，就以轻盈的笔调和形象的比喻，描写了春天柳树的勃勃生机和袅娜多姿："碧玉妆成一树高，万条垂下绿丝绦。不知细叶谁裁出，二月春风似剪刀。"高高的柳树长满了翠绿的新叶，轻柔的柳枝低垂下来，就

像万条轻轻飘动的绿色丝带。诗人别出心裁地把二月里温暖的春风比喻为灵巧的"剪刀"，把春风孕育万物形象地表现了出来，不仅立意新奇，而且饱含韵味。

柳树是中国的原生树种，中国植柳已有四千多年的历史。古蜀人很早就开始广植柳树，春天伊始，万树吐绿，柳丝摇曳，这是一幅多么动人的景象！隋炀帝登基后，下令开凿通济渠，并在新开的大运河两岸植柳，还御赐柳树姓杨，享受与帝王同姓之殊荣，从此柳树便有了"杨柳"之美称。

柳树是属于春天的。二月里，一阵春风吹过，柳树就开始开花；雨水节气到来时，先开花后萌叶的柳枝开始吐出嫩芽，其娇嫩犹如初生的婴儿，令人倍生怜惜；一场春雨下过，柳枝便绽放出一片新绿，斜风细雨，含烟带雾；到清明时节，柳树的果实成熟裂开，释放出长白细小的种子，形成漫天飞舞的"柳絮"。

柳树是报春的使者，有生机勃勃的寓意，代表积极向上、奋发有为的精神。当年毛泽东就有"春风杨柳万千条，六亿神州尽舜尧"的豪迈诗句，激励着中国人民不畏艰难险阻，努力改变国家贫穷落后的面貌。

柳树也是美好的象征，有温柔纤细的蕴意。如女子眉毛细长，称为"柳眉"；腰细身柔，称为"柳腰"；东晋女诗人谢道韫"未若柳絮因风起"的妙喻，以柳絮喻雪，更是让天下才女有了轻柔洁白的"咏絮客"的美名。

柳树对环境的适应性很广，不仅耐寒，而且耐旱、耐涝，生命力很强，在中国南北各地均有栽植。既可美化环境，也可作为造纸原料，柳树皮还具有解热镇痛的良效，西药阿司匹林就取材于柳树。因此中国古代素有"榆树救荒，柳树祛病"的说法。

柳树不仅深受古代文人墨客的推崇，也深受老百姓的喜爱。东晋诗人、《桃花源记》的作者陶渊明曾在堂前栽植了五棵柳树，自号"五柳先生"。清末名将左宗棠出征西北时，沿河西走廊栽种了许多柳树，被称为"左公柳"，后人誉之"新栽杨柳三千里，引得春风度玉关"。

二十世纪八十年代中期，厦大芙蓉湖开挖后，湖畔栽种了许多柳树。那一顷碧波，倒映着湖岸边的株株垂柳，显得格外生动活泼、充满灵气，自然成为厦大一景。可惜后来由于植被改造，不少柳树被替换成了其他树种，唯有情人谷周边的柳树依然随风摇曳、生机勃勃。"芙蓉湖畔柳依依"的景色，何时才能重新回到人们的视野中，让游子们"乐不思归"呢？

柳 树

又称垂柳，杨柳科柳属。乔木或匍匐状、垫状、直立灌木。枝圆柱形，髓心近圆形。绿叶，细长柳枝，柔软下垂。喜阳光、温暖、湿润气候，根系发达，萌芽力强，生长迅速。

校园分布：芙蓉湖畔、情人谷。

群贤楼外木棉红

　　中西合璧、美轮美奂的群贤楼，在漫长的历史岁月中，长期是厦大的行政"中枢"。群贤楼外，那一字排开的几株高大的木棉树，显得格外峻峭挺拔。每到春天，硕大的花朵高挂在枝头，红彤彤的花冠像火焰般燃烧。

　　在南方亚热带地区，木棉以花大色艳而著称。初春时，枝丫上的花朵似乎并不多，花瓣的颜色也要浅一些，还夹杂着几缕嫩黄。到三四月木棉花季时，突然间便开得繁花满树，花瓣颜色也变成大红或橙红的。远远望去，如火如荼，把一个春天渲染得绚烂至极。

　　暮春时节，一阵春雨过后，群贤楼外那一排木棉树上的殷红花朵很快就掉落满地，让过往的行人十分不舍。一些心怀恻隐的女生小心翼翼地走进草地，轻轻捡拾起那些虽已落地却并不褪色、也不萎靡的花朵细细端详，或把它们摆成"心"字造型慢慢欣赏品味。那绿茸茸的草地烘托着殷红的花朵，让人倍感温馨和浪漫。

　　木棉属热带、亚热带树种，喜高温高湿的气候环境，耐寒力较低。每年二三月进入花期，花掉光后再长叶。一年四季，木棉都有不同的风景：春天一树橙红，夏天绿叶成荫，秋天枝叶萧瑟，冬天秃枝寒树。在四季轮回中，她展现出不同的风情，花落之后被蒴果裂开的棉絮所取代，既令人倍加赞叹，也令人唏嘘不已。

木棉有"英雄树"之誉，因为其鲜红色的花朵像是英雄的鲜血所染成，壮硕挺拔的躯干和顶天立地的姿态也具有英雄般的气概，远远望去十分壮观。挺立枝头的木棉花虽然傲然盛开，艳若桃李，却丝毫也不媚俗。即使花蕊掉落后，树下落英缤纷，依然义无反顾地潇洒道别尘世，活生生一副英雄本色，不能不令人肃然起敬。岭南诗人陈恭尹因此赞曰："浓须大面好英雄，壮气高冠何落落。"

清末爱国诗人丘逢甲堪称木棉的"知音"。他一生不仅忠贞爱国、"保台护国"，而且写了不少歌颂木棉的诗篇，如："南天珍木瑰奇绝，花作红霞絮白雪。文章万丈见光焰，谁意飘零更高洁。"（《棉雪歌》）又如："万方多难此登楼，眼底云山翠欲流。欲吊红棉旧吟客，落花飞絮满江头。"（《游白牛岩用前游韵 其二》）

与丘逢甲同为"客家翘楚"的叶剑英元帅，也非常喜欢木棉，称之为"红棉"或"英雄树"，不仅在诗作中多次写到它，而且常以木棉自喻。早在1921年，年仅二十四岁的叶剑英就在《羊石杂咏》（其六）中写道："飒飒东风扫暮霞，木棉落后更无花。箫声咽似寒潮咽，不见秦楼见月华。"1938年，已担任八路军参谋长的叶剑英在《羊城怀旧》一诗中盛赞木棉："百战归来意气雄，廿年人事各西东。关心最是公园路，十丈红棉依样红。"

在那风雨如晦的年代里，叶剑英在广州"矢志共产宏图业，为花欣作落泥红"。木棉花盛开的广州被人们誉为"英雄城"，叶帅也被誉为"永不凋谢的英雄花"。直到晚年，叶帅对木棉依然情有独钟。在一张摄于广州华南植物园高耸云天的木棉树下的照片中，这位年过八旬的老帅题写道："百年赢得十之八，老骥仍将万里行。小憩羊城何所遇，英雄花照一劳人。"

仲春时节，我伫立群贤楼外，望着眼前熟悉的陈嘉庚铜像和飞檐翘角的宫殿式楼宇，望着高大挺拔的木棉树和树上殷红璀璨的花朵，不禁为之动容，为之钦服。遥想当年，嘉庚先生回到苦难深重的祖国，在五老峰下的演武场创办厦门大学，最先兴建的就是这一字形排开、"一主四从"的五幢大楼，中间的主楼为群贤楼，东有集美、映雪二楼，西有同安、囊萤二楼，后来统称为"群贤楼群"。它是厦大最古老的建筑群，2006年被国务院公布为全国重点文物保护单位。嘉庚先生以一己之力倾资兴学，其"英雄气魄"和"豪迈壮举"与木棉的"英雄本色"何其相似！

当年在厦大读书时，记不清曾有多少次坐在群贤楼群的教室里，听老师讲解政治经济学原理和马克思的《资本论》，讲亚当·斯密和大卫·李嘉图。有时不经意间往教室外探头一望，木棉那挺拔的身姿和红硕的花朵便直扑眼前。于是，我对郭小川所写的"木棉树开花红了半空""木棉花如宫灯万盏"有了更加真切的体会。

傍晚时分，吃过晚饭，和三两知己同学踏着晚霞夕阳散步，是大学时光中最惬意的事情之一。与厦大相邻的南普陀寺是我们散步经常去的地方，南普陀寺门前，也有几株高大挺拔的木棉，就像是这座庙宇的忠实卫士，守护着这座远近闻名的千年古刹。木棉树下有一排长长的、半米多高的石栏杆，可供游人和香客休憩。自然，我们从校园散步走到这里，也常坐在这石栏杆上歇息。

有一年春天，恰是"雨后复斜阳"的黄昏，空气格外清新。我在这石栏杆上刚坐下不久，头顶上的木棉花朵便扑漱扑漱地往下掉。刚开始似乎毫无征兆，等砸到地上时才发出清脆的声响。花朵的生命竟是如此的脆弱，刚才还在树上灿烂地开放着，而须臾之间就化为了尘土。我唯有在心里祈愿：落红不是无情物，化作春泥更护花！

二十世纪七十年代末，正是中国现代诗歌的鼎盛时期之一，朦胧诗在社会上引起了

激烈的争论。厦门女诗人舒婷和北岛、海子等一起被称为"朦胧派诗人",受到了人们的广泛关注。曾在闽西上杭农村插队的舒婷,在《致橡树》中把木棉与橡树相提并论,讴歌了木棉的勇敢与坚贞:

我如果爱你——绝不学攀缘的凌霄花／借你的高枝炫耀自己……／我必须是你近旁的一株木棉／作为树的形象和你站在一起／你有你的铜枝铁干／像刀,像剑,也像戟／我有我的红硕花朵／像沉重的叹息,又像英雄的火炬……

这首诗创作于 1977 年 3 月,是"文革"之后最早发表的爱情诗之一。舒婷别具一格地选择了"木棉"与"橡树"两个典型意象,向世人展示了新一代女性心目中的"伟大爱情"——扎根于同一片土地之上,同甘共苦、冷暖相依。后来这首抒情诗成为脍炙人口的诗篇,被选入"人教版"的高中语文教科书,并编入多所高校的大学语文教材。

"却是南中春色别,满城都是木棉花。"木棉不愧是花中王者,无论在岭南还是闽南,木棉花要开,都是一树树、一片片地开,红红火火、轰轰烈烈,绝不会柔柔弱弱、扭扭捏捏;它只要盛开,就一定站立在高高的枝头,吐露芳蕊,傲视群芳,尽展雄姿。

无须绿叶相陪伴,自有繁花似火红。这就是木棉,这就是英雄花!

木 棉

木棉科木棉属。落叶大乔木,树姿亭亭玉立,别具风情;树干有圆锥状的粗刺,掌状复叶;花大而美,红色或橙红色,通常花先叶开放,开花时满树缤纷,是广州市花。
校园分布:群贤路、敬贤宿舍区、凌峰园区、东苑。

刺桐花开情人谷

　　说起厦大"情人谷"，似乎早已名声在外，实际上它是厦大水库周边山谷的统称。由于水库北倚五老峰，山高林密，幽静怡人，因此成为情侣们寻幽踏青、谈情说爱的隐秘去处，久而久之，便被人们戏称为"情人谷"。

　　情人谷南侧山坡上，栽种着一整片枝干挺拔的刺桐树。每到春夏，花繁叶茂，红彤彤的花朵挂满枝头，令人目不暇接，心旷神怡。刺桐是一种落叶乔木，又称海桐，原产东南亚。因形似梧桐，枝干又有黑色圆锥形的棘刺，故称为"刺桐"。

　　每年三四月间，刺桐花开时，颜色深红的花朵照得满树红彤彤的。晋代《南方草木状》记："刺桐，其木为材。三月三时枝叶繁密，后有花，赤色，间生叶间，旁照他物皆朱，殷然三五房，凋则三五复发，如是者竟岁。"

　　刺桐不仅可作木材，也可药用，但主要价值在于观赏。暮春初夏之际，花俏枝头，或橙红，或紫红，丛丛簇簇，似红霞映天，层林尽染。由于刺桐树有的是叶先萌而花后发，有的是先抽花序而后绽出嫩芽。于是，民间喜欢先叶后花的，视之为五谷丰登的瑞兆，曰"瑞桐"；若先花后叶，则视为歉收之征兆。南宋时，泉州郡守王十朋有《刺桐》一诗："初见枝头万绿浓，忽见火伞欲烧空。花先花后年俱熟，莫道时人不爱红。"

我最早知道刺桐，不是从植物书本上，也不是从植物课老师的讲解中，而是从郭沫若的诗句中得知的。1962年，时任中国科学院院长郭沫若到福建视察工作，在《咏泉州》一诗中写道"刺桐花谢刺桐城，法界桑莲接大瀛"，表达了他对泉州刺桐港衰落和刺桐树凋零的惋惜和感叹。因为自己出生在泉州，因此很早就知道这首诗，知道诗中的刺桐花和刺桐城。

早在中古时期，泉州就以"刺桐城"而驰名东南亚、中东诸国和欧洲、非洲大陆。其时厦门还是一个尚未开发的小渔村，属于泉州府同安县管辖。作为"海上丝绸之路"的起点，泉州早在南朝时就与海外有交通往来，刺桐树也是那时通过海舶由东南亚地区引进的。刺桐被引种到泉州后，很快就在当地扎下根来。

古人尚赤，认为红是吉祥的象征，而刺桐不仅花红色艳，而且夏季枝叶茂盛、浓荫蔽日，因此博得许多泉州人和游历四方的文人墨客的喜爱。唐大中年间，诗人陈陶游闽中时路过泉州，深为这里的繁华景色所倾倒，一口气写下六首七绝——《咏泉州刺桐花兼呈赵使君》，抒发自己对刺桐花的赞赏与迷恋，其中有"海曲春深满郡霞，越人多种刺桐花""只是红芳移不得，刺桐屏障满中都"之句。晚唐诗人王毂在《刺桐花》一诗中，也以清新明快的笔触描写了刺桐花的绚丽景色：

南国清和烟雨辰，刺桐夹道花开新。

林梢簇簇红霞烂，暑天别觉生精神。

不过，泉州刺桐树的大量种植，还是得益于五代时清源军节度使留从效（906—962）的大力推广。留从效在主政泉州时，为适应海外商贸、交通日益发展的需要，在王审知修筑的子城基础上扩建了泉州城，称为"罗城"，周长达二十里。环城四周，留从效下令种植刺桐，一时蔚然成风，连城内的巷陌坊间也遍植刺桐，泉州因此被称为"刺桐城"。

刺桐绕城不仅成为泉州别具一格的景观，也使留从效得以青史留名。后人有"闽海云霞绕刺桐，往年城郭为谁封"的诗句，颂扬的就是留从效广植刺桐、造福百姓之事。北宋时，进士丁渭作为廉访使来泉，留下《刺桐》一诗："闻得乡人说刺桐，叶先花发卜年丰。我今到此忧民切，只爱青青不爱红。"表达了古代官员对百姓年成收获的关心，成为传世美谈。

宋元时期，随着海舶的帆影，海商的足迹，刺桐城名扬海外；泉州港也以"刺桐（Zaiton）港"之称驰名世界，连泉州出产的丝绸、陶瓷也被称为刺桐绸、刺桐缎、刺桐瓷。1292年初，马可·波罗从泉州启航回国，后来在《马可·波罗行记》中，他便以刺桐称呼泉州。

明代之后刺桐港逐渐没落，刺桐树也风光不再。泉州解放时，城内几乎已看不到刺桐树，以致易学家黄寿祺来到泉州时发出这样的感慨："泉城已渺刺桐花，空有佳名异代夸。寄语州人勤补种，好教万树灿朱霞。"

改革开放后，随着经济的发展和对生态文明的重视，刺桐树于1987年被确定为泉州市树，刺桐花也成为泉州市花。于是，闽南城乡各地开始广泛种植刺桐，红红火火的刺桐花不仅得以重现泉州古城，也得以重现厦大芙蓉园。

刺桐树种类较多，适应性也较强，随意栽植即能成活。2011年，为庆祝厦大九十周年华诞，外贸79级的同学共同捐资千万，用于厦大水库及周边山林环境的修葺和美化，水库边坡上那一片茂密的刺桐树也是在那时移植过来的。由于刺桐的生命力顽强，不仅很快就存活下来，而且在移植的第二年就繁花满枝了。为了让同学们饮水思源、不忘母校培育之恩，校方便把库区周围山谷命名为"思源谷"。只是由于习惯使然，或者更接地气，人们仍习惯称之为"情人谷"。

厦大校园里，除了水库边有刺桐树林，物理馆外边坡上，也种植着一片刺桐树林。

葱茏的刺桐树下，矗立着一位出生于刺桐城的厦大杰出校友、著名物理学家和教育家谢希德的铜像。

谢希德于1942年抗日战争的烽火岁月考入厦大数理系，毕业后赴美留学。她完成学业、获得博士学位后回到祖国怀抱，为新中国的技术物理事业做出了突出的贡献，是中国半导体物理学科和表面物理学科的开创者和奠基人，1983年出任复旦大学校长，成为新中国第一位大学女校长。2011年4月，在厦大九十周年校庆之际，学校在物理馆前为其铜像落成举行了揭幕仪式，以缅怀这位杰出校友、这位享誉海内外的著名教育家和社会活动家。

如今，厦大校园里，不仅有见诸史家典籍和诗词歌赋中的刺桐，还有同为刺桐属的鸡冠刺桐、黄脉刺桐、龙牙花等树种。每当我看到路边道旁不时闪现出的刺桐花木，看到那一簇簇鲜艳的刺桐花在树枝上迎风招展时，都会自然地想起闽南古城泉州，怀想当年刺桐城和刺桐港的满目繁华和过眼云烟。得知"古（泉州）刺桐史迹"正在申报世界文化遗产，我更是在心里默默地为她祈祷，祝她好运！

"安得梦中时化蝶，翩然飞入刺桐花。"愿芙蓉园里的刺桐花开得更加绚丽，情人谷的山光水色永远美若仙境。

刺桐

豆科刺桐属。落叶大乔木，枝上常有圆锥形刺；羽状复叶，花密集，蝶形花冠红色，花先叶开放；是阿根廷国花及福建泉州、吉林通化市花。

校园分布：情人谷、物理楼、东苑球场、南光餐厅旁。

漫山遍野相思浓

厦门——海防前线啊,

你究竟在何处?

不是一片片的荔枝林哟,

就是一行行的相思树……

　　这是二十世纪六十年代著名诗人郭小川来到厦门时,被密布前沿阵地的相思树所吸引而写下的动人诗句。在厦大校园和环绕四周的山间林谷,处处都可以看到相思树婀娜多姿的身影。每到初夏开花时节,满山遍野的相思树仿佛一夜之间悄然铺展开来,把满目青山浸染成黄灿灿一片。

　　相思树是我国南方许多地方常见的树种,终年常绿。或独立临风,或三两相依,更多的是成林成片。开花时,圆圆的金黄色小花开遍相思树枝头,满树尽挂黄金球,并散发出淡淡的清香。远远望去,层层叠叠,如花海般灿烂而热烈,成了山野林间最亮丽的色彩。落花时,树上的小花球洒落一地,黄澄澄一片,真是好看极了。

相思树貌不惊人，也不名贵，却别有风情。一年四季，春夏秋冬，她以自己的本色扮绿了大地，以朵朵小花装点着美丽山川。因此，她虽然没有凤凰木的艳丽和木棉树的伟岸，也没有榕树的魁梧和三角梅的缠绵，却深受人们的喜爱，尤其是细雨中的相思树，更是柔美多姿，别有韵味，令人心生怜爱。

相思树生性平和，随遇而安，适应能力强。树苗一旦落地生根，无须特殊照料，就能沐浴着阳光雨露，逐渐长大成材，即使在干旱贫瘠的土地也能顽强地生长。其根系发达，深扎地下，绝不"见异思迁"。任凭狂风暴雨吹打，也不轻易倒下，是沿海地区优良的防风树种。厦门夏季多台风，每次强台风来袭时，都会有不少树木折断，甚至被连根拔起。而看似弱不禁风的相思树，历经风雨洗礼之后，却依旧昂然挺立，鲜有相思树被吹倒的报道。

相思树顽强坚韧，枝丫相依，生命力旺盛。它的花不是一朵朵地开，而是一串串地开，连同密密匝匝的枝叶，黄绿相间，如同一幅精彩的水粉画；它的树枝看似纤弱，材质却非常坚硬，不仅可做家具，还可造船，甚至可做铁路枕木。相思树既可独立成片生长，也可与其他树种共同生长。它在植物群落大家庭中十分合群，甚至甘当"人梯"，让各种藤蔓植物缠绕、攀爬。更难能可贵的是，其他树木在遭遇台风、山火之后往往被折断或烧毁，而相思树第二年照样抽芽成长，依旧生机勃勃，可谓"野火烧不尽，春风吹又生"。

相思树的名字来自一个凄美动人的传说。据《搜神记》记载：战国时期，宋国康王的舍人韩凭之妻何氏貌美如花，康王为了霸占她便将韩凭囚禁了起来。韩凭被逼自杀身亡，何氏得知噩耗后也跳崖身亡。临死前她留下遗书要求与韩凭合葬，康王自然不许。所幸两人坟墓相距不远，天长日久，坟上的树苗逐渐长成大树。两树枝叶交错，根须相连，仿佛彼此相互拥抱。有一对鸳鸯经常栖于树上，不时引颈悲鸣。宋人见之，哀其不幸，于是称之为"相思树"。

相思树因此成为忠贞爱情的象征，犹如又一曲梁祝化蝶，不能不令人悲恸而感慨。清代诗人纳兰性德在《减字木兰花》中写道："天然绝代，不信相思浑不解，若解相思，定与韩凭共一枝。"作者以韩凭自喻，既抒发了自己对生死不渝的忠贞爱情的倾慕，又隐晦表达了对横刀夺爱的恶霸势力的愤慨。

相思树虽然普普通通，却如此坚强而深情，不能不令人感叹。树犹如此，何况人乎！因此，古往今来许多文人墨客都把相思树作为吟咏的对象。唐代诗人李商隐有"相思树上合欢枝，紫凤青鸾共羽仪"的佳句；韩偓有"相思树，流年度，无端又被西风误"的感叹；权德舆借相思树诉说羁旅

人家的离情别绪："空见相思树，不见相思人"；明代诗人刘基也为之黯然神伤，"芭蕉心一寸，杨柳丝千缕。今夜雨，定应化作相思树"。

相思树寄托着相思情。清末著名思想家梁启超在《台湾竹枝词》中，曾对相思树有过缠绵悱恻的抒写："相思树底说相思，思郎恨郎郎不知。树头结得相思子，可是郎行思妾时？"作者在诗中借女子的哀怨抒发心中的爱恋，可谓"人同此心，心同此树"。

相思树对从小生长在闽南的我来说，似乎并不陌生。早在孩提时代，就经常听到农家妇女走街串巷、叫卖"秋丝柴"的吆喝声。因而知道相思树枝是一种很好的薪柴，不仅易燃，而且耐烧。在那个物质匮乏、缺煤少柴的年代，自然很受老百姓欢迎。

后来我到农村去插队，下乡的鲤北山区漫山遍野也都是相思树。男女知青们天天伴着山边溪旁的相思树，日出而作，日落而息。收工时，大家经常来到溪边渠旁，一边洗去手上脚上的泥土，一边对着岸边的相思树唱着下乡的歌谣："蓝蓝的天上白云在飞翔，美丽的刺桐江畔是可爱的泉州故城，我的家乡啊……"，这首泉州版的《知青之歌》曾经打动过许多知青，让大家在艰辛的劳动和生活压力下获得一点情感的慰藉。

记得下乡那年冬天，正是寒冬腊月，知青点里的薪柴突然告罄。我和十几位知青伙

伴只好一大早便披星戴月，带着柴刀、斧头上山砍柴。大家一路踩着蒙蒙露珠，在崎岖的山路上披荆斩棘，在密密的相思树林中刀砍斧劈，最后每个人总算都挑回了近百斤的"秋丝柴"，解了知青食堂的燃眉之急。

到厦大读书后，由于经常遭遇"水荒"，因此大家对厦大水库也较为牵挂。早年其库容只有3万多立方米，后几经扩建，库容达到16万多立方米。在厦门未引进九龙江水之前，全校的用水几乎都靠这座水库供应。二十世纪八十年代之前，水库周边由于山高林密，道路崎岖，交通不便，似乎人迹罕至。除了一年一度的军训，学生们把周围的荒草坪当作打靶场使用外，水库平日里就自个寂寞在山水间，可以说"名不见经传"。

二十世纪八十年代中期，随着水库附近凌云楼群的相继落成，从勤业斋通往水库的道路也得到了修整，于是到这一带野游、锻炼乃至谈情说爱的男女学生逐渐多了起来。据说一位美术系的学生看着成双入对的情侣们艳羡不已，便在他们必经的一座小石桥上用红色颜料涂写了"情人谷"三字。从此，"养在深闺人未识"的情人谷逐渐展开其俏丽的容颜，进入了公众的视野。

情人谷的最大特色，就是这2万平方米波光粼粼的湖面和环绕水库四周的层层叠叠的相思树林。鱼戏水中，鸭眠波上，空中有白鹭相伴，偶尔有闲人垂钓；山坡上的相思

树林，如油画般色彩斑斓，青山绿水，风景秀丽，微风吹拂，野趣横生，真如同世外桃源一般。情人谷因此被视为厦大最浪漫的地方，自然也成为情侣们约会的好去处。

相思树品种繁多，分布在我国南方和东南亚地区的大多是台湾相思树。虽然其原产地在台湾恒春，别名"台湾柳"，但相思树的称谓典故却出自中原，说明台湾和大陆的文化是一脉相承的。两岸同根同源，同叶同花，自然有一种割舍不断的融融亲情。

台湾相思树在厦门随处可见。历史上，厦门一直是两岸来往的重要口岸，也是当年郑成功收复台湾的"桥头堡"，至今岛上仍保留着"国姓爷"郑成功的许多遗迹。如著名的鼓浪屿日光岩就是郑成功当年为收复台湾而操练水军的指挥台，厦大演武场也是当年郑成功在厦门屯兵时的操练场。

二十世纪五十至七十年代，由于历史的原因，两岸处于隔绝状态。厦门岛和"英雄三岛"一样，处于海防最前线。厦大四周的山峰和临海的前沿公路，以及海边的沙滩、巉岩、山岗上，密密麻麻生长着许多相思树、木麻黄、马尾松，它们共同构成一道绿色的天然屏障，掩护着山上密布的战壕、碉堡和军营。相思树始终勇敢地挺立在前沿，经受着炮火纷飞的考验，就像当年闻名遐迩的前线女民兵一样。难怪作为战士和诗人的郭小川一来到厦门，就深情地呼唤道：

> 相思树呵相思树，
>
> 用你那多情的手儿指指路，
>
> 爱我者，快快把我引进英雄的门户！

如今，两岸的硝烟早已散尽，厦门从一个海防前哨变成了经济特区。然而，每当我穿行在相思树下，依然会遥想当年前线炮火纷飞的岁月和厦门大学"拿枪的大学生"，依然会情不自禁地哼起那首脍炙人口的抒情歌曲"我站在海岸边，把祖国的台湾省遥望……"，依然会时时惦记着海峡对岸骨肉相连的台湾同胞。

相思树啊相思树，你何时才能张开绿色的臂膀，迎接祖国宝岛的回归，免去两岸人民的相思之苦呢？

相思树

豆科金合欢属。常绿乔木，树冠阔大，枝杈多；叶细长，尖尾，与柳叶相似；花金黄色，有微香，花瓣淡绿色。
校园分布：厦大后山、情人谷。

芙蓉楼前的冬青

　　芙蓉楼群是厦大规模最大的学生宿舍楼群，也是在许多厦大学子心中留下深刻生活烙印的建筑。芙蓉二楼前的林荫道两旁，栽种着两排充满绿意的冬青，虽然看上去并不起眼，却陪伴着同学们度过了整整四年的大学时光。

　　冬青树有常绿乔木和灌木之分，北方多乔木，南方多灌木。自己从小生活在南方，接触的自然都是灌木类的冬青。冬青四季常绿，叶子边缘有浅锯齿，像花边剪刀剪出来的花纹。表面十分光滑，呈深绿色，反面颜色较浅，摸上去感觉还有些毛茸茸的。

　　冬青的枝丫长得很密，几乎所有的叶子都簇拥在枝丫顶端，叶和叶之间紧紧相挨，严丝密缝，从外面看，就像包裹着一层厚厚的绿色布帘。

　　新春时，冬青的叶子是嫩绿色的，在阳光下泛着光亮，后来就慢慢变成了深绿色。到了秋冬，其他树木都落叶、凋零了，冬青却经冬而不凋，这也是它常被选作绿篱植栽的原因。

虽说不能与婀娜多姿的杨柳或高大挺拔的梧桐相提并论，但冬青也有自身的优点：其生命力十分旺盛，不仅能在贫瘠土壤里和恶劣气候中生长，而且每年发芽长枝多次，极耐修剪整形；移栽成活率高，恢复速度快，经久而不衰；它既不冒尖也不落后，甘于寂寞、甘当配角，甘于奉献和牺牲，默默地固守一方，把阳光让给大树，淡泊名利，朴素无华。

唐代诗人顾况赞美冬青曰："冬青树上挂凌霄，岁晏花凋树不凋。"清初文学家、《闲情偶寄》的作者李渔更是为冬青"打抱不平"："冬青一树，有松柏之实而不居其名，有梅竹之风而不矜其节……然谈傲霜砺雪之姿者，从未闻一人齿及。是之推不言禄，而禄亦不及。予窃忿之，当易其名为'不求人知树'。"

厦大芙蓉楼群始建于二十世纪五十年代，由芙蓉一到芙蓉四共四座中西合璧的建筑组成，以曾经的稻田菜地、今天的芙蓉湖为圆心形成半合围形，主体建筑高三层，局部四层，通常有外廊，被称为"嘉庚风格"建筑，融合传统与现代，充满了艺术气息。一年四季，同学们在宿舍里读书、学习、聊天，在楼道里盥洗、晾晒、锻炼，与芙蓉楼结下了不解之缘。

芙蓉楼前种植的冬青通常高只有一米左右，一簇簇的，修剪得十分整齐。同学们进进出出，每天都能看到它静静地守在林荫道两旁，虽然并不起眼，却是校园绿化使用最多的灌木，并深受同学们喜爱。有一阵子社会上兴起"飞碟"热，下午放学后，舍友们也经常一起在冬青树丛间掷"飞碟"，既锻炼了投掷技巧，又培养了灵活性。

记得 1981 年 4 月，恰逢厦大六十周年校庆，几位来自"东方之珠"的香港青年，不经意间走进了我们宿舍，受到舍友们的热烈欢迎。当时中国对外开放的大门刚打开不久，大家对海外的生活十分好奇，于是七嘴八舌地向他们了解在香港的工作、学习和生活情况，询问起香港社会的方方面面，从住房到工薪，从就业到旅游，从教育到新闻，乃至电影、电视，增长了不少见识。

"有朋自远方来，不亦乐乎"。当这几位香港男女青年即将告别时，全体舍友便和他们一起在宿舍门外的凤凰树下、冬青树间，留下了一张难忘的合影。这也是自己平生拍的第一张彩照，因此印象尤为深刻。

冬青的花呈淡紫红色，带着黄色的花蕊，在四片白色花瓣的衬托下，显得那样娇美和谐。谁也没想到，冬青树看似平凡，却藏着一个惊天的秘密。南宋德祐二年（1276），蒙古铁骑横扫中原，兵临临安城下，太皇太后谢氏奉国玺出降，元军掳帝后北归。帝昺祥兴二年（1279），崖山一战，陆秀夫负帝蹈海而死，宋亡。数年后，江南释教总管竟重贿执政大臣桑哥，盗掘会稽山阴（今浙江绍兴）的南宋六帝陵墓，劫取金玉宝物，并将诸帝后骨骸筑入镇南之塔，妄想彻底断绝南宋王气。不久，民间便悄悄流传着一个关于冬青花的传说，有诗为证：

> 冬青花，不可折，南风吹凉积香雪。
>
> 遥遥翠盖万年枝，上有凤巢下龙穴。
>
> 君不见，犬之年，羊之月，霹雳一声天地裂。

原来，在南宋六帝陵被盗掘时，出生此地的南宋遗民唐珏便变卖家产，将南宋皇帝遗骸葬于会稽山南的兰亭山下，并从临安宋故宫文德殿移植了一株冬青树以作标记。他坚信，总有一天将会迎来天崩地裂、山河重光的历史巨变。唐珏的义举受到了当地民众和南宋遗民的高度赞赏，宋亡后隐居山阴乡里的林景熙慨叹："冬青花，花时一日肠九折"；诗人谢翱去绍兴登越台哭文天祥时，感佩唐珏的义举，写下《冬青树引别王潜》一诗："冬青树，山南陲，九日灵禽居上枝。愿君此心无所移，此树终有开花时。"表达了亡国之痛和重整山河的期盼。

"独有春风知此意，年年杜宇泣冬青。"诗人借古蜀国王杜宇参与武王伐纣，一心为民蒙冤而死，化为杜鹃啼血哀鸣的典故，希望春风知道自己的真实用意，年年化作啼血的杜宇鸟到冬青树下泣诉、期盼望帝归来。这是一代遗民在"国破山河在"的无奈中的坚持，虽然故国已亡，但他们痴心不死，依然在默默地等待着、抗争着……

冬青树的品格确实令人赞叹。它平凡而朴实，自己毫无所求，只求把绿色带给人间，只求为大自然的美默默奉献。在寒冷的冬天里，当别的花草树木都已光秃秃时，美丽的冬青在阳光映衬下，却显得更加青翠欲滴。"不畏寒冬不媚春，敢同松柏比精神"，这就是冬青！

冬青

冬青科冬青属。常绿灌木，树形优美，枝叶碧绿青翠，四季常青，观赏价值较高。花期夏季，果期秋季。
校园分布：芙蓉楼群前。

凌云餐厅的朴树

　　沿着凌云北路一路爬坡，就可以看到厦大海拔最高的餐厅——凌云餐厅。餐厅外有几株冠盖如伞、枝繁叶茂的朴树，悬空突出在斜斜的小山坡上，姿态颇为优美。

　　凌云北路位于厦大后山，早年这里人迹罕至。那株有着百年树龄的朴树虽然饱经沧桑，却始终昂然挺立在山崖边。树干皱褶纵横，像是老人沉思的前额。朴树适应性很强，对自然条件要求不高，生命力十分顽强，自然寿命也比较长。

　　朴树又名朴榆、黄果朴、白麻子，是很好的林荫树和行道树，不仅树冠高大，枝叶繁茂，树荫浓密，而且对二氧化硫、氯气等有毒气体和粉尘具有较强吸附性。朴树还是很好的中药材，它的枝叶、树根、树皮均可入药，具有清热解毒、消肿止痛的功效，也可用于治疗荨麻疹、漆疮和烫伤等。朴树在工业领域也有广泛的用途，根茎可制成人造棉，果实可用于压榨润滑油，枝干可制作各种家具。

　　一年四季，朴树变换着不同的色彩：春天里，露出嫩绿的新叶，

充满蓬勃的生机；夏日里枝叶更加茂密，树上结满青绿的果子；入秋之后果实开始成熟，变成了红褐色，树叶则逐渐稀疏，金黄色的叶子落下后消失在泥土里，化作滋养自身的绿肥；即使在寒冷的冬季，朴树的枝干显得有些光秃秃的，却依然俊俏挺拔，高耸于云天之间。

朴树之名最早源于《诗经·大雅·棫朴》："芃芃棫朴，薪之槱之。"人们赞赏周文王用人有方，贤人众多，就像棫朴一样茂盛繁多。由此可见，朴树至少已有三千多年的历史了。

2017年，在湖北省丹江口市石鼓镇柳林村发现了一株有两千余年历史的朴树，高15米，胸围6.2米。经专家测定，树龄达两千一百多年，生于春秋时代，是目前世界上已发现的朴树中最为古老的，被称为"中华朴树王"。这株朴树生长在岩石山坡上，却能长得如此高大，寿命又如此之长，堪称世界植物史上的一个奇迹。

中国古代有"前榉后朴"之说。因为在古代科举考试中，"中举"乃考生之渴望，中举、当官之后就有仆人相随。该成语巧妙运用谐音，表达了人们希望通过科举来实现人生梦想的热切期待，与"书中自有黄金屋、书中自有颜如玉"同出一辙。

朴树形态优雅别致，用途广泛，又具有深厚的历史文化内涵，自然备受人们喜爱。然而，我最早知道的朴树，却并非植物，而是一位著名歌手。想当年，由他作词、作曲和演唱的《白桦林》，曾打动了无数国人，也深深打动了我。

"静静的村庄飘着白的雪，阴霾的天空下鸽子飞翔，白桦树刻着那两个名字，他们发誓相爱用尽这一生……"朴树演唱的《白桦林》讲述了一个感人的故事。一位姑娘在白桦林下，默默注视着自己的爱人随着军队远去，她在白桦树上刻下自己和爱人的名字，满心期待着爱人胜利归来。可是战争胜利了，她的爱人却再也没回来。这个凄美的爱情故事，经过朴树的谱写，将情感发挥到了极致。朴树也因此留在了一整代人的记忆中。1999年，朴树凭借《白桦林》荣获"华语榜中榜"优秀歌曲奖和"中国歌曲排行榜"年度十大金曲奖。同年，他和周迅、夏雨等主演了由高晓松编导的爱情电影《那时花开》。影片讲述了同读一个大学的音乐人的爱情故事。那些激情、眷恋、友谊、惆怅，

在每一个经历过大学生活的人们心中都记忆深刻。朴树在影片中扮演音乐人张扬，由其作词、作曲并演唱的《那些花儿》成为电影的主题曲。影片上映后受到广泛的好评，使我对这位 1973 年出生于江苏南京的青年歌手，对这位能歌能曲的"青春偶像派"人物有了更加深刻的印象。

与学校的其他几个餐厅，如勤业、芙蓉、东苑、南光餐厅相比、凌云餐厅的地理位置虽然较为偏僻，主要供住在凌云园区的学生用餐；但菜肴的品种却十分丰富，味道也相当不错。夏日里，海风从白城海滨吹来，给进出凌云餐厅的学子们带来了一阵凉爽。餐厅外这几株朴树，树冠圆满宽广，树荫浓郁，阳光透过枝叶树梢间的缝隙，在地上洒下一片片光影。岁月悠长，青春激荡，而朴树无言，数十年如一日默默地伫立在这里，和周围的环境、周围的人一起和谐地生长。

树如其人。朴树寓意着忠厚朴实，象征着一种人格，即使在风调雨顺、物质繁华的年代，也决不忘记初心，决不抛弃自己朴实的品格。也许是由于朴树的名字太低调，以致很少有人知道，朴树的正确读音应该是朴（pò）树；而歌手朴树的原名为濮树。

在植物世界里，朴树虽然像它的名字一样普通平凡，却身躯挺拔，傲立于山谷林地之间。正如一位诗人所赞美的："没有见过你以前，不知道你的伟岸；自从见过你以后，才知道你的豪迈。你葱绿了夏天的天空，挺拔了冬天的云翳；你托起了山川，托起了遥远的地平线！"

朴 树

榆科朴属。落叶乔木，枝条开展，树形美观，冠大荫浓。花期4月，果熟期10月。秋季叶片变黄，冬季落叶。
校园分布：厦大后山、华侨之家、蔡清洁楼。

银桦编织的林荫道

厦大校园里有一条著名的林荫大道，名为博学路，南北纵贯校园。虽然全长只有几百米，却是师生们每天上下课、进出食堂宿舍和去建南大会堂看电影的必由之路。道路两旁种植着许多高大的银桦树和凤凰木，枝叶蔓延、交叉，几乎把大半个天空遮蔽了起来。

这些银桦大多种植于二十世纪六七十年代，不仅高大挺拔，而且十分威武，给人以粗犷伟岸的感觉。我喜欢银桦，喜欢它细碎的枝叶在轻风中沙沙作响，喜欢它透过枝丫把阳光撒落一地的顽皮，喜欢它一年四季给人们带来的浓浓绿意。

夏天烈日炎炎，同学们下课后走在银桦编织的林荫道上，不仅可避免暴晒，还能享受几分清凉。夏夜月明星稀，同学们在教室里自修，干燥闷热，难免觉得有些压抑；下自修后走出教室，走在这条宽阔的林荫道上，踏着斑驳的月影，吹着凉爽的海风，顿觉神清气爽、心旷神怡。

到了深秋，林荫道上的树叶逐渐稀疏了起来。原本绿意盎然的银桦不再那么青翠，凤凰木的羽状叶子也开始大片掉落。往日洁净的林荫道仿佛涂上了黄色颜料，变得"斑斑点点"，一副"残花败柳"模样，不免让人生出几分落寞伤感。

　　隆冬到来时，林荫道上的凤凰木早已变得光秃秃的，银桦虽然绿意犹存，叶子也枯黄了许多。尽管厦门地处亚热带，冬天的寒风依然十分凛冽。每当晚上下自修时，走在林荫大道上，只听得北风呼呼地叫，不少同学把大衣裹得紧紧的，仍然感觉有些招架不住。于是，大家为了御寒，或三五成群手拉着手一起走，或三脚并作两步急速走回宿舍。久而久之，这条林荫大道便有了"西伯利亚大道"的雅称。许多同学即使毕业离开学校多年，对"西伯利亚大道"冬夜里的刺骨寒风依然记忆尤深，乃至耿耿于怀。

　　银桦原产澳大利亚，引种到我国已有近百年历史。因树干高大笔直、树形宽阔美丽，且生长速度快、病虫害少，因此在南方各地均有广泛栽植。被称为"春城"的云南省会昆明，栽植的数量更多、地域更普遍，以致有"银桦之城"的美誉。作家徐迟誉之为"银桦闪闪的昆明"。

　　走在这条林荫大道时，我时常怀想：银桦虽是外来树种，却能较快适应我国的土壤、气候、水分等条件，顽强地生长着，始终保持挺拔的身姿，从不虬曲盘枝，更不攀枝附干，静静地伸向蓝天；一年四季，寒来暑往，都是那么优雅从容，既不争奇，也不斗艳，默默装点着美丽的校园。这该是一种多么博大的胸怀、多么顽强的意志啊！

　　然而，再顽强的生命也有脆弱的一面。厦门地处东南沿海，是我国台风多发区。几乎每次强台风正面登陆厦门或闽南，厦大校园里的花草树木都要遭受一番摧残，树大而根浅的银桦自然也难逃厄运，在台风中屡屡遭受重创。

　　记得 1980 年 5 月下旬，一场罕见的台风突然气势汹汹地向鹭岛袭来。校园里风声雨声大作，狂风夹着暴雨袭击着远近的楼房树木。我打开收音机一听，今年第四号强台风已于

当天凌晨五点在广东惠来县登陆；登陆后台风向东北方向移动，一路袭击了汕头、漳州、厦门、泉州，整个厦门岛几乎都被狂风暴雨所吞没……

这场台风不仅使全岛许多地方的高压线和电话线被刮断，整个市区被迫停电；校园里许多树木，包括银桦、凤凰木等都被台风刮倒或折断，芙蓉二前面的菜园子大部分被淹没，芙蓉五顶楼连瓦片都被台风掀掉了一个角落。台风过后，林荫大道上的银桦树少了许多，让人深感痛惜。由于它树大根浅，扛不住台风，林荫道两旁倒下的银桦树换上了较为低矮且开花鲜艳的凤凰木。

1999年十月下旬，又一场强台风登陆厦门。校园里满目疮痍，林荫大道两侧不少平日里傲然挺立的银桦，一夜之间被拦腰折断，横七竖八地躺在马路上，过往的人们不禁发出一声声哀叹和惋惜。看着银桦树这一片惨烈景象，自己心里也像是伤口被撕裂似的疼。

十四号强台风过后不久，随着嘉庚楼群的建设和林荫大道的改扩建，林荫大道中段更加开阔了，两旁的行道树也换成了更加抗风的小叶榕。然而，在许多老厦大人心中，依然恋恋不忘那条浓荫蔽日的林荫大道，恋恋不忘那笔直挺拔、卓尔不群的银桦。

银 桦

山龙眼科银桦属。常绿大乔木，可高达20至30米；树皮暗灰色，浅纵裂；树姿优雅，树干通直，叶片银色，花橙黄色。
校园分布：三家村、芙蓉三、化工厂路。

白城海滨的木麻黄

母校忆，最忆是白城。

位于厦大校园南面的白城海滨，左拥古老的胡里山炮台，右抱著名的国家海洋三所，中间是漫长的海滨沙滩。那半月形的洁白沙滩，那一湾湛蓝的海水，那一大片茂密的木麻黄树林，与海对面的南太武山遥相呼应，构成一幅美丽的滨海景观图，让人朝思暮想，心旷神怡。

每一位厦大学子在学校读书时，白城海滨都是看大海的"首选之地"，也是同学们散步、游泳经常光顾的地方。虽然地处内海，海水大多数时候比较温柔，遇到涨潮时，一层层海浪汹涌而来，匍匐在沙滩上沙沙作响，最后悄无声息地退去。海岸边一排排郁郁葱葱的木麻黄，针状的细叶伴着远处吹来的海风，像是在窃窃私语。

而每当大海发怒的时候，只见狂风卷起巨浪，波涛汹涌起伏，撞击着礁石，抽打着滨海的沙滩和防护堤，好一幅"惊涛拍岸，卷起千堆雪"的壮观景色。此时，海岸边的木麻黄树在狂风暴雨中，依旧傲然挺立，不屈不挠。

木麻黄原产于澳大利亚和南太平洋诸岛，喜阳光和炎热气候，耐干旱、贫瘠，抗风、抗盐渍，但不耐寒。二十世纪二十年代引进我国，在两广、闽台沿海以及南海诸岛均广泛种植，至今已有近百年的历史了。

木麻黄虽然是很普通的一种树，但只要哪里有沙土，哪里就有它生存的影子。它既不贪恋雨露，也不追逐田地，更不需要浇灌施肥。即使在盐碱贫瘠的土壤上，只要给它一点水分，一点灿烂的阳光，让它吸收自由的空气，木麻黄就会生根成长，挺拔向上。

二十世纪五六十年代，木麻黄在闽南沿海一带被广泛推广。几十年来，它种植于城乡，扎根于海岛，防沙固土，默默奉献。它虽然没有榕树那长长垂须的飘逸，却多了一份清朗利落；虽然没有杨柳那婀娜婆娑的身姿，但也多了一份正直朴实。

自己从小生长在闽南沿海，对木麻黄自然并不陌生。由于木麻黄的针叶是一节一节的，可以像医生"接骨"一样，把它折下再接上，因此便有了"接骨树"之称。不经意间，成了儿童们手上的"天然玩具"。在物资匮乏的年代，木麻黄枝叶成了许多老百姓家里的补充燃料。后来去农村插队，看到许多农家孩子放学后，都背着箩筐、拿着"耙梳"（一种竹编的耙草工具），去山边道旁、山谷林间耙拢、拾捡木麻黄的落叶，带回家里作燃料。

上大学时，校园里的木麻黄树还非常多。从上弦场到演武场，从群贤楼到白城海滨，到处都能看到木麻黄的身影，一片片、一排排，或粗或细、或高或矮，葱茏翠绿，苍劲挺拔，与校园里红砖绿瓦的宿舍楼、雪白透亮的教学楼以及漫山

　厦大校园的花草树木

遍野的相思树、马尾松，还有远处湛蓝的大海相互映衬，展现出一幅旖旎的校园风光。

木麻黄随遇而安，尖细的针叶通过无性繁殖便可培育出树苗。即使种植在贫瘠、盐碱地里，也能整天与风沙对抗；即使被海沙埋没，也能够顽强地活下去。正因此，木麻黄被选为我国沿海防护林带的重要树种，在东南沿海一带构筑起一道绿色的长城，在防风固沙、水源涵养、水土保持方面发挥了不可替代的作用。

人们没有忘记，当年东山县委书记谷文昌为了防风固沙，从广东电白引进木麻黄，并亲自试种。第一批种植的20万株木麻黄树苗大部分被冻死，8次大规模植树均以失败而告终，他依然毫不气馁。经过无数次的观察、总结、试验，终于掌握了木麻黄的生长规律。1958年十二月，在全县十万军民的不懈努力下，东山全岛遍植木麻黄，当年完成荒山造林4.3万亩、沙荒造林2.78万亩的任务，树苗成活率高达80%以上。在"东山经验"的示范下，福建沿海地区建起了4000多公里长的防护林带，成为海峡西岸的一道天然绿色屏障，木麻黄自然功不可没。

一年四季轮回，木麻黄在春雨里成长，在夏阳下茂盛，在秋风中挺拔，在严冬里坚守。它始终像忠实的卫士一样，不离不弃，日夜守护着沿海的沙滩、海岛。每次台风袭击时，最抗风的就是木麻黄了。

记得1999年深秋时节，十四号台风正面袭击厦门。一时狂风呼啸，瓢泼似的大雨倾盆而下。在风狂雨骤、电闪雷鸣中，木麻黄承受着大自然的严峻考验。台风过后，校园里一片狼藉，许多树木被连根拔起，更多的是残枝断臂。坚强的木麻黄却依然挺立在那里，虽然也遭受了打击，但那些未断的树枝稍经修复整理，过不了几天就恢复了生机，呈现出一片劫后重生的景象。

东海之滨，白城之畔，木麻黄顶着风沙，昂首挺胸，巍然挺立，保护着身后的田园、村庄和学校，保护着人民生命、财产的安全。在我心目中，她始终和木棉一样伟岸挺拔，一样具有压倒一切敌人的英雄气概！

木麻黄

木麻黄科木麻黄属。常绿乔木，树干通直；树皮深褐色，不规则条裂，小枝绿色，代替叶的功能，称叶状枝；根系具根瘤菌，生长迅速，抗风力强。树冠塔形，姿态优雅。
校园分布：白城海滨、演武球场、厦大后山。

蒲葵环抱上弦场

　　上弦场是厦门大学最大的体育场，总面积达3.6万平方米。这个半椭圆形的运动场利用北面山坡的落差，因地制宜地砌成一个有十几层台阶、可容纳上万人的大看台。由于运动场与看台都呈弧形，恰似上弦之月，因此被称为"上弦场"。

　　上弦场的大看台顶部，从左到右巍然矗立着五座宏伟的大楼，即成义楼、南安楼、建南大会堂、南光楼、成智楼，统称"建南楼群"。在建南楼群与上弦场的大看台之间，栽植着一排修剪整齐、枝叶茂密、葱茏翠绿的蒲葵，像是为充满诗意的上弦场缠绕上一道绿色的"丝带"；又像是母亲的两只纤纤细手环抱着初生的婴儿，让人顿生怜爱之心。

　　蒲葵是棕榈科的常绿乔木，在热带、亚热带地区较为常见。枝干十分粗壮、笔直，环形包裹着一层薄薄的壳，在壳的脱落处有一层深色的棕毛，像是蒲葵树的胡须；椭圆形的叶柄长达1米左右，叶柄边缘有一排长长的、坚硬的刺，稍不注意就会被划破手指；圆形宽大的叶面宛如舞蹈者手中的扇子，分叉成细长的叶片后向下低垂着，风拂过时便随风轻轻摇曳；开在树顶上的花呈淡黄色，穗状花团从叶丛中展露出来，就像戴上了一顶皇冠；椭圆的果实有很高的药用价值，不少人把它捡来炖汤，据说对抗癌有一定的作用。

蒲葵又称扇叶葵，因其叶片可以用来制作葵扇。葵扇起源于晋代，据《广东新语》记述："蒲葵最宜为扇，葵树初种时，经五年始割下叶，八年乃割上叶，岁凡三割，既割之，曝之兼旬，乃水濯之，火烘之，使皆玉莹冰柔，而随其叶之圆长，制而为葵扇。"

在电风扇问世、普及之前，葵扇曾是人们夏天驱风散热的主要工具；后来有了电风扇，葵扇只好屈居第二，成为"辅助工具"；再后来有了空调，葵扇和电风扇便一起退出了人们的生活舞台，成为茶余饭后的回忆。

在童年的记忆中，炎热的午后或夜晚，奶奶经常轻轻摇动着蒲扇，为我驱走热浪，得一份清凉，看着我在蝉鸣中昏昏睡去，她老人家才安心地躺下休息。白居易诗中"露簟荻竹清，风扇蒲葵轻""是夕凉飙起，闲境入幽情"，描写的不就是这样一种意境吗？

难得的是，蒲葵不仅用途广泛，而且十分容易栽培，只要把种子埋在地里，第二年就能够生根发芽，茁壮成长。加之形象十分优雅，"乍动时摇曳生姿，稍静处婀娜挺秀"，因此深受老百姓喜爱。

以建南大会堂为中心的建南楼群成弧形排开，和楼前的蒲葵一起环抱着美丽的上弦场。每当我站在建南大会堂前的蒲葵树下，俯瞰眼前的上弦场和在场上奔跑、跳跃的年轻学子，心情都觉得格外地舒畅；尤其是坐在上弦场的花岗岩台阶上，头顶着摇曳生姿的蒲葵，远眺蔚蓝色的大海和海上的点点白帆，更是心旷神怡。此时，你心中纵有千千结，也会为之释然。

最令人陶醉的是，在那月白风清的夜晚，和自己的心上人挽着手在绿草如茵的上弦场漫步，一边窃窃私语，一边仰望星空，深深呼吸着操场上的清新空气，侧耳细听校园广播里传来的悠扬歌声。微风轻拂，环绕着上弦场的蒲葵也随之轻歌曼舞……此时，世界仿佛就是为

他们而存在似的。

在许多厦大学子眼里，大学四年，除了"三点一线"的宿舍、教室和食堂，上弦场就是自己的"诗和远方"了。家中的亲人来学校探望，也总要带他们到建南大会堂、到上弦场来，一边欣赏建南楼群中西合璧、美轮美奂的建筑风采和上弦场视野开阔、规模宏大的气势，一边远眺上弦场外波涛起伏的大海和连绵不断的群山，然后情意绵绵地在蒲葵树下留下难忘的合影。

遥想当年，上弦场曾经是民族英雄郑成功的练兵场，后来郑成功从厦门出发，一举收复了宝岛台湾。二十世纪五六十年代，两岸对峙时期，这里成为厦大民兵师的练兵场，金门国民党军的炮弹也曾呼啸着打到这里，使学校的建筑遭到严重破坏，还有学生受重伤。当年厦大的每一位师生、上弦场的每一株蒲葵都是这一段历史的见证者。

"自饶远势波千顷，渐满清辉月上弦。"这是已故著名学者、书法家虞愚为上弦场撰写的一副对联。它描绘了农历上弦月明之夜，站立于厦大上弦场高处，向南远眺大海所见波涛汹涌之实景，写得清新隽永，气势不凡，意境深远。

当年上弦场建成时，校方公开对外征集对联，要求联中必须有"上弦"二字，最终虞愚撰写的这副对联中选。其他应征者"上得沙场非凡马，弦将玉树作良弓"之类的对联与它相比，确实不可同日而语。如今，虞愚题写的这副对联就镌刻在上弦场主席台的基座上，其绝佳联句和遒劲书法，广受人们的称赞。

上弦场建成之后，曾被许多部影片、电视剧作为外景地。记得1977年"文革"刚结束时拍摄的反特故事片《猎字99号》，就有敌特分子坐在上弦场的大台阶上"接头"

的镜头；2009 年热
播的电视连续剧《一
起去看流星雨》，也
把上弦场和建南楼群
作为外景地。那飞檐
翘角的大会堂，宽阔
整洁的大操场，葱茏
翠绿的蒲葵树，给观
众们留下了十分深刻
的印象。

　　"蒲葵佳节初经
雨。正栏槛、薰风度。
满泛香蒲斟醁醑。故人情厚，艳歌娇舞。总是留宾处。"宋代词人曾觌在《青玉案》中
描写了雨后蒲葵的曼妙风姿和故人的款款深情，让人们顿生"醉里春情荡轻絮"的无限
遐想。

　　"铁打的营盘流水的兵"。一届又一届毕业的厦大学子，自从离开母校之后，虽然
"一与故人别，再见新蝉鸣"，但母校的一花一草、一石一木，都留在了大家心里。

蒲　葵

　　棕榈科蒲葵属。乔木，树冠伞形；叶片扇形，掌状深裂至
中部；侧根发达，抗风力强；四季常青，其嫩叶可编制葵扇，
老叶可制蓑衣等。
　　校园分布：大南路、上弦场等。

修竹掩映大会堂

　　"群贤毕至，少长咸集。此地有崇山峻岭，茂林修竹。"晋代大书法家王羲之在《兰亭集序》中留下的这几句"文言"，可谓字字珠玑。后来陈嘉庚先生创办厦门大学时，便取"群贤"二字作为厦大行政办公楼的名称，而"茂林修竹"之景则成为厦大校园绿化的"标配"。

　　漫步厦大校园，从生物馆到国光楼，从思源谷水库到艺术学院四周，到处都可以看到翠竹的倩影。尤其是通往建南大会堂的甬道旁，几丛高大挺拔的绿竹掩映着大会堂的红色窗棂和花岗岩石墙。微风吹拂，竹枝轻摇，竹影婆娑，让人倍觉心旷神怡。

　　建于二十世纪五十年代初的建南大会堂，曾是全省最大的礼堂，上下两层可容纳近五千人，其建筑风格中西合璧，巧妙地将古典与现代结合起来，气势恢宏。历经六十多年的风雨洗礼，依然美轮美奂，风采依然。它既是厦大的标志性建筑，也是厦门市最具代表性的独特景观之一，学校的许多大型活动和演出都选择在这里举行。

中国人自古爱竹，不仅因为它刚劲挺拔的自然美感，也因其虚怀若谷的人文内涵。将翠竹植于房前屋后、廊前窗下，朝夕相看，如对心仪的佳人良友。每当月白风清之时，竹影摇曳，暗香浮动，引发无数文人雅士的诗心画兴。因此，竹子成为古代园林不可或缺的一景。直到今天，各地的公园、校园、城乡居民小区乃至农家庭院中，依然处处可见绿竹的风姿。

竹子是多年生的植物，也是世界上长得最快的植物。有的低矮似草，有的高大如树，丛丛绿竹，片片竹林，令人赏心悦目，流连忘返。只是它一生只开花结籽一次，花开了，籽结了，也就意味着其生命的结束。

竹子的地上茎木质而中空（称为竹杆），通常从地下茎（根状茎，俗称竹鞭）成簇状长出。横向生长，节多而密，节上长着许多须根和芽。一些芽发育成为竹笋，钻出地面长成竹子；另一些芽未长出地面，发育成新的地下茎。因此，竹子都是成片成林生长。

秋冬时，竹芽还没长出地面，这时挖出来就叫冬笋。到了春天，竹笋长出地面就叫春笋。冬笋和春笋都是中国菜肴里常见的美味食物。竹笋不仅组织细嫩、清脆爽口、滋味鲜美，而且营养丰富，作为药膳资源在我国有悠久的历史。

竹子用途广泛，竹竿多用作建筑材料，也可用于制作凉床、竹椅、蒸笼、竹帘、柴耙、扫帚，或启成篾条作编织用。

古代拉船的纤绳多用竹篾编织而成，不仅不易被水浸蚀，而且轻便、拉力强。竹枝是文房四宝之一毛笔的上等材料，如久负盛名的湖笔，既是人们得心应手的书写工具，又是赏心悦目的工艺品。竹叶有一定的药用价值，其中淡竹叶气味辛平，主治心烦、尿赤、小便不利等；苦竹叶气味苦冷，主治口疮、目痛、失眠、中风等。

我从小就喜爱竹子。外祖父家的宅院里就有几丛又高又大的竹子，每年都收获不少竹笋。暑假回榕城时，经常陪外祖父坐在竹林边，拿着把蒲扇，一边乘凉，一边聊天。

有一次看到舅舅拿着砍刀把老竹砍掉，觉得好可惜。舅舅说："老竹不砍去，新竹就长不出来，竹子也是要新陈代谢的！"在乡间，各种竹编的制品，如箩筐、背篓、菜篮、竹席等就更常见了，可以说，乡村的日常生活几乎离不开竹子。

上高中时，几位自诩"文学青年"的同学，聊起"岁寒三友"松、竹、梅，个个啧啧赞叹，遂约定各选其一作"雅号"，我自然选了"竹"。上大学后，厦大工会俱乐部门前，长着几丛形态独特的佛肚竹，因竹杆呈黄色，且挂有绿色条纹，有"黄金间碧玉"之称。每天去教室上课，都会看见这几丛姿势秀美的佛肚竹，留下了极为深刻的印象。

"未出土时先有节，及凌云处尚虚心。"竹在中国象征着翩翩君子的形象，加之竹傲雪凌霜，品性高洁，倍受中国人喜爱。不仅梅、兰、菊、竹被并称为"四君子"，而且世称竹子有"十德"：

一是身形挺直，宁折不弯，曰正直；二是虽有竹节，却不止步，曰奋进；三是外直中通，襟怀若谷，曰虚怀；四是有花深埋，素面朝天，曰质朴；五是一生一花，死亦无悔，曰奉献；六是玉树临风，顶天立地，曰卓尔；七是声名在外，却不似松，曰善群；八是质地犹石，方可成器，曰性坚；九是化作符节，苏武秉持，曰操守；十是载文传世，任劳任怨，曰担当。

竹子有此"十德"，自然当之无愧被称为"君子"，古今文人墨客，爱竹咏竹者多如过江之鲫。"数茎幽玉色，晓夕翠烟分。声破寒窗梦，根穿绿藓纹。"这是唐代诗人杜牧的咏唱；"谁种潇潇数百竿，伴吟偏称作闲官。不随夭艳争春色，独守孤贞待岁寒。"这是诗人王禹偁的赞美；"咬定青山不放松，立根原在破岩中。千磨万击还坚劲，任尔东西南北风。"这是清代诗人郑板桥的颂扬。竹子坚贞不屈的精神品质被诗人们描写得淋漓尽致。

古代历史上留下了许多爱竹的佳话。宋代大诗人苏东坡爱竹成癖，曾写下咏竹千古佳作"宁可食无肉，不可居无竹"，充分表达了他爱竹的情趣和心态。在曹雪芹笔下的大观园里，林黛玉居住的潇湘馆四周，同样是竹林环绕，衬托出林黛玉超凡脱俗的特点。

郑板桥一生，不仅咏竹颂竹，而且善画竹，尤精墨竹。他笔下的兰竹，以体貌疏朗、风格劲健而著称，所画之竹气韵生动，形神兼备，挺劲孤直，具有一种孤傲、刚正、倔强不驯之气，被世人视为其人格写照。

竹以其挺拔青翠、生机盎然、蓬勃向上，岁寒而不凋的独特风韵和高贵品行，赢得了世人的喜爱和赞颂。竹在我眼里，一年四季都是一道清新、亮丽的风景。

竹

禾本科（竹亚科）竹属。高大乔木状禾草类植物，茎为木质，竹叶呈狭披针形，叶面深绿色，背面色较淡。分布于热带、亚热带至暖温带地区。

校园广为分布。

芙蓉六的鸡蛋花

那年暮春时节，我来到厦大，红彤彤的木棉花已谢，火红的凤凰花尚含苞待放，却有一种"白里透黄"、晶莹剔透的花开得十分动人，它就是清香素雅的鸡蛋花。

鸡蛋花别名缅栀子、蛋黄花、印度素馨，原产于美洲。其树干弯曲自然，树叶碧绿如玉，聚生于枝顶的花朵更是硕大艳丽，姿态优雅，清香袭人。芙蓉六宿舍楼左侧，就有几株枝叶繁茂的鸡蛋花，春末夏初开花时特别抢眼，深受同学们喜爱。

芙蓉六位于厦大著名的"三家村"附近，地处学生宿舍区中心地带。前后有高差不一的护坡，东西两侧有几株高大的榕树，总建筑面积约 5000 平方米，是厦大"文革"前修建的六幢老芙蓉楼中的最后一幢。虽然比不上芙蓉一、二、三的红墙绿瓦和历史悠久，但那砖红色的坡屋顶，白色的花岗岩墙面，高层的半圆形窗户和富有特色的山墙，也使整座建筑显得十分别致。

其时，恢复高考后招收的 77、78 级大学生刚入学不久，芙蓉六住着海洋系和数学系的77、78级男生，其中就有我的"发小"阿欣。从幼儿园到小学、中学，乃至下乡插队，我们俩不是同班、就是同校，或在一个公社插队，连高考也在同一考场参加的考试。因此一到厦大，办完报到手续，我就到芙蓉六去看望他。

阿欣住的宿舍就在一层入口处，房间里住着七八个人，显得较为拥挤凌乱。他怕打搅其他同学，便拎了两张方凳到宿舍外的空地上，两人就坐在硕大的鸡蛋花树下，倾心交谈了起来。回想参加高考的日子，那紧张的复习考试，那简陋的乡间考场，那"统一考试，择优录取"的高招改革新政……我们不禁都是一番感慨。庆幸的是，在这千军万马过"独木桥"的激烈竞争中，我和阿欣都上了录取线，成了恢复高考后的第一届大学生。他直接考取了厦大海洋系，而我在"拐了一道弯"之后，也于第二年春天来到厦大经济系读书。

命运使然，我们在分别一年之后，又相聚在这东海之滨的美丽校园。说话间，一阵轻风吹来，鸡蛋花的清香扑鼻而来，让人感到神清气爽。我起身走近树旁，细细欣赏起来：一簇簇盛开的花朵，每一簇都有五六朵花绥在一起，雪白的花瓣，鲜黄的花芯，像煮熟的鸡蛋外面裹着蛋白，据说鸡蛋花的名字正是由此得来。

这是我第一次如此近距离观察鸡蛋花。虽然这株树只有两米多高，但树冠丰满，树叶碧绿，昭示着蓬勃旺盛的生命力。鸡蛋花喜阳光，阳光越强烈，生长得越繁茂，花开得也越多。此时正值盛花期，鸡蛋花开得热烈奔放，美轮美奂，甚至让人感觉有些不太真实。

鸡蛋花香气袭人，据说可用来提取香精。其花朵和茎皮还可入药，其味甘、微苦，性凉，具有清热、利湿、解暑之功效。夏日里将鸡蛋花从树上摘下，用开水泡之，就是一壶好茶，饮之清香润滑。

从此，鸡蛋花留在了我的记忆里。每次路过芙蓉六，我都要不由自主地

看上几眼，为它茎多分枝的造型、优雅的身姿和宜人的清香……

时光匆匆，再次和阿欣坐在鸡蛋花树下，已是毕业季。那年冬天，寒风瑟瑟，77级的大学生们正为即将到来的毕业分配而各显神通。楼前的鸡蛋花树，叶子几乎已掉光，剩下光秃秃的枝丫，让人倍生怜惜之情。

时光流逝，物换星移，"重回首，去时年，揽尽风雨苦亦甜"。谈起迫在眉睫的77级毕业生分配动态，谈起社会上对这一代大学生的诸多议论，我们不禁又是一番感慨。阿欣乐呵着说，反正"一颗红心，两种准备"，当年参加高考是如此，如今毕业分配也是如此。我在心里祝愿老同学好运，就像这馨香宜人的鸡蛋花树一样，等到春暖花开时，依然是一番繁花怒放的动人景象！

"不与群芳争艳丽，只留春意暖人间。"这是纯净素雅的鸡蛋花的秉性，也是人们喜欢它的原因。如今，鸡蛋花已成为热带旅游胜地夏威夷的节日象征，人们喜欢将采摘下来的鸡蛋花串成花环作为佩戴的装饰品；而在老挝，鸡蛋花更是被定为国花而备受尊崇，每年泼水节，人们都要将采摘的鸡蛋花放入银钵，供奉在佛像前，以祈祷全家幸福平安。

鸡蛋花

夹竹桃科鸡蛋花属。落叶灌木或小乔木，枝条粗壮，具丰富乳汁；花冠深红色，夏季开花，清香幽雅，可提取香料；树干弯曲自然，形状优美。

校园分布：芙蓉六、梧桐楼。

幼儿园的炮仗花

春雷还未在惊蛰响起，校园里的炮仗花已一朵朵、一串串地盛开怒放了。尤其是幼儿园那排花墙，一整片橙红的、金黄的炮仗花，开放得如火如荼，令人为之惊艳，为之震撼！

炮仗花原产于巴西，又称炮竹花、炮仗红、火焰藤，系紫葳科常绿藤本植物，枝条可长达 20 米以上，藤蔓常生出三叉状的卷须，以利攀爬。花色为明亮的橙红色，花冠呈长筒状，花朵多聚生于茎顶或叶腋，每一花序约有二三十朵花，密集成穗，累累成串，成群结伴的花儿在浓密的绿叶中竞相绽放，颇像一挂挂即将点燃的鞭炮，摇曳于枝头，为春天带来热烈的色彩。

我第一次注意到炮仗花，还是在去厦门郊外野游的路上，路过集美灌口的一个村庄时，突然看到农家围墙上一串串金灿灿、红艳艳的花儿，喜气洋洋地开放着，像鞭炮，像辣椒，又像礼花，真是好看极了。

后来在厦大校园里，也经常看到炮仗花。临海幼儿园的炮仗花，

开得尤其艳丽。每当春季开花时节，朵朵金黄色的小花，星星点点的绽放在绿墙上，给童稚的幼儿园增添了许多喜庆的色彩。站在临海观景台上回望幼儿园，只见那一抹橘红色的花朵映衬在碧绿的枝叶上，显得格外明艳动人。衬托着背后那一面长长的粉色墙壁，远远望去，像是一幅流光溢彩的画卷。

敬贤路北端的小车库，有一排双层的木栅栏，上面叠放着许多花盆，花盆里栽植的炮仗花，一朵一朵地紧挨在一起，每一朵都竭尽全力地怒放。成百上千朵花形成一片花的海洋，构成独特的风景和魅力，打扮了校园，也温暖了师生。

家搬到海滨东区后，露台上也种上了炮仗花。刚开始枝叶稀疏，很不起眼，我也不太注意照顾它，任其花开花落。看着邻家阳台上的炮仗花都开得红红火火，我自然心有不甘，于是开始用心观察。我惊讶地发现，炮仗花那线状、三裂的卷须，是最早长出的，先于枝叶一两寸长，努力攀缘、不断延伸……后来便形成一串串的钩弯点曲，就像五线谱里的一个个音符，向四面八方蔓延、扩展，一路前行，不断追求生命的绽放。掌握了炮仗花的习性，便懂得如何因势利导，使其攀缘生长。很快，自家阳台上的炮仗花也是一片橙红，令人赏心悦目。

炮仗花初开在冬季、明艳在春季、衰败在夏季，像爆竹一样伴着新年盛开怒放。寒冬时节，炮仗花如约开放，先是稀疏的几朵或一小簇，点缀在翠绿的叶中；靓丽的色彩化开了沉闷压抑的冬天，欢快中昂扬着新生、自由、不羁。早春时节，炮仗花开始成串绽放，一挂一挂的，像北方农家屋檐倒悬的红辣椒，显得格外喜庆；绿色藤蔓编织的枝叶中点缀着朵朵火红的花儿，开得热烈奔放，开得美不胜收。谷雨、惊蛰过后，炮仗花干脆成片、成片地怒放，不仅遮盖了绿叶，满墙恰如燃烧的焰火，鲜艳夺目，灿烂无比。过往的行人无不驻足观赏赞叹。

那天路过幼儿园，我拾起一串炮仗花仔细端详，只见那绽放的花瓣微微弯曲，明黄色的花蕊和橘黄色的花瓣搭配得恰到好处。有的含苞欲放，花瓣还没有完全展开，露出青涩娇羞的模样；还有的花瓣已经裂开了，冒出小巧玲珑的嫩黄色花蕊，让人心生爱怜。那绿色的茎上，密密生长着许多苍翠欲滴的叶子，相比那一抹橘黄，似乎不那么起眼，

但是红花毕竟要有"绿叶扶"啊!

　　一阵微风吹过，一墙的炮仗花随风舞动，变得更加美丽动人。那一串串高低起伏的炮仗花，像一条条下垂的美丽花帘，又像一座飞流而下的橙色瀑布，与水天一色的蔚蓝色大海相衬托，让人看得如痴如醉。

　　炮仗花开似火浓，凝霜湿露洗俏容。炮仗花，只有淡淡芳香的炮仗花，只要有阳光和水分，就能爬满篱笆，似织女巧手编织的云霞，又如汹涌的瀑布奔流而下，让人惊叹无比。正如一位诗人所说："她在东风中轻舞，在阳光下绽放，一簇簇是梦里的呓语，一串串是诗在燃烧，舒展着绿叶间的柔情，玲珑着岁月里的美妙……"

炮仗花

　　紫葳科炮仗藤属。藤本植物，具有3叉丝状卷须，叶对生；花萼钟状，花冠筒状，花期长；红橙色花朵累累成串，状如鞭炮，故有炮仗花之称。

　　校园分布：白城幼儿园、小车库旁

球场深处的夹竹桃

　　厦大演武体育场改造前，左侧有十几个连成一片的篮排球场，每个球场间用夹竹桃树分隔着，显得十分整齐方正。夜晚在邻近的教室自修时，看书看累了，也会和同学一起走出教室，到球场上散步。

　　一个夏日的夜晚，天空显得格外疏朗，明媚的月光照耀着一幢幢高大的楼房。我和同学C在教室里读政治经济学读得头昏脑涨，于是便溜出教室，沿着集美楼外整洁的石板路向南走去。整个校园沉浸在一片寂静里，柠檬桉和银桦的叶子在晚风中沙沙作响。

　　当我们穿过林中甬道，走进那片白天喧闹而夜晚格外宁静的球场时，却意外地发现这片被夹竹桃和其他绿树掩盖得非常幽深、静谧的地方，有许多对情侣正在幽会，而且都毫无顾忌地依偎在一起。

　　我不禁感到十分新鲜和惊奇，因为这是在最紧张的期末呀！如果在其他大学，也许人们会对此大惊小怪；可是在这里，人们却似乎习以为常，校方似乎也"睁一眼闭一眼"。我像"刘姥姥进大观园"似的，有些目不暇接，乃至目瞪口呆。

这是1979年的夏天，中国刚刚开始改革开放，整个社会对"谈情说爱"依然相当保守。而地处南国海滨的厦大，却已展现出较为开放的一面，令人艳羡不已。后来，每当路过这片开满夹竹桃花的地方，不免都会多看上几眼，似乎觉得别有滋味在心头。

　　夹竹桃又名柳叶桃、半年红，其叶似竹、花似桃，却又非竹非桃，故名。夹竹桃不仅花大、艳丽，而且花期长，几乎全年都能开花，尤以夏秋为盛，是有名的观赏花卉。从夏到秋，一簇簇夹竹桃花盛开怒放，红花灼灼，胜似桃花；白花冰洁，不亚雪梨。可谓"枝枝上苑啼红颊，叶叶清潭写翠蛾"。

　　夹竹桃原产伊朗，后经印度、尼泊尔一带引进到中国，所谓夹竹桃即"假竹桃"也。它易于培植，随意给它一方土地、一缕阳光、一丝雨水，就可以长得很茁壮。夹竹桃有特殊的香气，其叶、树皮、根、花、种子因含有多种配醣体，具有较强的毒性，人畜误食甚至有致死之虞，但经过提炼炮制，可以用于治疗心力衰竭、癫痫及斑秃等。夹竹桃叶还具有强心利尿、祛痰杀虫、解毒散瘀、止痛消疹的作用。其茎皮纤维是优良的混纺原料，种子可榨油和制造润滑油。此外，它还具有抗烟雾、粉尘、毒物和净化空气、保护环境的能力，因此被誉为"环保卫士"。应当说，只要合理利用，夹竹桃对人类还是很有益处的。

　　小时候，家里附近的工人文化宫长着一大片茂密的夹竹桃。每到夏夜，经常和小伙伴们一起在夹竹桃树丛中玩耍、捉迷藏，因此对其柔软弹性的枝条、灿若桃李的花朵了如指掌。夹竹桃不仅花枝招展，娇艳欲滴，而且花色多样，姿色不凡，有大红的、粉红的，

也有象牙白的，在翠绿色的枝叶衬托下，显得特别艳丽，特别耀眼。

　　到厦大读书后，才发现夹竹桃花还有黄色的。那时从校园通往白城海边的路还是一条窄小的土路，道路两旁栽满了密密的夹竹桃。初夏时节，夹竹桃开出的喇叭形小黄花，散发着淡淡的香

气，显得格外清新迷人。

有一次，我和在外贸专业读书的忠表哥结伴去海里游泳。我们手上拎着放毛巾、泳裤的手提袋，一边哼着"洪湖水浪打浪"的革命小曲，一边穿过这片开着小黄花的老白城。一下坡，湛蓝的大海就在眼前了。在沙滩上做完预备运动，我们便迫不及待地扑进了大海……

等到我们游完泳，到更衣室冲完淡水、返回校园时，又要经过这片清香四溢的夹竹桃林。有时顺手摘下一两朵黄色的喇叭花，那香气便一路随着我们散发到宿舍里。

许多年后，那片被夹竹桃树分隔的篮、排球场边，又修建了几个网球场。那高大的围墙和典雅的隔离网上，间或冒出几株粉色夹竹桃，或开着黄色喇叭花的夹竹桃，把一个个网球场遮蔽得更加幽深、宁静。球场边就是通往化工厂的石板路，路窄而狭长，平常显得十分僻静。若在细雨天有一位女生，撑一把花伞在红色、白色的夹竹桃花丛中悠然走过，该是怎样一种意味深长的朦胧和浪漫？

古往今来，许多文人墨客都对夹竹桃夸赞有加。宋代诗人沈与求在《夹竹桃花》一诗中写道："摇摇儿女花，挺挺君子操。一见适相逢，绸缪结深好。姿容似桃萼，郎心如竹枝。桃花有时谢，竹枝无时衰。春园灼灼自颜色，愿言岁晚长相随。"对夹竹桃的韧性和品行给予高度的赞美。明代诗人王稚登在《赋夹竹桃》一诗中也说："夹竹称桃树，当轩花几丛。漪漪时间绿，灼灼半舒红。裛泪含朝雨，浓妆媚晚风。东君无限意，点缀不言中。"表达了对夹竹桃的厚爱。清代诗人高之騱在《小卧花阴效竹枝词体》中描写道："墙边柳影竹边风，夹竹桃开一树红。小院无人惊午枕，觉来身在落花中。"那该是多么令人惬意的感受啊！

"芳姿劲节本来同，绿荫红妆一样浓。"这就是夹竹桃的特色。

夹竹桃

夹竹桃科夹竹桃属。乔木，植株全绿，叶面深绿，叶背浅绿色；枝条柔软下垂，全株具丰富乳汁；花冠深红色或粉红色、黄色，呈漏斗状，花大，具香味，花期5~12月。
校园分布：石井园区、建筑学院旁。

海滨东区的爬山虎

位于厦门环岛路边的厦大海滨东区，依山临海，左临名仕御园，右邻艺术学院，与湛蓝的大海仅一路之隔，居住着七百户厦大教职工，堪称是一个"面朝大海，春暖花开"的美丽社区。从环岛南路走进东区校门，沿着一条上坡的甬道往前走，只见甬道右侧凹凸不平的石壁上，爬满了爬山虎的藤和叶，绿油油一片，像是一堵水墨熏染的画墙。

爬山虎又名趴山虎，是一种多年生的落叶木质藤本植物，其形态与野葡萄藤相似，常见攀缘在墙壁岩石上，因其根会分泌一种酸性物质腐蚀石灰岩，使它沿着墙的缝隙钻入其中。与其他攀缘植物相比，爬山虎具有独特的优势：它有随生根和吸盘，能非常牢固地附着在平直的砖墙、水泥墙和石坡上，因此吸附攀缘能力非常强。

同时，它具有广泛适应性和较强抗逆性，不仅耐寒、耐旱、耐贫瘠，在土层极其瘠薄、自然环境恶劣的地方也能生长繁衍；对气候的适应性也很强，在南方冬季可保持半常绿或常绿状态，在阴湿环境或向阳处，均能茁壮生长。它生性随和，占地少、分枝多，生长速度快；茎叶密集，覆盖面积大，覆盖效果非常好。一根茎粗2厘米的藤条，种植两年，墙面绿化覆盖面可达30～50平方米。

爬山虎不仅可遮挡强烈的阳光，还可以降低室内温度。此外，爬山虎还能减少环境中的噪音，吸附飞扬的尘土。其卷须式吸盘能吸去墙壁的水分，使潮湿的房屋变得干爽；而在干燥的季节，又可以增加湿度。因此，自然成为垂直绿化的优选植物。

春末，爬山虎的种子开始冲出石壁的缝隙，伸展出几片嫩黄的叶子；夏季，它拼命吮吸着阳光雨露，迫不及待地向着石壁深处延伸，柔嫩的触须不放过任何一个细小的缝隙。夏季的雷雨倾盆而下，一次次的台风肆虐，爬山虎伸展的触须被扯断了。但在雨后初晴的清晨，它又挺直腰杆，努力向前伸展。冬天到来时，它已长到半米多高。尽管寒风凛冽，它依然默默承受着枝叶凋零的痛苦，根须不断向泥土深处延伸。冬去春来，转眼间它的枝叶已覆盖石壁的一小半，枝杆变得有小指头粗了，生命力极强的枝头已快触及石壁的顶端，倾听到墙头春风的呢喃。

时光飞逝，从1998年搬进海滨东区，一年、二年，十年、二十年过去了，爬山虎的枝叶换了一茬又一茬，枝干已变得十分粗壮，满是皱褶的肌肤写满岁月的沧桑，绿油油的枝叶布满一墙。每到春天，爬山虎长得郁郁葱葱；夏天，开黄绿色小花；秋天，爬山虎叶子变成橙黄色。随着季节更替，从初春到深秋，爬山虎的叶片从绿变黄，再变红，色彩十分鲜艳、透亮，富于变化。在东区从南到北和从东到西的两堵亘长的石壁上面，起到了很好的绿化、美化效果，同时也发挥着增氧、降温、减尘、减少噪音等作用。

厦大上弦场最东端的成智楼，是一幢石木结构、西式风格的四层建筑，其结构和形制和成义楼、南安楼、南光楼等基本相同，均为平面呈内廊式布局，墙体为花岗岩条石砌筑，楼面为木结构上铺红色斗底砖。有所不同的是，成智楼的外墙上爬满了爬山虎，绿茸茸的枝叶把整个墙面分割成一个个规则的四方形，墙角处则从上到下垂下了一个绿色的巨帘，令人赏心悦目，也令人叹为惊奇。

成智楼原为厦大图书馆，当年在学校读书时，经常出入这里的文艺书库，借阅各种中外著名小说，从中汲取了许多文学素养。后来图书馆盖了新馆，这里改作公共管理学院的教学办公楼。这座外墙上爬满了爬山虎的大楼，堪称厦大校园里"最绿色"的建筑。

与海滨东区相毗邻的厦大艺术学院，在临海五层大楼的外墙上，爬山虎的藤条也紧紧"吸附"在墙壁上，从地面一直伸展至三楼。爬山虎的枝叶看起来颜色有深有浅，在红、白墙体背景的映衬下，仿佛在墙上绘制了一幅浓墨重彩的水彩画。

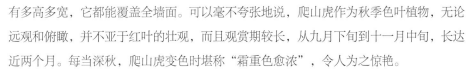

在校园的立体空间绿化方面，爬山虎可谓"有功之臣"，不论是楼房的墙面还是围墙，也不论墙有多高多宽，它都能覆盖全墙面。可以毫不夸张地说，爬山虎作为秋季色叶植物，无论远观和俯瞰，并不亚于红叶的壮观，而且观赏期较长，从九月下旬到十一月中旬，长达近两个月。每当深秋，爬山虎变色时堪称"霜重色愈浓"，令人为之惊艳。

"爬山虎遇到困难时是不会退缩的，反而会更坚强地一步一步向上爬！"爬山虎无论爬到哪里，都留下一墙的绿色，留下勃勃的生机，留下一股昂扬向上、永不屈服的傲气。如果校园里每一个学子都能具有爬山虎这种顽强、执着、努力向上的精神，又何愁学业不上进、成绩不如人呢？

爬山虎

葡萄科爬山虎属。木质藤本，生长于山崖陡壁、山坡或山谷林中，或灌丛岩石缝中，生长快，攀附能力强。夏季开小花，呈黄绿色，秋季叶色鲜红，十分美丽。
校园分布：海滨东区、凌云食堂旁。

三家村的油桃树

　　"三家村"是围绕厦大学生活动中心（自钦楼）的一个三角地带，也是大南路、芙蓉路和群贤路通往海边的一个三岔路口，周边密布着许多学生宿舍楼，历来为学校的交通要道和学生集散中心。三家村东边栽种着十余株油桃树，起初并不怎么起眼，随着岁月的流逝和树木的生长，变成了树干挺直高大、树叶蓊郁的大树，令人刮目相看。

　　油桃又名石栗、烛果树、黑桐油树，是大戟科的一种常绿乔木，原生于马来西亚及夏威夷群岛等地，在华南、西南各地多有栽植。它的花雌雄同株，乳白色至乳黄色。因果实形状貌似栗子，坚硬如石而又名石栗。

　　油桃的栽培历史十分悠久，西晋嵇含在《南方草木状》中称："树与栗同，但生于山石罅间。花开三年方结实，其壳厚而肉少，其味似胡桃仁；熟时，或为群鹦鹉至啄食略尽，故彼人多珍贵之。"

　　早期厦大校园里就栽种过油桃，却因土壤盐分高，导致生长不良。后来苗圃在种植时，注意避免了"盐害"，油桃才得以健康地成长。由于其生长迅速，树干挺直，树冠宽广浓密，有良好的遮阴效果，适应能力强，因此，多被作为校园的观赏树或行道树。

当年在学校读研究生时，就住在三家村边上的南光六。这是一幢小巧玲珑的五层宿舍楼，主要分配给单身教工居住。由于当时全校只有两对研究生夫妇，我和太太便沾光住进了这座小楼，在这里度过了三年研究生学习时光，留下了许多难忘的记忆。

那时，出出进进南光六或路过三家村，每天都要经过那一排油桃树，自然也就看着它历经春夏秋冬，一年年地成长着。夏初，油桃长出满枝的新叶，新叶上密布保护性绒毛，反射着入夏的阳光，显出银色的质感。浓密的树冠上花与叶都闪着光，花粉掉落在叶片上，远远看去，整棵树白茫茫一片。到秋天结果时，一串串果实挂在枝头上，把枝条压成羞涩的模样，甚为壮观。

可惜这"诱人"的果实却不能吃，因为新鲜的油桃果中含有氢氰酸，具有一定的毒性。不过，"是药三分毒"，油桃果虽有毒性，其药用价值也是人们公认的，不仅对通经、清瘀热、治白浊有一定功效，对于外伤出血也有很好的止血作用，将鲜叶捣烂，敷于流血部位即可。此外，油桃树皮可减轻痢疾，果肉烘烤后味如花生，可作缓泻剂；它还被用作治疗头发脱落、皮肤硬茧和便秘；捣成浆状的核仁和煮过的叶子可用作治疗头痛、溃疡和关节肿大。

油桃在工业上也有广泛的用途，种仁含油量极高，榨取的油分可供制作蜡烛、肥皂、油漆等工业原料，或用于木材防腐和蜡染工艺，还可用作提取生物柴油，难怪被称为黑桐油树。著名作家秦牧在谈到油桃时说："这种树木枝叶异常繁密，叶子心脏形，碧绿得仿佛刷上了一层绿油，在阳光下常常灼灼闪亮。这种树开一种米黄色的小小的花，有一种奇特的香味。它结成的果实有点儿像核桃果，一层肉质的硬皮里面，包藏着一枚或两枚坚果。有白色或淡黄色的略具圆形的果仁。"从中可以看出，他对油桃的观察是

十分细微的。

　　世纪之初，三家村学生活动中心改造完成后，周边基本形成了统一的红白相间的嘉庚建筑风格。三家村广场经常举行丰富多彩的学生活动，路边的告示栏成为厦大学生搜集信息的重要场所，周边的油桃树、银桦树和凤凰木，更是以其高大挺拔的身姿而深受同学们喜爱。而我，望着油桃树上的累累硕果，不仅充满了对往事的回忆，还有对未来的希冀。

油 桃

大戟科、石栗属。常绿乔木，原产于马来西亚及夏威夷群岛，大多数热带国家均有种植。花期4~7月，果期9~11月。
校园分布：三家村。

国光三的非洲楝

国光楼群是建于二十世纪五十年代初期的教工宿舍楼，也是具有典雅风格的庭院式二层联排建筑。国光三号楼西侧，有一株枝干粗大、冠盖如伞、葱茏翠绿的非洲楝，其往东伸展的枝叶像一把巨大的绿伞，为相邻的多家庭院遮阴蔽日。

非洲楝是楝科的常绿大乔木，其树皮呈斑驳状分裂，叶为偶数羽状复叶，花紫色或淡紫色，蒴果球形，因原产于非洲西部，故名非洲楝。由于材质坚硬，被引种到世界热带、亚热带地区。其生长快速，树形整齐，树冠浓绿苍翠，树叶浓密，茎的分枝高，适合在庭园种植及作行道树，厦门岛内的许多学校和庭院多有栽培，如莲前大道和七星路就种植非洲楝作为行道树。据说在鼓浪屿的国姓井边，还有一株百年以上的非洲楝。

当初建国光楼时，建设者就颇有眼光地种植了这株非洲楝，至今也有近七十年的历史了。坐南朝北的国光楼总共有三排，称为国光一、二、三号楼，每排依次平行而建。墙体用白色花岗岩条石砌

成，入庭门柱和围墙压顶用釉标红砖连成一线，整体上白体红缘，简朴美观。正立面大面积的清水釉标红砖，衬以白石拱塞，白石栏杆压顶，绿色窗户，褐色户门，在厦大众多建筑中可谓别具一格。

更有纪念意义的是，国光楼的名称乃是取捐建者、著名爱国华侨李光前的"光"字和其父亲李国专的"国"字结合而成的，让每个住在这里的住户时时不忘"开井人"。二十世纪九十年代，我和家人也曾在国光一号楼住了五年之久，对这里的一草一木自然充满了感情。

从国光一到国光三，每排建筑前都有一条长长的、凸凹不平的花岗岩石板路，把各家各户的庭院给串联了起来。国光三号楼前这条碎石铺地的石板路，西头便起至这株硕大的非洲楝，由西向东坡道逐渐上升。正午时分，阳光直挺挺地穿过非洲楝的树冠，在路面播洒下斑斑驳驳的树影。

楝花通常在春夏之交开花，原本在春天里极为活跃的莺蝶，此时已不再歌舞、喧闹。楝树则自由舒展着枝叶，装点着春意。在清瘦的楝叶丛中，缀着一团一簇紫色的楝花；一树的碎紫，象夕阳西下时飘飞的云彩；在阳光照耀下，星星点点，浓淡相间。空气中飘来的那种清香淡淡的，仿佛不是嗅到的，而是感觉到的。以致有人说，楝花是楝树淡泊的微笑，文静淡雅，妩媚羞涩，犹如情窦初开的少女。

一年一度，楝花就这样悄然开放着，从阳历四月中旬到五月中旬，持续一个多月，直到麦子变黄时才悄无声息地退去。楝花落处，如同铺了一层薄薄的红毯，无怪乎王安石赞叹道："小雨轻风落楝花，细红如雪点平沙。"

到了深秋季节，随着一场又一场秋风袭来，楝果由青变黄。一串串金黄的楝子，在楝树叶逐渐飘落后，就像一个个金铃，成串成串地挂在树枝上，满树金黄。这时喜鹊、乌鸦等各种鸟儿来了，楝果虽苦，它们却喜欢吃，或是采摘了藏到树洞里，等冬天来了再吃。

楝树除用作庭园树和行道树外，用途十分广泛。其木材呈黄褐色或赤褐色，芳香、坚硬、有光泽，纹理粗而美，不但易加工，而且耐腐，是建筑、造船、家具、农具、舟车、乐器的良好用材；其果实、根、树皮乃至树叶都是极有实用价值的中药，可以杀虫、止痒、舒缓肝经、治疗肝病；花可蒸芳香油，鲜叶可灭钉螺和作农药；根皮可驱蛔虫和钩虫，用苦楝子做成油膏还可治头癣；果核仁油则可供制油漆、润滑油和肥皂。

我国古代关于楝树、楝花的笔记、诗词颇丰。《岁时记》曰："始梅花，终楝花、凡二十四番花信风。"也就是说，二十四番花信风始于梅花，终于楝花。楝花开后，春芳暂歇，百花凋零，落红遍地，绿叶葱郁，立夏将至。正如元朝朱希晦在《寄友》中所说："门前桃李都飞尽，又见春光到楝花。"

苏轼、黄庭坚、范成大等著名诗人皆有诗作论及楝花，如苏轼的"钓艇归时菖叶雨，缫车鸣处楝花风"；黄庭坚的"苦楝狂风寒彻骨，黄梅细雨润如酥"；范成大的"荻芽抽笋河鲀上，楝子开花石首来"等。陆游甚至有十余首关于楝花的诗词，大多是描述楝花开时天气尚寒的景色或心情，如"及时小雨放桐叶，无赖余寒开楝花"等。赵蕃的《寄怀二十首》更是写出了楝树、楝花的闲情逸趣："楝树层层细著花，日薰香暖蜜蜂卫。富来傥有论文兴，活火风炉自煮茶。"

楝树质地坚实，因叶子、果实都有苦味而俗称"苦楝"。苦楝树其实是美丽的，就像苦瓜可以清热解毒，苦丁茶可以提神醒脑一般。苦楝与"苦练"谐音，只有勤学苦练才能"苦尽甘来"！也许这就是苦楝给予人们的启示，也是每个人走向成功的必由之路。

楝　树

楝科楝属。落叶乔木，树皮灰褐色，不规则纵裂。分枝广展，小枝有叶痕。花芳香，花瓣5片，淡紫色，核果球形至椭圆形，花期4~5月，果期10~12月。
校园分布：国光楼前、基金楼旁、化工厂校门旁。

庭前美丽异木棉

金秋十月，秋高气爽，厦大图书馆周边的美丽异木棉开放得如火如荼，为秋天送来了满树鲜艳的花朵，那绚丽耀目的花朵引来众多游客驻足观赏。

美丽异木棉又叫美人树、丝木棉，是原产于南美洲的落叶乔木。树冠呈伞形，叶色青翠，树干下部膨大，呈酒瓶状；密生圆锥状皮刺，犹如带刺的玫瑰，艳丽而不易接近；侧枝放射状水平伸展或斜向伸展；花冠淡紫红色，中心白色，五片花瓣反卷，十分耐看。

美丽异木棉绽放之初，只有稀疏的一两朵，天气一天天转凉，它很快就由一朵变成了一支、一片，粉红的花朵在枝丫盛开，远远望去，一片片花影摇曳。有道是"不摇香已乱，无风花自飞"。美丽异木棉的生长速度特别快，一年可以长高两米。花谢后结果，果实有大有小，大的像柚子，一个个如炮弹般倒挂在光秃秃的枝杈上，甚为壮观。

到了冬天，随着天气变冷，西风拂过，美丽异木棉的果实成熟了，厚厚的外皮自然脱落，一团白色的絮状物脱颖而出，洁白炫目。悬挂在枝头，状如成熟开裂的棉花团。一不小心整棵树乃至整片树林就变成了雪白的一片，宛如南国的初雪。

从上小学到大学毕业，似乎没见过美丽异木棉这种奇特的树。是自己孤陋寡闻，还是当时国内尚未移植？请教了读园艺专业的朋友，才略知一二。原来，美丽异木棉的移植始于二十世纪八十年代中期的华南师范大学，其中还交织着一段中日友好交往的故事。

1985年，在东南亚鱼类交流会上，与会的日本专家送给华南师范大学校长潘炯华一袋美丽异木棉树种作为纪念，回国后潘炯华将树种分别交给学校园林科主任和生物系鱼类组老师，让他们拿去播种。就这样，华师生物园培育了广州最早的大腹型美丽异木棉。"两红一白"三棵母树由于花开茂盛，每到开花季节都有不少人前来观赏拍照。

但移植的美丽异木棉繁殖率非常低，雌雄蕊的结构错位和开花时寒冷的气候环境，导致它们在自然状况下很难传粉授粉，很多果实都没有种子。为了培植优良的美丽异木棉，生物系展开了一系列"攻关"。先是进行各种嫁接实验，但嫁接本地木棉的树形和花色都难以令人满意；后来通过营养液来培养，始终也未能大面积推广。直到1998年采用人工授粉方法培植，不仅提高了坐果率，而且保留了更多的优良性状，一举获得了成功。此后，广东各地和云南、广西、福建等省份，都从华南师大移植了美丽异木棉。

如今，厦大图书馆周边，就栽植了许多美丽异木棉，为这座知识的殿堂增添了美轮美奂的色彩。始建于1921年的厦门大学图书馆，是文学巨匠林语堂和数学奇才陈景润曾经工作过的地方。历经90多年的积累，馆藏纸本图书总量达到了430多万册，还有电子数据库160多个，折合馆藏约710万册，在国内各类图书馆中名列前茅。

眼前这座被美丽异木棉围合的图书总馆，建筑面积达2.6万平方米；而在翔安校区的德旺图书馆，馆舍面积达7.3万平方米，阅览座位有3500个。此外，思明校区还有法学、艺术、经济与管理、信息工程（曾厝垵学生公寓）等四个专业分馆。各分馆与校本部实现高速网络连接，图书和信息资源共享；全校图书资源统一配置，面向全校师生开放。使"一切

为了读者"的宗旨得到了完美的实现。

秋日的午后，微风吹拂，阳光普照。我来到厦大图书馆西侧草坪上，蜿蜒的步道边一株株移植多年的美丽异木棉正恣肆绽放，满树红花，吐露着芬芳，那一片绚丽灿烂的景象，充满生机和情趣。

站在美丽异木棉树下，抬头所见，一团团紫红的花儿绽放枝头，与蓝天相互点缀，或与楼房互为映衬，满树姹紫，秀色照人。这种原产于热带的植物移植到亚热带地区，依然美而不俗、艳而不妖，一树的风采。不同的植株花色各异，有红、白、粉红等各色花朵；即使同一植株，也有黄花、白花、黑斑花并存，不管远观还是近看，都十分耀眼。

美丽异木棉可谓"花如其名"，虽然树身如酒瓶的形状，上面长满了刺猬般的木刺，叶色青翠，树形亭亭玉立，树冠像一把撑开的伞。尤其是花朵硕大，盛开时优雅迷人，确是美丽非凡。即使遇寒风冷雨，层层花瓣飘旋，一地落红，也有着让人惊艳的静态之美。

美丽异木棉冬天看繁花，春天看落叶，真是与众不同。她历经暑寒，用满树繁花抒写着美丽的传说。可谓"众芳摇落独暄妍，占尽风情向小园。"

每年秋冬季，美丽异木棉如约盛开怒放，见证一届又一届学子的成长。趁天气转暖，花也盛开，一起来芙蓉园吧，赴一场美丽异木棉之约！

美丽异木棉

木棉科异木棉属。乔木，原产南美洲。树冠呈伞形，叶色青翠，树干下部膨大，呈酒瓶状，幼树树皮浓绿色，密生圆锥状皮刺、犹如带刺的玫瑰。花期9月至次年1月，冬季为盛花期。

校园分布：图书馆周边。

湖畔天鹅落羽杉

美丽的芙蓉湖畔，绿树繁荫，湖水澄碧，鲜花妍丽，风光旖旎。几只黑天鹅在湖中悠闲地游荡，姿态优雅，怡然自得。湖岸边一整排落羽杉挺拔高耸，风姿绰约，让人过目难忘。低垂湖面的枝丫，波光潋滟的湖水和岸边的一对黑天鹅，构成了一幅十分和谐的画面。

落羽杉又名美国水杉、落羽松，是杉科的落叶大乔木，树干圆满通直，树冠呈圆锥形或伞状卵形。因叶在小枝上排列呈羽毛状，故名。夏季叶色由嫩绿变为深绿，秋、冬季则由绿变黄再变褐红，季相色彩变化明显，是少数在秋冬季节会黄叶、落叶的针叶树。

落叶杉原产于北美及墨西哥，是一种古老的"孑遗植物"，常栽种于平原地区及湖边、河岸、水网地区，有防风、护岸之功能。不仅适应性强，耐低温、耐盐碱、耐水淹、耐干旱瘠薄；而且生长速度较快，用途十分广泛。其木材材质轻软，纹理细致，易于加工，耐腐朽，可作建筑、杆柱、船舶、家具等用材；种子是鸟雀、松鼠等野生动物喜食的饲料，对维护自然保护区生物链和水土保持、涵养水源均能起到很好作用。在我国大部分地区可作为工业用树林和生态保护林。

落羽杉具有较高的观赏价值，在湿地能够产生膝状气生根，形成奇异的自然景观。无论孤植、列植或丛植，都十分整齐美观。尤其是近羽毛状的叶丛极为秀丽，入秋之后叶色变成耐看的黄铜色。到了深秋，金色的落羽杉若和黄、红相间的枫树一起，那一道斑斓的秋色，将让人如梦如幻，如痴如醉。

落羽杉和水杉都是杉科植物，形态特征也颇为相像，但落羽杉的用途更广，形态变化更大，适应性也更强。如落羽杉在酸性土到盐碱地中都可生长，且抗风、抗污染、抗病虫害；而水杉对生长环境要求较高，要求气候温暖湿润、夏季凉爽、冬季有雪而不严寒，土壤最好是酸性山地黄壤、紫色土或冲积土。

每次在不同季节经过芙蓉湖畔，看着枝叶茂盛的落羽杉，从春夏的叶色青翠，到秋冬的逐渐泛黄和转变为暗红色，都不禁为其变幻多姿的景观效果而深感震撼。尤其是在落羽杉的疏影下，精灵可爱的黑天鹅在湖水中缓缓游动，或逗留岸边、缠绵相对的情景，更让人为之动容！

黑天鹅原产于澳洲，是天鹅家族中的重要一员，也是珀斯这座城市的象征。其通体羽毛为黑色，背上有花絮状灰羽。据说游弋于芙蓉湖中的这些黑天鹅，是厦门市政府赠送的，不经意间，成了厦大的一张名片。不少游客甚至专门来这里，欣赏黑天鹅曼妙的身姿。

一位奔着网上久负盛名的厦大招牌菜来的外地游客，虽然没赶上食堂的开饭时间，却在误打误撞间邂逅了芙蓉湖上的美丽生灵，他写道：

见到湖边有人驻足，长着漆黑羽毛的两对精灵，划拉着蹼，朝岸边游过来。它们忽闪着风帆般的飞羽，扬了扬弧线优美的头颈，将深红的嘴伸出来温驯有礼地欢迎来看望它们的人群。或许是过惯了这种明星般的日子，这些黑天鹅一点也没有家养白鹅的刁野乡土气。看到有游客带面包来喂食，这些家伙竟然毫不客气地吃了个爽。有一只还悠然地跑上岸来撒起了"人来疯"。遗憾的是，我没有随身带些干粮糖果馈赠它们，只照了几张黑天鹅的倩影，便与之挥手道别，甚觉遗憾。

这位游客离开厦大才知道，芙蓉湖里的这几只黑天鹅还真有明星范，不光在现实中生活优越，有专人24小时护理；在网络上也是粉丝众多的"大V"，网名为"厦大鹅姐"，微博开通后说出的第一句话就十分霸气、冷艳："是时候开个微博和人类沟通、沟通了！关注姐，来看姐，别喂姐！"

在这个被山水环绕海风吹拂的校园里，连生活在芙蓉湖里的天鹅们也要向世界说话，盖因它们呼吸的是飘散着书卷味的空气，这生活品质真叫一个高大上！

厦门温暖潮湿的海滨气候，让厦大校园一年四季总是被绿树红花环绕。夏有绿荫，冬有繁花，如此诗意的美景，搭配着群植在湖边冠形雄伟秀丽的落羽杉，以及被称为"动物界贵族"的黑天鹅，自然让置身其中的人们多了几分惬意，也多了几分闲散、幽默的

文艺气息。以"幽默大师"著称的林语堂先生当年就曾在这里任教,培养出一群文艺范儿的学生也就不奇怪了。

在这座美丽的南方学府,清晨沿着开满凤凰花的小径奔向宏伟的教学楼;傍晚踏着芙蓉湖流光溢彩的晚霞,和喜欢的他(她)一起欣赏湖中嬉戏的天鹅;再吟一首好诗,让秋风遍染的色彩化为秋雨落下的思念。这样的大学四年,一定是你度过的最美好、最自在的时光。

落羽杉

杉科落羽杉属。落叶乔木,枝条水平开展,幼树树冠圆锥形,老则呈宽圆锥状;新生幼枝绿色,到冬季则变为棕色;球果球形或卵圆形,种鳞木质,盾形;球果10月成熟。
校园分布:芙蓉湖、情人谷旁。

五老峰上听松涛

五老峰位于厦大和南普陀寺北面，五座山峰平地而起，峥嵘凌空，时有白云缭绕，云下丛林葱郁，隐约如垂长须，远远望去，像是五位须发皆白、历尽沧桑的老人，翘首遥望茫茫大海。人们称之为"五老凌霄"，民国时期就已成为"厦门八大景"之一。

五老峰山林中，除了相思树，就数马尾松最多了。马尾松树高大雄伟，姿态挺拔，不仅适应性强，能生于干旱、瘠薄的红壤、沙质土及石砾土或岩石缝中；而且属于深根性树种，抗风能力强，是南方荒山造林的先锋树种。在五老峰的山涧、林谷、岩际、道旁，到处都可以看到马尾松苍翠的身影。

二十世纪七十年代末，初到厦大，就遇上梅雨季节。大家天天闷在宿舍里，心情自然烦透了。突然有一天，天空终于放晴了，大家的心情顿时也"阴转晴"，巴不得赶快到户外去活动。下午下课后，我和同屋的郑老师便相约一起去登五老峰。虽然我们原先经常饭后一起散步，但结伴登山却还是第一次。

我们沿着厦大武装部后面的崎岖山路，一直往上爬。一会儿翻沟越堑，一会儿攀岩绕树。下乡时上山砍柴练就的一身爬山本领，这回可算是派上了用场。这条曲曲弯弯、凹凸不平的山径全是土路，连一级石阶都没有，遇到陡峭处就得踩着砂砾攀爬。这时岩石边的马尾松便成了最好的"拐杖"和"救命稻草"。只有紧紧抓住它，才能借力攀登上去。还好我们两人都身手矫健，反应灵敏，经过半个多小时的艰难攀登，终于登上了五老峰的峰巅，眼前顿觉豁然开朗。

校园里那一幢幢绿荫掩映、白墙红瓦的楼房，在夕阳余晖中闪烁着耀眼的金光；漫山遍野的马尾松和相思树绿油油的，像是给校园披上了一层绿色的戎装；宽阔的上弦场外，是一望无际的大海和山峰，白帆点点、若隐若现，孤悬海外的敌占岛大担、二担朦胧依稀。大海尽头处，海水和蓝天几乎连接到了一起，水天一色，显得格外雄浑、壮丽！真可谓"天边烂漫云霞映，海上苍茫岛屿深。"

此时雨霁天晴，不仅天空显得特别湛蓝、纯净，山间的空气也格外清新。我们站在五老峰巅的一块巨石上，一边呼吸着雨后的清新气息，一边饱览着鹭岛壮丽的河山。海风穿过高高低低的马尾松林吹来，激起一阵阵松涛的呼啸声。

古人云："登山则情满于山，观海则意溢于海。"此时，当我们置身于山海之间，吮吸着山谷的精华和大海的灵气，豪放之情不禁油然而生。我不禁高声唱起了中学时代就学会的那首激情满怀的《地质队员之歌》："是那山谷的风，吹动了我们的红旗；是那狂暴的雨，洗刷了我们的帐篷……"

站在高山之巅，听着满耳的松涛、海涛，不仅心胸倍加开阔，精神也更加振奋、昂扬。真是"为爱松声听不足，每逢松树遂忘还。翛然此外更何事，笑向闲云似我闲。"

"此情此景，真想写它一首好诗！"我感慨地说。

"是啊，你有文学基础，又有生活体验，应该多动笔啊！"郑老师听了怂恿我说。

"可惜，自从学了经济学，写诗的灵感都不知跑哪去了，看来这辈子与诗歌无缘了。"我有些遗憾地说。

眼看夕阳快要西沉，我们便开始往山下走，一路松涛伴随着我们。走到半山时，太阳已经逐渐沉到西山背后去了，落日的余晖给连绵起伏的五老峰镶上了一道金边，天空和大地显得更加缤纷、瑰丽。

我抬起头，望着眼前的山峰和树林，听着耳边的阵阵松涛，仿佛看到厦门岛外那连绵起伏的群山和闽西北山区那望不到边的马尾松林，不禁思念起远方的亲人、朋友们，此时他们正在做什么呢？我幻想着，自己能像天空中翱翔的大雁，展开凌云的翅膀，一刻不停地飞向远方，飞到亲人、朋友们的身边……

这一天登五老峰的经历，不仅留在我的记忆深处，从此登山成为我在厦大读书期间的保留节目，同时让我对满山遍野的马尾松也多了一些认识。

马尾松极耐水湿，有"水中千年松"之称，木材富含纤维素，脱脂后可作为造纸和人造纤维工业的重要原料；质地坚硬，可供建筑、家具等行业使用，特别适用于水下工程；树干可割取松脂，制造松香、松节油，而松香、松节油是许多医药、化工工业的原料；松树皮可制胶粘剂和人造板，松子含油量高，除食用外，可制肥皂、油漆及润滑油等；球果可提炼原油，松根可提取松焦油，也可培植贵重的中药材——茯苓，花粉还可入药；松枝富含松脂，是很好的薪柴，不仅可供烧窑用，还可提取松烟墨和染料。

马尾松的品格同样令人赞叹，它坚强不屈，不畏风霜，狂风吹不倒它，洪水淹不没它，严寒更冻不坏它。正如魏晋诗人刘桢在《赠从弟》一诗中所写："亭亭山上松，瑟瑟谷

中风。风声一何盛，松枝一何劲。冰霜正惨凄，终岁常端正。岂不罹凝寒，松柏有本性。"

五老峰除了从厦大后山攀登外，还可从南普陀寺后面登石阶而上。经藏经阁时，可见一块卧石上镌刻着"五老峰"三字，迎面而来的一块巨石上还刻着一个特大的"佛"字，高4米多，宽3米多，笔画丰满有力，粗犷豪放，系清光绪年间（1905年）振慧和尚所书。在"佛"字左侧，有几位得道高僧的墓塔，塔下就是著名的普照寺遗址。早年南普陀寺就称为"普照寺"。明代诗人池显方在《题普照寺》一诗中写道：

千年古刹几经灰，重见天花散讲台。野露欺人疑结雨，松风刮地每惊雷。

一泓碧水和云下，万点青山拥海来。若问中个真普照，峰头夜半日轮开。

这"松风刮地每惊雷"不就是五老峰上听松涛的历史见证吗？清代诗僧黄莲士在《五老凌霄》一诗中，也对五老峰加以拟人化赞美："五老生来不记年，饱听钟鼓卧云烟。高标不管人间事，阅尽沧桑总岿然。"

虽然五老峰"高标不管人间事，阅尽沧桑总岿然"，但五老峰上的马尾松却始终挺立着海岛前沿，让人想起那些日夜守卫着祖国海疆的边防战士。正是他们的无私奉献和付出，才有人们"一泓碧水和云下，万点青山拥海来"的和平生活。

马尾松

松科松属。乔木，树皮红褐色，下部灰褐色，裂成不规则的鳞状块片；枝平展或斜展，树冠宽塔形或伞形，枝条每年生长一轮，针叶细柔，根部树脂含量丰富。

校园分布：厦大后山。

第二辑

绿覆荫浓三角梅

通幽曲径的变叶木

长髯飘拂的老榕树

　　厦大校园里的数百种植物，若要论树龄，恐怕非长髯飘拂的老榕树莫属。

　　一走进大南校门，就能看见一株枝繁叶茂的老榕树扑面而来。这株老榕树生长在这里至少有上百年时间了，其树龄比厦大的历史还有悠久。老榕树冠盖如伞，浓荫蔽天。夏日里，许多学生在老榕树下休憩纳凉；即使在冬日，也有不少游客在树下躲避南国炽热的阳光。

　　榕树是著名的桑科植物，也是福建省栽培历史悠久的乡土树种，其生命力十分顽强，适宜在潮湿温暖的气候下生长，在闽、粤、台及浙南等地均有广泛种植。其种子萌发力很强，加上飞鸟活动和风雨影响，使它附生于母树上，摄取母树营养，长出许多悬垂气根，能从潮湿空气中吸收水分；入土的支柱根增强了母树从土壤中吸取水分和无机盐的作用，这也是榕树能够"独木成林"的奥秘所在。

　　厦大校园里的老榕树几乎随处可见，从专家楼到南洋楼，从三家村到石井楼，老榕树枝丫交错，盘根错节，郁郁葱葱，一副铺天席地的气势。其须状气根或悬挂树身或垂挂地面，直至深入土中，既充分吸收养分又具有支撑作用。一株株百年老榕树像历经沧桑的老人，娓娓讲述着学校的历史变迁，让人不由肃然起敬。

厦大仿佛就是榕树生生不息的家园。老化学馆北坡有几株枝干虬曲、树叶交织的老榕树，榕树下就是萨本栋墓园。1937 年"七七"事变后，刚从海外归来的萨本栋受命于危难之间，出任厦大校长。在抗战全面爆发、学校内迁长汀办学的艰难环境下，带领全校师生发愤图强，而自己则积劳成疾，英年早逝，其高尚的人格赢得了全校师生的尊敬和爱戴。二十世纪九十年代初，各地校友会发起捐款，修建了萨本栋墓园，并镌刻萨校长生平传记，如今已成为广大师生凭吊先贤之处。而在上弦场东侧的白城旧址，有一株十分奇特的榕树，在与高大墙壁接壤的窄小地面上就长出了近十条气根，有的粗，有的细，笼罩在茂密的树荫下；有的树根还深深地扎进墙壁的细缝里，令人叹为观止……

春光明媚的日子里，嘉庚广场上多株榕树的气根被编成了一条条靓丽的麻花辫，给榕树增添了几分温婉。粗壮的气根被拧成一大股，像是姑娘高高扎在头顶的一根麻花辫，一些新长的气根则被编成细细的几条，像是扎着两条辫子的活泼小女孩，成为校园里的一处独特景观。

榕树的生命力虽然十分顽强，但在几十年乃至百年一遇的强台风面前，也时有败下阵来的记录。专家楼前那株有着数百年树龄的老榕树，树冠犹如一把绿色巨伞，遮蔽了大半个庭院的上空；无数条粗粗细细的长髯低垂着，在微风中飘拂。当年家住国光楼时，花晨月夕我和家人经常到专家楼庭院里散步、在老榕树下休憩。

然而，在 1999 年十月正面袭击厦门的十四号强台风中，这株百年老榕树却在狂风暴雨中轰然而倒；与它遭到同样命运的，还有三家村三岔路口的那棵老榕树。此后，每次经过专家楼或三家村，我的心里都不免觉得空落落的，眼前不时浮现起专家楼庭院里那株老榕树的身影。而在许多厦大学子心中，对三家村路口的那株老榕树同样念念不忘，一位毕业多年的学生写道：

老榕树，让我们有几多怀念的旧时光呀！三家村路口的那家卤味店，就在老榕树的那侧热闹地营业着。每到傍晚下课或入夜时段，总是吸引着许多人。老榕树就在一旁静谧着，慈爱地望着一帮"贪吃"的孩子们，树影在夜色中沙沙作响，仿佛是它咯咯的笑声。风儿习习，月儿弯弯，而今都随老榕树一起深埋于记忆角落的时点。

榕树素有"健康长寿老人"之雅称，对从小生长在闽南的我来说，似乎闭着眼睛也能想起榕树的模样。地处泉州府文庙的小学母校里，就栽种着几株参天的老榕树，那时我和同学们经常在榕树下嬉戏、打闹。位于泉州西隅的千年古刹开元寺，庭院里那十几株高大挺拔、冠盖如伞的老榕树，更是遮天蔽日，让人望之兴叹。

榕树在闽南乃至全省各地，几乎随处可见。尤其是省会福州，植榕的历史十分悠久，因遍地植榕而简称"榕城"。南宋爱国诗人陆游在《度浮桥至南台》一诗中写道："寺楼钟鼓催昏晓，墟落烟云自古今。白发未除豪气在，醉吹横笛坐榕阴。" 诗人描绘了福州遍地榕阴的景象，表达了自己"白发未除豪气在"的抗金决心。

如今，榕树已成为福建的生态文化名片，寄托着福建人的乡愁。生活在八闽大地上的人们，每天都在享受着榕树绿荫的庇护；而离开福建的游子，哪怕走到天涯海角，梦里回首，也必定有家乡榕树的影子。

著名作家秦牧在《榕树的美髯》一文中盛赞榕树，他说："如果你要我投票选举几种南方树木的代表，第一票，我将投给榕树。"在他眼里，这些老榕树使人想起智慧、慈祥、稳重而又饱经沧桑的老人。它们那一把把在和风中安详地飘拂的气根，很使人想起小说里的"美髯公"。他强调说：

榕树躯干雄伟，绿叶参天，没有强劲深远的根是难以支撑树身的。因此，它的地下根又很能够"纵深发展"，向四面八方蔓延，一直爬到极深和极远的地方。根深叶茂，这使得一株大榕树的树荫，多么像一个露天的礼堂呀！

每一株长髯飘拂的老榕起码总有两三百岁的年龄吧，想起它们经历的沧桑，想起它们倔强的生命，想起它们亲历了中国百余年来波澜壮阔的巨变，真不禁使人对于榕树感到深深的敬爱。

春来秋往，漫步校园，看着那一株株饱经沧桑、充满旺盛生命力的老榕树，看着它高大的树冠、繁茂的枝叶、浓密的垂须和发达的根系，不由心生感慨：它的根扎得那样深，那样牢，那样坚韧不拔，因此，吸收到的营养也越多。正如一位作家所说："你的根扎得越深，和培育你的土地关系越密切，你就越有力量！"

正是下课时分，校园广播里传来台湾校园歌曲《童年》的轻盈歌声："池塘边的榕树上，知了在声声叫着夏天，操场边的秋千上，只有蝴蝶停在上面。黑板上老师的粉笔，还在拼命吱吱喳喳写个不停。等待着下课，等待着放学，等待着游戏的童年……"

榕 树

桑科榕属。常绿大乔木，树冠阔大，伞状；枝具下垂须状气生根，向下可伸入土壤；生长快，寿命长。系福州、温州、赣州市树，福建省省树。

校园广为分布。

随风摇曳的柠檬桉

从大南校门走进厦大，沿着宽阔的大马路往东走去，途径芙蓉三时，就可以看到有一整排高大挺拔的柠檬桉矗立在楼前，细长的树叶随风摇曳，衬托着这幢红砖白石、飞檐翘角、古香古色的宿舍楼，简直就是一幅天然的水彩画。

柠檬桉是桃金娘科乔木，不仅树干挺直，树皮光滑；而且枝条纤细，树姿优美，那狭长的披针形叶片更是造型优美，青翠欲滴，人见人爱。柠檬桉原产于澳大利亚，引进中国后在华南及福建、四川等地均有栽培，是南方城市很好的行道树和庭园绿化树。亚热带的厦门四季如春，气候温暖，雨量丰富，十分适合柠檬桉的生长。

顾名思义，柠檬桉是一种带有强烈柠檬香味的桉树。其树叶芳香四溢，不仅可用于驱蚊，而且有消肿散毒功能，其所含的芳香类物质，是香料工业的重要原料，可用于制造香皂、香水和香精。

最初见识柠檬桉，是中学时代到福州游览西湖时，发现湖边种植着许多高大、挺直、树皮光滑、呈象牙白色的大树。因为从小生

长在南方，从未见过《白杨礼赞》中赞美的白杨，便把这象牙白色的大树误以为是白杨。直到后来进了厦大，才知道它不是北方的白杨，而是南方的柠檬桉。

那时，从芙蓉二去群贤楼上课，要穿过一条田间泥土小路，小路一侧就栽种着一整排高大的柠檬桉，每株都有十几米高，那高大的形象与这窄小的道路似乎很不相称。海边风大，每当傍晚下课时，同学们三三两两走在这条田间小路上，都能听到柠檬桉树叶在风中沙沙作响，淡淡的柠檬桉香气也随着风儿在树林里弥漫开来，纷纷扬扬的花蕊丝丝飘落。夕阳余晖映照在田野菜地上，使斑驳重叠的树影拉得老长。

那时，女生住的丰庭楼是校园里的"禁区"，男生们"无事莫登三宝殿"。有一次去那里看望老乡，发现丰庭一楼前就栽植着一整排高高大大的柠檬桉，每株都有三四层楼高，与这幢当时住满全厦大女生的三层宿舍楼几乎不相上下。而在由丰庭一、丰庭二和教工食堂围合成的一个宽阔的方形庭院里，东面的丰庭二和南面的教工食堂后面也都挺立着高大的柠檬桉树。唯有庭院中央的那一排柠檬桉树干比较细小，聪明的女生们把它当作晾晒衣被的好工具，在两棵树上把绳子一拉，就可以在灿烂的阳光下晒被子。这对居住在潮湿阴暗的丰亭楼里那些爱干净、爱整洁的女生们来说，可是太实用了。

厦大校园里柠檬桉树最集中的地方，则非建南大会堂莫属。会堂东侧那几十株身形高大、挺拔多姿的柠檬桉，灰白色的树干笔直地伸向天空，吸取着天地日月之精华，尽情伸展着自己，让每一个过往的人们不得不抬头仰视。由于树皮大片状地脱落，露出光秃秃的树干，显得十分光滑。顺着树干向上，大约在10米处才能看到树叶。有些汁液从破损的树干上流出，像是它的眼泪，让人心生怜惜。

2012年，厦大首次开设"攀树课程"，立即吸引了三百多名学生前来参加。柠檬

厦大校园的花草树木

桉因为树形高大，枝干光滑，被选为攀树课的教学用树。同学们戴着安全帽，穿着防护设备，在专业老师的指导下进行攀树的学习。通过学习如何安全攀树，同学们不仅可以掌握一些特殊的逃生技能，还可以锻炼自己的毅力。因此，攀树课一开办，就成为最受同学们青睐的体育课之一。

柠檬桉是厦大校园里分布较广的一种树木，由于它灰白色的光滑树皮每年脱落一次，因此躯干经常保持整洁美观，因此被誉为"靓仔树"。

夕阳西下，天边橘红色的的晚霞慢慢和校园上空袅袅升腾起的烟雾交织在一起。树林里飘散出淡淡的柠檬桉香味，沁人心脾。

柠檬桉

桃金娘科桉属。高大乔木，树干挺直，树皮光滑，灰白色，大片状脱落；为闽南沿海一带重要造林及绿化树种。
校园分布：大南路，建南礼堂旁，南光餐厅旁。

绿覆荫浓三角梅

　　凤凰木是厦门的市树，三角梅则是厦门的市花，两者似乎难分伯仲。厦大校园里，无论是火红的凤凰花，还是多姿的三角梅，都深受广大师生的喜爱。

　　三角梅是一种常年开花的绿色攀缘植物，主要分布于我国南方热带和亚热带地区。它的花由三片花瓣合生而成三角形，故被称为"三角梅"。又因其花由色彩鲜艳的叶状苞片承托，别称"叶子花"。三角梅喜高温及强日照，地处亚热带的厦门，无论是气候还是土壤，都十分适宜三角梅的生长，因此这里的三角梅也种得特别多。公园、学校、寺庙乃至住家庭院，到处都能看到三角梅的身影。

　　三角梅原产于巴西，是国内众多沿海城市的市花，也是赞比亚的国花。她的花色繁多，有紫、红、橙、白、黄等多种颜色，让人目不暇接。春天的三角梅千娇百媚，绚丽多姿；盛夏的三角梅，繁花似锦，赏心悦目；雨后的三角梅，绿叶衬托着鲜艳的色片，楚楚动人；晴天的三角梅，在阳光的映射下，格外璀璨夺目。即使在寒冬腊月，三角梅也依然簇拥着茂盛的花枝和艳丽的花朵，丝毫不为寒冷所屈服，可谓"众芳摇落独暄妍，占尽风情向小园"。

初识三角梅，是二十世纪七十年代末。那时刚进厦大读书，和同学去国光楼拜访老师，发现众多庭院的矮墙上都开满了各种五颜六色的花。其中有一种花，有三片又薄又细、呈三角形的花瓣，在灿烂的阳光下显得格外鲜艳夺目，后来才知道这花就是三角梅。

其时厦大校园里的三角梅似乎并不多，倒是与之一墙之隔的南普陀寺，前殿、后殿和庭院里，都栽种着许多三角梅，不经意间成了南普陀一景。那年清明节我和同学结伴游南普陀寺，还留下"青烟缭绕清明日，夕阳斜照普陀寺""最喜经阁三角梅，绿覆荫浓好作诗"的诗句。

二十世纪九十年代，我自己的家也搬到了国光一。看着许多户人家庭院矮墙上探出的三角梅，那繁密枝条上一簇簇桃花般艳丽的花朵，那经冬不凋的绿油油的叶子，不禁也动起心来，很想种它几盆三角梅，但由于种种原因，一直未能如愿。

直到二十一世纪初，家搬进了一个被称为"花苑"的楼中楼，偌大的露台成了家中的"小花圃"。于是，毫无悬念地种上了五大盆三角梅。在露台栽培的几十种花花草草中，算是栽培最多的一个品种了。而这些三角梅也十分争气，常年开着各种不同色彩的花，几乎就没有断过。每天清晨或傍晚，我和家人轮流浇水，偶尔施一点花肥，做一些修剪。从春夏到秋冬，看着这些三角梅从含苞、吐蕊到盛开怒放，心情真是格外的舒坦。

素以花园式校园闻名的厦大，依山傍水，里湖外海，风光秀丽，景色优美。校园里一年四季，都能见到三角梅绽放的烂漫身影。无论是去教室、图书馆、餐厅，还是回宿舍途中，同学们走着走着，冷不伶仃一抬头，就会看到盛开怒放的三角梅。那紫红色的花朵在耀眼的阳光下开得正艳，绿色的枝蔓衬托着蓝天白云显得分外妖娆。

在通往情人谷的山坡上，不时也会冒出一丛丛盛开的三角梅，和水库边的刺桐花争奇斗艳。一湖碧水静静地躺在山水间，环湖四周盛开的三角

梅和各种花草树木相映衬，显得格外浪漫迷人。情侣们沿着木栈道纵览湖光山色，陶醉在这桃花源般的"爱情圣地"里。

三角梅洋溢着青春的浪漫，就像花季般的少女超凡脱俗，婀娜多姿，美得让人心醉，让人目眩。尤其是在冬日，百花纷谢，唯有三角梅独树一帜，娇嫩的花瓣挤挤挨挨，窃窃私语，如冬日里一道靓丽的风景线，"一任群芳妒"。难怪闽南女作家陈慧瑛对三角梅情有独钟，坦言"风姿绰约的鹭岛，娇花媚草，多如繁星，而我独爱三角梅。"在《三角梅赋》一文中，她说：

三角梅不算名花，就单朵儿看，不过是三片艳紫的花瓣儿，孕着几枚鹅黄的花蕊，娇小玲珑，弱不禁风似的。然而，在山间，在水滨，在怪石嶙峋的峰峦上，在盘根错节地古树下，在青苔斑驳的断墙，在青草凄迷的荒冢，你看吧，她衬着水灵灵的绿叶，百朵千朵地、散散漫漫地开了，袅袅婷婷地开了，沸沸扬扬地开了，像蓝天里的一片流霞飘来，漫住了碧汪汪的水畔山腰；像姑娘们的一点樱唇轻启，留下了一串串轻盈的笑。舒坦、自如、无拘无束，繁而不腻，艳而不俗，于浓烈之中见淡雅，于喧闹之中显幽静。

作家笔下的三角梅，就像邻家少女一样，平凡、普通，却充满了蓬勃的生机。它盛开在路边道旁，房前屋后，庭院阳台，为大自然梳妆，为人们的生活增添艳丽的色彩；它不掩饰自己的容颜和品性，在芸芸众生中舒展出矢志不渝、坚忍顽强的优秀品质。

欣赏一种花有如欣赏一个人，既要看它的外表更要看它的品格。三角梅不仅外表可人，而且具有很强的凝聚力、生命力和感染力。正如女作家所说：

三角梅很少被讴歌礼赞，可江南江北，都有她的踪迹；酷暑严冬，都是她的花期。这朵花刚谢，那朵花又开，不管世态炎凉，不畏凄风苦雨，不拘地势高下，一味把花儿泼辣辣地开着。她居显不娇，处晦不卑；她的枝蔓，向天空，向大地，向四周，蓬蓬勃勃地，争着空间，争着纵有，争着生存。她的一生，把生命之火，亮晃晃地燃着……

热情奔放的三角梅，妩媚迷人的三角梅，生命不息的三角梅，我爱你！

"含蕊红三叶，临风艳一城。"在校园里静静开放的三角梅，你像蜡烛燃烧了自己，照亮了别人；你盛开在山野林间，铺天盖地，绚丽多姿；你怒放在五老峰下、芙蓉湖畔，把这座南方名学府装扮得姹紫嫣红、美轮美奂！

三角梅

紫茉莉科叶子花属。藤状灌木，茎粗壮，枝下垂，有腋生刺；花色彩丰富，可呈红色、紫红色或粉红色，花期长，几乎全年可开花。系赞比亚国花和厦门、深圳、珠海市花。校园广为分布。

姹紫嫣红羊蹄甲

每到秋天，厦大芙蓉湖畔，得春风夏雨之化育的羊蹄甲悄然绽放，艳丽的花朵密集地爬满每棵树的枝条；粉色或玫瑰色的花瓣形如一群翩翩飞舞的蝴蝶，密密匝匝，满树嫣红，令人叹为观止。

羊蹄甲是著名的豆科植物，原产于我国南部，中南半岛、印度、斯里兰卡等地亦有分布。它花期较长，从九月一直开到十一月，被广泛栽培用于庭园观赏及作行道树。每当羊蹄甲开花时，一簇簇粉红或紫红色的花朵紧紧相拥，热情绽放。远远望去，像一片片艳丽的云霞。那五瓣娇艳的花朵，仿佛镶嵌在云裳上的红宝石熠熠生辉。

初识羊蹄甲是在读初中时，教植物的张老师一边给我们上课，讲解植物学常识；一边利用课余时间，带同学们到校园里去认识各种植物。这位福建师大生物系植物学专业毕业的老师，不仅植物知识很丰富，而且善于启发式教学。羊蹄甲正是那时她教我认识的，由于植物的名称比较特别，开的花又十分艳丽，因此被牢牢记在了脑子里。

后来到厦大读书时，发现校园里栽种着不少羊蹄甲，而且有多个不同的品种、花色。除粉红色的羊蹄甲外，还有白花羊蹄甲和红花羊蹄甲。白花羊蹄甲虽然较为少见，但花期较长，几乎全年都能开花，以3月最盛，主要分布在南强二与图书馆之间。开花时犹如樱花般灿烂，在蓝天映衬下极为壮观。红花羊蹄甲的花瓣是紫红色或桃红、粉红的，红得十分耀眼，一朵朵、一簇簇开满枝头，仿佛在恣意挥洒着生命的辉煌，绽放出生命的色彩。

校园里羊蹄甲最集中的地方，莫过于人类博物馆前那一片羊蹄甲树林了。沿着笔直的林荫大道走到鲁迅广场，往左一拐，就能看见那一树树高高低低的羊蹄甲，紫红色的花朵在灿烂的阳光照耀下，散发出迷人的色彩。尤其是冬日从这里走过，头顶上是满树的羊蹄甲花，脚底下的落英缤纷如画。午后的阳光透过树叶，洒在路面上，真是浪漫极了。许多游客或过往车辆，都禁不住要驻足或停车拍照。

红花羊蹄甲又称洋紫荆，叶圆形或阔心形，顶端通常裂为两半，形似羊蹄甲。花期为冬春之间，具有花形美丽、花色鲜艳、花香较浓、花期较长、花大如掌等五大特点。它早在1965年就被选为香港市花；1997年7月1日香港回归祖国时，又被选为香港特别行政区区旗的标识物，人们俗称其为"区花"。

由于红花羊蹄甲（洋紫荆）是羊蹄甲和宫粉羊蹄甲杂交而成的混合种，其花粉不能正常发育，因此无法授粉，开花后不能结果，只能通过压条、扦插或嫁接等无性方式繁殖。全年均可开花，以冬春为盛。在羊蹄甲属植物中，其名气最大。

与洋紫荆不同，中国古代大名鼎鼎的紫荆，俗称"满条红"。花开前串串紫珠嵌满树，花开后紫色花如蝶形，一蒂数花，繁花满树，犹如紫色蜂房。通常先花后叶，有枝皆花，甚至在老枝和主干上只见紫色花簇不见树。

紫荆在古代常被用来比拟亲情，象征兄弟和睦、家业兴旺。杜甫在《得舍弟消息》一诗中写道："风吹紫荆树，色与春庭暮。花落辞故枝，

风回返无处。骨肉恩书重，漂泊难相遇。犹有泪成河，经天复东注。"诗人在颠沛流离中，仍时时牵挂着故乡和亲人。风吹紫荆，落花无数，让忧郁的诗人睹物思亲。昔日朝夕相伴、手足情深，如今却像没有归处的落花一样，骨肉分离，天伦难享，收到亲人的一点点音信，都让人泪如雨下。

红花羊蹄甲（洋紫荆）的花期集中在十一月至次年4月。此时北方已经开始下雪，而在南国海滨的厦门，洋紫荆却开得十分烂漫。紫红色的紫荆花随风飘落，碎了一地，把博物馆前的小路也染成了一条紫红色的"紫荆花道"。

"北方在下雪，南方在下花"，媒体以此为题发表文章，大有"语不惊人死不休"之势。虽说有"标题党"之嫌，但文章立即刷爆了朋友圈，学生和网友们纷纷点赞。

厦大校园里，浪漫的羊蹄甲和洋紫荆被称为"淑女级校花"。那风中摇曳的心形绿叶像是姑娘跳动的心脏，里面有热血在奔腾，有青春在抒写。在南方明媚的天空下，羊蹄甲和洋紫荆开得如此绚丽，就像邻家的大姐姐一样，温暖着每一个同学的心灵。

在美丽的海滨城市厦门，羊蹄甲和洋紫荆都是最普通的行道树，许多马路上相距三五米就有一株。温柔娇美，淡雅芳香，一枝枝，一匹匹，如染、如画，在春光秋色里燃烧起如火如荼的激情，牵动着无数人们思念的心弦。

羊蹄甲

豆科羊蹄甲属。乔木，树皮灰色至暗褐色，叶近圆形，先端开裂似羊蹄状；花大，色艳、美丽，花瓣紫红色，9~11月为盛花期；荚果带状，略呈弯镰形；生长迅速，适应性强。

校园广为分布。

洁白馨香的玉兰花

厦大校园里百花争奇斗艳，却有一种花以其洁白馨香、清新怡人而风韵独具，让人爱不释手，过目不忘，乃至让人痴迷陶醉，这就是玉兰花。

玉兰又称白兰、缅桂，是木兰科含笑属的常绿乔木，原产印度尼西亚爪哇，广植于东南亚各地。不仅树形美丽，花叶舒展；而且芳香浓郁，落落大方。每当春夜，漫步校园，从国光路到群贤路，从幼儿园到卧云山舍，四处弥漫着一股淡淡的玉兰花香。在宁静的夜空中，呼吸这带有清香的空气，顿觉心旷神怡。一天繁忙工作带来的疲惫，或一天紧张学习绷紧的神经，顿时全都松懈了。

每次看到玉兰花，都觉得格外熟悉而亲切。它是自己童年的记忆，也是离别故乡后难以割舍的乡愁。闻着那浓浓淡淡的玉兰芳香，就像回到了儿时的生活，就像听到了"小巷清晨卖白兰"的吆喝声；看着那玲珑剔透的玉兰花苞，就像看到了老家窗前那株四层楼高的玉兰树，眼前浮现起母亲夸赞玉兰花的亲切笑容……

玉兰花洁白无瑕。晴好的春日，阳光明媚，和煦的阳光照在玉兰花上，显得格外明亮、通透。那洁白柔嫩的花朵，舒展着像小手指一样的花瓣，米白色的细小花蕊就藏在兰花指的掌心。玉兰花的香气顺着指尖，若无其事地飘向四面八方。

玉兰花芬芳馥郁。南方多雨，雨后的夜晚空气格外清新，群贤楼外那几株高过楼顶的玉兰树，在静谧的春夜里散发出淡淡的馨香。坐在阶梯教室里自修，埋头看完老师布置的参考书，抬头看看窗外的玉兰树，嗅着远处悠悠飘来的花香，默然想着生活中这样那样的心事。校园的春天仿佛就在这玉兰花的香气里慢慢充盈起来。

玉兰花高雅圣洁。无论在喧闹的大庭广众之下，还是静静地独守一方，它都是那样从容不迫，丝毫不为周边的环境所影响。它的花朵并不硕大，却开得晶莹剔透，落落大方；它的香气并不浓烈，却清幽淡长，清纯悠远。

玉兰花晶莹如玉，洁白如雪，清香如兰。缥缥缈缈，若有若无；袅袅身姿，独特风韵。清风细雨中，更显其超尘脱俗、秀外慧中。虽然不显山不露水，却让人处处感受到它的温柔、娴静和优雅。

文学作品中有许多描写玉兰花的诗句，如唐代武平一的《杂曲歌辞·妾薄命》："轻罗小扇白兰花，纤腰玉带舞天纱。疑是仙女下凡来，回眸一笑胜星华。"将宫女手中的轻罗小扇比作洁白的白兰花，展现了一位娇柔美丽的舞女形象。

宋代杨万里在《白兰花》一诗中写道："熏风破晓碧莲苔，花意犹低白玉颜。一粲不曾容易发，清香何自遍人间。"诗人通过细致的观察，详细描写了玉兰花洁白如玉，香气四溢的特质。

南宋诗人王镕则以咏物言志的双关手法，将白兰花与志向高洁的爱国主义诗人屈原相比喻。在《白兰》一诗中他写道："楚客曾因葬水中，骨寒化出玉玲珑。生时不饮香魂醒，难着春风半点红。"白兰花花色洁白，丝毫不带一点红色，犹如屈原大夫纯洁无瑕，毫不媚世低俗。作者在赞美白兰花的同时，也抒发了自己不向元朝统治者妥协的心志，而情愿像屈大夫一样，保持操守、名节而流芳人间。

白兰花是著名的香花，与栀子花和茉莉花一起被誉为"香花三绝"和"夏花三白"。童年时，在晨曦中，经常听到从大街小巷传来的"玉兰花呀，一角钱买一串"的叫卖声，那带着地瓜腔的闽南话，那挑着花担的蟳埔女，那胸前别着玉兰花、挎着书包匆匆走向学校的小女生，在我的脑海里留下了深深的印记。

闽南的玉兰花（即白兰）和上海的市花"白玉兰"常被人混淆。两者虽然都是玉兰，植物形态和特征却有不少差异：白兰的花朵有一种清新怡人的香味，而白玉兰花没有气味；白兰的花朵较小，花蕾像毛笔的笔头，花型纤细，颜色呈乳白色，而白玉兰花朵较大，花型浑圆饱满，颜色雪白；白兰的花朵生长在叶腋之间，而白玉兰生长在树枝顶端；白兰一年开花两次，尤以夏季开花最多，而白玉兰春天开放，一年只开一次。

厦大校园里四处都能看到玉兰树的身影。如果说，凤凰花是厦大红色花系的代表，那么玉兰花则堪称厦大白色花系的代表。一红一白，当之无愧是厦大百花园里的"双娇"。"素面粉黛浓，玉盏擎碧空，何须琼浆液，醉倒赏花翁。" 这就是白兰花，它优雅的开，沉静的落，风雨不惧，宠辱不惊，每一朵花都可以渲染一份心情，每一株树都可以带来一片云彩。

玉兰

木兰科含笑属。常绿乔木，枝广展，呈阔伞形树冠；树皮灰色，花洁白清香、夏秋间开放，花期长，叶色浓绿；聚合果熟时红色。花期4~10月，果期10~11月。为著名庭园观赏树种，多栽为行道树，系厄瓜多尔国花和佛山、晋江市花。

校园广为分布。

色彩缤纷的变叶木

　　"曲径通幽处，禅房花木深。"厦大校园里，不时可以看到一丛丛五彩斑斓、色彩绚丽的植物，赤橙黄绿，千姿百态，与周边的花草树木、休憩亭台、蜿蜒甬道相互搭配，打造出一方雅致秀美的诗意画景，给人们带来美的享受。它就是变叶木。

　　变叶木是大戟科的常绿灌木，原产于印尼、马来半岛、澳洲、爪哇等热带地区。因花青素的作用，其叶色经常由嫩绿、深绿、淡黄、金黄、淡红、紫红等各色相间、七彩纷呈。由于叶片上有色斑，加之变化多，因此得名"变叶木"。这种植物，不用开花就美丽动人，丰富浓郁的色彩就像是一幅油画。

　　变叶木新叶嫩绿，随着阳光照晒和光合作用的加强，叶色不断变化。叶脉由绿转白或黄，叶片由绿转红或黄。从嫩绿到深绿，从淡黄到金黄，从淡红到紫红，色彩变幻，令人目不暇接。这些色彩鲜艳的叶片上点缀着各种斑点和斑纹，犹如一匹精致的锦缎上洒满金色的光点，因此又称洒金榕。

变叶木不仅叶片多彩相间，而且叶形丰富多样，有披针形、卵形和椭圆形（柳叶形、戟形）等等。叶片边缘呈波浪状、扭曲状和蜂腰状，令人赏心悦目。变叶木也因此被称为是自然界中颜色和形状变化最多的观叶树种，深受人们的喜爱。

小时候常到一位亲戚家玩耍，他家庭院里就栽种着几株色彩缤纷的变叶木。每次看到变叶木，都会不由自主地产生一种好奇心，它的叶片为何能变得如此色彩鲜艳呢？后来才知道，变叶木性喜高温、湿润和阳光充足的环境，光照越充足，它的生长发育就越良好，叶片颜色就越美丽；如果光照不足，光合作用减弱，就会影响它的生长发育，导致其叶片脱落。

变叶木品种多样，根据其叶形变化，有广叶、戟叶、长叶、细叶、复叶、飞叶变叶木乃至螺旋变叶木、有角变叶木等。长叶变叶木的叶片呈长披针形；螺旋叶变叶木的叶片呈不规则的扭曲与旋卷，如同波浪般起伏；戟叶变叶木叶宽大似戟形，色彩鲜艳、花纹多变；细叶变叶木有明显的散生黄色斑点；阔叶变叶木密布金黄色小斑点或全叶金黄色。总之，要使变叶木保持鲜艳美丽的叶色，需要精心养护和照顾，使之保持充足的阳光、适量的肥水和湿润的空气。

霭霭四月初，新树叶成荫。漫步校园中，信步赏花木。变叶木和丛生的红果冬青，

开花的藤本月季、金桂，姿态优美、冠幅舒展的香樟、朴树等搭配在一起，形成草木欣荣、错落有致、相互呼应的围合空间，营造出层次丰富、生态气息十足的林下走廊，不仅芳草鲜美，落英缤纷，而且色彩四季变化，时时有景，让人沉醉不知归路。

变叶木叶片鲜艳美丽，树形优美，成为深受人们喜爱的观叶植物。但在大自然的百花园里，在绿意盎然的庭院、公园里，它始终甘当配角，不争宠，不献媚；虽然渺小，但一年四季不断变脸、不断保护自己、不断繁茂昌盛，那顽强不屈的精神着实令人赞叹。

变叶木

别名变色木、洒金榕，大戟科变叶木属。灌木或小乔木，叶形状大小变异很大；极喜光，喜温暖、湿润气候，不耐霜冻；是热带地区常见的庭园或公园观叶植物。

校园分布：南光食堂旁，嘉庚、建南楼群，思源谷等。

端庄秀丽黄素馨

仲春时节，芙蓉园桃红柳绿，春光烂漫。黄素馨也在不经意间悄然绽放，朵朵小黄花点缀于浓枝绿叶间，给人以生机盎然的感觉。

黄素馨又名野迎春，原产云南，因此又称为云南黄素馨。不仅名字素雅，姿态端庄，而且容颜秀丽，馨香可人，可谓"花如其名"。从经济学院到南洋研究院，从华侨之家到情人谷，到处都可以看到黄素馨娇小的身影。

作为中国人最常见的花卉之一，迎春花早在唐代就已栽植于中国各地，成为人们十分熟悉的观赏花卉。它在百花之中开花最早，花开后即迎来繁花盛开的春天，被称为"迎接春天的使者"。迎春花不仅花色秀丽，气质非凡，而且具有不畏严寒、不择风土、适应性强的特点，历来为人们所喜爱，与梅花、水仙和山茶花并称为"雪中四友"。

迎春花和野迎春为世界所熟知，经历了一番不同寻常的历程。1843年，一位名叫罗伯特·福琼的英国探险家接受英国皇家园艺

协会的派遣，前往中国进行植物采集。第二年，他将在中国广泛栽培、开着黄色花朵的一种著名花卉带回英国。1846年，植物学家约翰·林德利正式发表了这个来自中国的物种，定名为迎春花。因为在冬季开放，和茉莉花又同属木樨科素馨属，因此又称为"冬茉莉花"。

三十多年后，一位名叫麦士尼的英国人又从中国西南早春山野中，采摘了一种很像迎春花的植物，它同样开着满目金黄色的花朵。麦士尼将它寄给自己的朋友、植物学家汉斯。1882年，汉斯据此发表了一个中国植物新物种——野迎春。

和冬季落叶的迎春花不同，野迎春是枝条下垂的攀缘性常绿灌木。和迎春花相比，野迎春的花朵更大，花冠裂片更多，且部分相互交叠，看上去就像复瓣的花朵；花期也更长，通常从二月上旬的星星点点，到三月初的铺天盖地、三月中下旬的绿叶生发、花叶同枝，花期可长达近两个月。

虽然同为迎春使者，但和婉约妩媚的迎春花相比，野迎春盛开起来更为狂野，更为奔放，也更为耀眼夺目。黄花碧叶，枝叶飘逸，惹人喜爱。宽阔的花冠裂片像是在对着春光开怀大笑，又像在肆无忌惮地宣告：这里的春天属于我。

简言之，迎春花和迎春花虽然同为木樨科素馨属灌木，但迎春花是落叶灌木，而野迎春是常绿灌木；迎春花先花后叶，而野迎春花叶同在；迎春花开花较早，通常在二三月，而野迎春开花较迟，通常在四月初。迎春花有"报春第一花"之誉，野迎春也被称为"追随春天脚步的花"。

野迎春的名字表明它和迎春花之间存在极为紧密的亲缘关系。据《中国植物志》记载："根据细胞学的研究，有可能迎春花是野迎春的北方衍生种。"唐代诗人白居易在长安时就曾摘下迎春一枝赠友人，并附送七言绝句一首："金英翠萼带春寒，黄色花中有几般。凭君与向游人道，莫作蔓菁花眼看。"北宋诗人晏殊在《迎春花》一诗中也写道："偏凌早春发，应诮众芳迟。"表达了对迎春花的赞誉。

无独有偶，被称为野迎春的黄素馨和原产印度的素馨花也有诸多不同。黄素馨是春天开花，花黄色；而素馨花是初秋开花，花白色，香气清冽。素馨花移植于我国南方后，在广东栽培特别多，以致清初广州的花市只卖素馨花，甚至把素馨花作为广州的"市花"。

　　春光明媚，校园里的黄素馨已带着恣意的绚烂铺展了整条路径，阳光在花瓣间跳跃，春风舞动着枝条，一路金黄，一路日暖，这真是一场美得令人陶醉的艳遇。黄素馨除了耐寒，而且不择风土，酸碱皆宜，似乎南北大地都是故乡。它像播撒善念的僧人，云游四方，也像大地的信使，遍布天涯。

黄素馨

　　木樨科素馨属。常绿藤状灌木，小枝无毛，四方形，具浅棱。叶片对生，小叶三枚，长椭圆状披针形。花单生，淡黄色，具暗色斑点，花瓣较花筒长，有香气。花期3~4月。

　　校园分布：凌云路旁、水库边。

清姿雅质木芙蓉

美丽的厦大校园有"芙蓉园"之誉，盖因校内的学生宿舍楼多被称为芙蓉楼，校区中心那个垂柳夹岸的湖泊又被称为芙蓉湖。也许是上天的眷顾，校园里的芙蓉花也开得特别艳丽，特别动人。

有道是"芙蓉花开最宜秋"，每到初秋，从芙蓉湖南北侧到湖心曲桥边，从演武场到三家村，木芙蓉纷纷绽放，满树红艳，一片生机，惹得游客流连观赏，不停拍照。芙蓉花不仅花大重瓣，色彩缤纷，而且品种多样。有开白花的白芙蓉，花色粉红的粉芙蓉，酷似牡丹的红芙蓉，形如钟状的黄芙蓉。还有一种芙蓉花，早晨开放时为白色或浅红色，中午至下午转成桃红色，傍晚又变成了深红色，因此被称为"三醉芙蓉"，是木芙蓉中的稀有、名贵品种。

古时芙蓉花分为两支，生于陆地的称为木芙蓉；生于水上的称为水芙蓉，即荷花。韩愈在《木芙蓉》一诗中，将两者进行了对比："新开寒露丛，远比水间红。艳色宁相妒，嘉名偶自同。"说明木芙蓉与水芙蓉虽然生于不同处，而"色皆美，名又同"；木芙蓉在秋风中绽放，比荷花更为红艳，但彼此不要互相嫉妒。

生性豁达的白居易，更是饮酒赏花两不误，赏尽荷花赏芙蓉。在《木芙蓉花下招客饮》一诗中他写道："晚凉思饮两三杯，召得江头酒客来。莫怕秋无伴醉物，水莲花尽木莲开。"木莲就是指木芙蓉。由于和荷花花色相似，花期较迟，因此得名"木莲"。

木芙蓉由于花朵硕大，花色艳丽，耐水湿，特别适宜种植于水滨。《长物志》云："芙蓉宜植池岸，临水为佳，开花时波光花影，相映益妍"，分外妖娆。王安石有《木芙蓉》一诗："水边无数木芙蓉，露染燕脂色未浓。正似美人初醉著，强抬青镜欲妆慵。"把木芙蓉的娇艳姿态形容得如同醉美人。

木芙蓉皎如芙蓉出水，艳似菡萏绽放，遂冠名"芙蓉花"，又因生长在陆地，为木本类，被称为"木芙蓉"。相传五代后蜀皇帝孟昶，有一个名叫花蕊夫人的妃子，不仅生得妩媚，且特别喜欢木芙蓉。孟昶为讨她欢心，遂令在成都城中尽种木芙蓉，绵延四十里，秋季盛开，锦绣满城，"芙蓉城"的美誉便由此而来。

木芙蓉原产中国，性喜温暖、湿润环境，对土壤要求不高，瘠薄土地亦可生长，且较耐寒，从初秋到深秋绽放，因此又称为"拒霜花"。《格物丛谈》曰："此花又最耐寒，八九月余，天高气爽，春意自如，故亦有拒霜之名。"王安石有《拒霜花》一诗："落尽群花独自芳，红英浑欲拒严霜。开元天子千秋节，戚里人家承露囊。"苏轼也写有《木芙蓉》诗；"千林扫作一番黄，只有芙蓉独自芳。唤作拒霜知未称，细思却是最宜霜。"入秋之后，虽然"千林扫作一番黄"，唯有芙蓉花独自开放，说明它是最适宜秋霜的花卉。

木芙蓉在我国栽培历史久远，古往今来文人墨客歌咏木芙蓉的诗词俯拾皆是。五代诗人徐铉在《题殷舍人宅木芙蓉》一诗中，详细描述了木芙蓉的优美姿态和靓丽容颜："怜君庭下木芙蓉，袅袅纤枝淡淡红。晓吐芳心零宿露，晚摇娇影媚清风。"吕本中有《木芙蓉》诗："小池南畔木芙蓉，雨后霜前着意红。犹胜无言旧桃李，一生开落任东风。"范成大也作有《窗前木芙蓉》："辛苦孤花破小寒，花

心应似客心酸。更凭青女留连得，未作愁红怨绿看。"这些诗作，不仅传神地写出了秋来芙蓉花的特征、特色和风貌，而且蕴含着诗人的许多感情和精神。

古代诗人对木芙蓉皆是赞美之词，然而也有警醒之句，如李白的乐府《妾薄命》："昔日芙蓉花，今成断根草。以色事他人，能得几时好？！"描述了陈皇后阿娇由得宠到失宠的转变，揭示了女子以色事人，色衰而爱弛的悲剧命运，对后人有一定的警示作用。

现代作家汪曾祺在散文《木芙蓉》中，也盛赞木芙蓉。他说："浙江永嘉多木芙蓉……花多而大，他处少见。楠溪江边的村落，村外、路边的茶亭檐下，到处可以看见芙蓉。芙蓉有一特别处，红白相间。初开白色，渐渐一边变红，终至整个的花都是桃红的。花期长，掩映于手掌大的浓绿的叶丛中，欣然有生意。"作家建议永嘉以芙蓉为市花，此后永嘉城里城外到处种植木芙蓉，成了城乡一景。

每当秋末冬初，木芙蓉繁花怒放、惊艳四座。这时即使你出远门，人在"千里冰封，万里雪飘"的北国，思念也常常飞回南方的校园，想象着木芙蓉开得如火如荼的情景，那该是多么蔚为壮观的景象呀！

木芙蓉

锦葵科木槿属。落叶灌木或小乔木，枝干密生星状毛，叶互生；花大色艳，初时白色，后变为粉红色至深红色，花期8~10月。常见栽于池塘边，或单植、丛植于园林。
校园分布：群贤楼群旁。

牵牛花绕竹篱开

牵牛花在民间又叫喇叭花,因为它长得像一个小巧玲珑的喇叭。如果你把它摘下来轻轻一吹,便能发生呜呜的响声;而轻轻一吸,还有一股奶油味的甜浆呢!牵牛花有紫的、粉的、蓝的等多种颜色,仔细观察,花蕊里还有颗白色的五角星。

初夏时节,校园里的牵牛花就一朵朵、一簇簇地盛开了。那或红或紫或粉或蓝的小花,像一支支小喇叭,奏响初夏的乐章,绽放盛夏的美丽。一会儿迎风招展,演绎动听的和弦;一会儿静静伫立,似乎在等待大自然的召唤;一会儿又向你挤眉弄眼,展示它轻盈的身姿。

每天清早,从白城到海滨东区,许多户人家的篱笆墙上或露台花架上,牵牛花就啜饮着甘醇的晨露,迎着曙光,绽放出迷人的光彩。那青绿的藤叶,娇艳的花朵,新鲜欲滴,分外妖娆,让路过的行人不看都不行。

牵牛花有个俗名叫"勤娘子",顾名思义,它是一种非常勤劳的花。每天天不亮，鸡啼声刚过，它就缠绕着竹篱开出"喇叭状"的花。也许是抵挡不住夏日阳光的灼热，接近正午时分，牵牛花便逐渐将喇叭状花朵收缩闭合。随着最后一抹晚霞隐去，它也彻底闭上了疲倦的喇叭。直到第二天清晨，在经过一晚上的休憩后，才又重新张开绽放，开始欢快的一天。

小时候我曾跟着童谣唱"天上一颗牵牛星，地上一朵牵牛花"，但那时并不解其意。后来才知道，与地上牵牛花相对应的天上牵牛星，就是人们常说的"牛郎织女"中的牛郎，他和织女每年七夕才能在鹊桥相会。也许是因为牵牛花的花朵内有星形花纹，花期又恰好与牛郎织女相会的日子相同，因此被称为"牵牛花"。

后来回故乡，那是地处福州乌龙江边的一个村落，村里村外、沟堑边、草垛上，几乎随处都能看到这种藤蔓植物。或攀附于灌木，或缠绕着树干，或匍匐于地面，渴望着蓝天阳光。牵牛花的适应性很强，对环境几乎没有什么要求，不选择土壤，也无须浇灌，给它一片土地，就可自生自长，随着季节变化而荣枯。

许多农户家里都种过牵牛花。春天时撒些种子，过个把月就开始萌芽生长，藤蔓顺着篱笆向上攀爬，绿意也逐渐向外蔓延、扩散，很快就开出了一长串的花朵，各种颜色都有，尤以粉红和淡紫的为多。令人惊奇的是，由于朝开暮合，牵牛花的颜色一日之内会发生多种变化，"先是暗蓝，进而是薄红，再为淡紫，最后那银白的花朵依稀可见了"。

牵牛花的花期极长，从五一开始，一直开到十月中秋，与紫薇的花期有得一比。牵牛花有一个特点，它是沿着逆时针方向生长的，就算用人工将它变成顺时针方向，它还是会朝着逆时针方向生长，因为其生长方向和电磁场方向一致。

牵牛花还有一个与众不同之处，就是它的花朵是整体的。因为薄薄的喇叭状花，如果分成几片花瓣，吸收的那点水分很快就会被炽热的阳光蒸发而枯萎。只有紧紧拥抱在一起，结成一个整体，才能更好地生存。

可喜的是，牵牛花不仅有着美丽的花朵，还有着深厚的文化底蕴。早在日本平安时代，牵牛花就作为药材由中国传入日本。原本在中国是乡野篱笆上极普通的花，到了日本却成了格调极高的花，经常被使用在花道作品和茶室中进行装饰使用，这也与日本的物哀美学观有极大的关系。日本人喜欢刹那间寂灭的事物，季节感和宿命感很强，牵牛花因此成为他们心爱的植物。

在古日语中，牵牛花和木槿、桔梗都称为"朝颜"，因为它开放在清晨到午间；小璇花（即原生牵牛）是傍晚到夜间开放的，因此叫"昼颜"，其花形酷似牵牛花，颜色更为清淡，叶片也不相同；而瓠子花（也叫月光花），开放在夜间到清晨，因此叫"夕颜"，其花朵不如朝颜和昼颜那般精致和色彩炫美，但白色的花在黑夜里开放，在夏日的月光下散发出幽幽的清香，也别有一番情趣。这三种植物瞬开瞬逝的短暂生命组成了一天的三个部分，是大自然的生物钟坐标。

中国古代文人大多都喜爱牵牛花，俗话称："秋赏菊，冬扶梅，春种海棠，夏养牵牛"。宋人林逋山曾题过一首《牵牛花》："圆似流泉碧剪纱，墙头藤蔓自交加。天孙摘下相思泪，长向深秋结此花。"将牵牛花形容成仙人布下的相思种子。《红楼梦》里，大观园里的众多花卉中，与巧姐对应的便是牵牛花。在曹雪芹笔下，巧姐虽然出身富贵却生不逢时，贾府没落后被刘姥姥救了出来，嫁给了她的孙子，做了一名村间巧妇。作者的构思或许是暗合牵牛花攀爬在篱笆上、开在黎明前的勤劳质朴气质。

牵牛花的生命力十分顽强，外表素美而不妖艳。那细细的藤和稀疏的绿叶，不因自己屡弱而自卑，不因自己渺小而自恼，不因长在荒野而自惭，不因自己平凡而自秽。它合着牵牛花的节拍愉悦的随风摇曳，赫然一副乐天派头，即使没人欣赏，路人漠然而过，依然兴致勃勃。生来不为取悦他人，只为感谢大自然的恩赐，释放着每个细胞的快感。

校园里那随处开放着的牵牛花，太普通，太弱势，似乎没有引起人们太多的关注，但它却顽强地生长着，努力地绽放着。"你见或者不见，它都在那里，不悲不喜。"我喜欢朴实无华的牵牛花，更喜欢那些具有牵牛花品格的人。

牵牛花

旋花科牵牛属。一年生缠绕草本，秋季开花，花冠蓝紫色渐变淡紫色或粉红色，漏斗状；喜气候温和、光照充足、通风适度。属深根性植物，生性强健。
校园分布：白城、海滨东区。

东风香吐合欢花

正是夏初时节，立夏之后的天气，时而清爽，时而燥热。从化学化工学院的报告厅门前走过，树上不时落下三三两两的叶子和毛毛茸茸的花丝，像是一场短暂的花雨从天而降。这株冠盖如伞的大树，正是象征夫妻好合、彼此恩爱的合欢树。

合欢树又名绒花树，因开着毛茸茸的小花，故名。它的叶是羽状复叶，不仅叶片两两相对，而且昼开夜合，一到夜晚便会闭合起来，如同夫妻缠绵聚合，因此被称为合欢花。正如清代风流才子李渔在《闲情偶寄》中所说："此树朝开暮合，每至昏黄，枝叶互相交结，是名'合欢'。"

此时，当微风轻轻拂过面颊，有不少小花从我的眼前飘过，缓缓落到地上。这些小花与寻常的花不同，它们的花瓣不是一片一片的，而是一丝一丝的；前半部分是粉红色的，后半部分是白色的。众多花丝紧挨在一起，就像一把张开的羽毛扇。一簇一簇的小花，近看像是新娘身上灿若云霞的嫁衣，远看又像是一朵朵红色的祥云在枝头环绕。不经意间，还能在树下闻到一股淡淡的清香，令人心旷神怡，流连忘返。

合欢花飘逸脱俗，似乎带有一种仙气。它的花期是六七月份，因品种不同，有红色合欢花，也有白色合欢花；在植物分类上，因地域不同，则有"缅甸金合欢"或"台湾金合欢"之分。台湾金合欢是由闽南引种的，明末清初，闽南人大批移居台湾，为了表达对故土家园和亲人朋友的思恋，特地带去种子、携去树枝到当地栽种。由此看来，台湾金合欢应该正名为"闽南金合欢"。

合欢树的名称来自一段凄美的爱情故事。相传它最早叫苦情树，是一种不开花的树。乡村有个秀才寒窗苦读十年，准备进京赶考。临行时，妻子指着窗前的那棵苦情树对他说："夫君此去，必能高中。只是京城乱花迷眼，切莫忘了回家的路！"秀才应诺而去，却从此杳无音信。妻子在家里盼了又盼，等了又等，青丝变白发，也没等回丈夫的身影。在生命尽头即将到来时，她拖着病弱的身体，挣扎着来到那株印证她和丈夫誓言的苦情树前，发下重誓："如果丈夫变心，从今往后，让这苦情开花，夫为叶，我为花，花不老，叶不落，（一生不同心），世世夜欢合！"说罢，气绝身亡。第二年，所有的苦情树果真都开了花，像一把把小扇子挂满枝头，还带着一股淡淡的香气，只是花期很短，只有一天。但从那时开始，树上所有的叶子都随着花开花谢晨展暮合。人们为了纪念这位妻子的痴情，就把苦情树改名为合欢树。

合欢花又叫马缨花，因其开花时如马的额头垂悬的红缨珞。清朝诗人乔茂才在《夜合欢》诗中写道："朝看无情暮有情，送行不合合留行。长亭诗句河桥酒，一树红绒落马缨。"诗中说的马缨即指合欢花。

合欢树原产于中国和日本，喜潮湿、温暖环境，生长迅速，耐旱、耐贫瘠，对土壤适应性强，可做行道树、庭荫树用或配置山坡丘陵，木材可做家具，嫩叶可食，树根可固沙、保土、改土；树皮、树叶供药用。合欢树在南方各地均有广泛种植，在闽南语中叫"火漆柴"，算是土生土长的乡土树木。

"合欢之花宜置合欢之地"。在中国古代，合欢常被种植在新婚夫妇的庭院内，象征夫妻百年好合。合欢树的特异之处就是树叶日张夜合，绒球状的合欢花在夜晚散发着令人醒神爽气的清香，夜愈深香味愈浓。夜间在合欢树下谈心、休憩，给人以一种和谐、安宁、静谧的感觉。

中国人喜欢合欢花，不仅在于它的名字讨喜，也不仅在于用合欢花酿的酒有安神养胃之功效，而在于它的寓意深刻，让人对两情相悦的恋人和彼此深情牵挂的夫妻充满向往。原以为蜜蜂和蝴蝶只会在较矮的花丛间展现它们的曼妙身姿，没想到在高大的合欢树枝叶间，也能看到他们成双成对飞舞的身影，想必也是被合欢花独特的美丽和清香所吸引吧。

化学报告厅的合欢树下，树立着一尊卢嘉锡先生的雕像。衬托着合欢树那风度潇洒和豁达开朗的形象，显得格外引人注目。这位十三岁进入厦大预科、十五岁升入厦大化学系本科就读的才子，十九岁大学毕业。在母校担任三年大学助教后，于1937年八月考取第五届中英庚款公费留学，进入英国伦敦大学学院学习，1939年获哲学博士学位。此后赴美国加州理工学院，随两度诺贝尔奖获得者鲍林教授从事结构化学研究，任客座研究员。在此期间，他发表了一系列学术论文，其中不少成为结构化学方面的经典文献。还参加了美国战时军事科学研究，在燃烧与爆炸的研究工作中做出出色的成绩。

1945年冬，年方三十岁的卢嘉锡满怀"科学救国"的热忱回到祖国，担任厦门大学化学系教授兼系主任。新中国成立后历任厦门大学理学院院长、副教务长、研究部部长以及校长助理、副校长等职。由于他的到来，厦大化学系得以崛起，不仅培养了一大批著名学者，而且与经济系并驾齐驱，为厦大成为"南方之强"和跻身全国重点大学之列做出了不可磨灭的贡献。

1955年，卢嘉锡成为中国当时最年轻的学部委员和一级教授之一。1981年5月出任中国科学院院长，执长中国科学研究的最高殿堂；1988年3月当选为第七届全国政协副主席，1993年3月当选为第八届全国人大常委会副委员长，成为国家领导人。

卢嘉锡是厦大这块土地上培养起来的杰出人才，也是"土生土长"的厦大人。他的雕像树立在母校，树立在他成长、工作的母系，树立在美丽壮硕的合欢树下，使他"魂归厦大"，情系母系，使无数南强学子可以从他身上吸取砥砺前行的精神力量。

　　"一树合欢花，满园尽芳馨。"漫步校园，看着合欢树繁花满枝，花叶相映，真让人觉得赏心悦目，闻香醉人。

合　欢

　　豆科合欢属。落叶乔木，树冠伞形，枝粗大，稀疏叶互生，偶数羽状复叶，羽片对生，小叶夜间闭合，萼及花瓣均为黄绿色，花丝粉红色。花期6~7月，果期8~10月。树姿优美花期长，团团白花映衬于绿叶丛中，素静优美。校园分布：思源谷、生物馆（二）。

「花中皇后」是月季

月季花又称"月月红"，为中国十大名花之一。因为四季都开花，且花色变化丰富，花姿美艳高贵，香气浓郁，因此被称为"花中皇后"。

月季原产于中国，早在汉代就有栽培，唐宋以后更是栽种不绝。宋人宋祁在《益都方物略记》中记载："此花即东方所谓四季花者，翠蔓红花，属少霜雪，此花得终岁，十二月辄一开。"明代王象晋在二如堂《群芳谱》中，更是详细记载了月季的名称变化和形态特征："月季一名'长春花'，一名'月月红'，一名斗雪红，一名'胜红'，一名'瘦客'。灌生，处处有，人家多栽插之。青茎长蔓，叶小于蔷薇，茎与叶都有刺。花有红、白及淡红三色，逐月开放，四时不绝。花千叶厚瓣，亦蔷薇类也。"

月季花初开在芳菲未尽的四月，温润了春的料峭；四月之后，它几乎每月都开，一直开到秋冬，不仅苍翠了夏的枯槁，而且叠翠流金了秋的萧疏，繁盛了冬的萧条。苏东坡称赞它："花落花开无间断，春来春去不相关；牡丹最贵惟春晚，芍药虽繁只夏初，惟有此花开不厌，一年常占四时春。"

月季初开时，枝条细柔，小刺长满枝条。花朵含苞欲放，清新明艳动人。待到开放时，总是开得那么大气，宛如大家闺秀。不但花朵硕大，花蕊金黄；而且花瓣微卷，层层叠叠由里向外舒展；加之色彩缤纷，白色、粉红色、玫瑰红色，如火如荼地尽情怒放。

月季的花期很长，且不会轻易凋谢。绽放时我见犹怜，凋谢时花瓣也是慢慢失去水分而逐渐干枯；最后，在微风吹拂中，花瓣撒满一地。你若捡起来在鼻子边一嗅，定会嗅到冷翠中的遗香。

在唐宋诗人笔下，月季花既温雅绮丽，又淳朴娇媚，令人遐思无限。白居易称她"晚开春去后，独秀院中央"；杨万里夸她："只道花无十日红，此花无日不春风"；王冠卿赞美她"当初只为嫦娥种，月正明时，教恁芳菲，伴着团圆十二回。"女诗人朱淑真更是赞不绝口："一枝才谢一枝红，自是春工不与闲。"

月季的花枝和叶的背面上稀稀疏疏长着刺，确实与玫瑰花十分相像。实际上，月季花与玫瑰花都是蔷薇科花卉，恰似堂姐妹或表姐妹。在英国或美国等西方国家，都把月季花与玫瑰花当作同一种花。玫瑰花象征着爱情，因此，在西方情人节到来时，月季花与玫瑰花理所当然一起成为了当天的"情人花"。

当四月的阳光照耀大地，柔和的春风吹拂着校园，月季花绽蕾吐艳，繁花满枝，美不胜收。蒙蒙细雨中，月季花却不怕雨淋，依然在枝头昂首怒放，颜色是那么纯，那么艳。细细的雨珠好像给月季花披上了一层轻纱。夏天到了，五颜六色的月季花好像花仙子在花丛中翩翩起舞，引来蝴蝶上下飞动，诱来百灵鸟放声高歌，招来蜜蜂嗡嗡鸣叫……花瓣中间星星点点的黄色花蕊在风中抖动，散发出阵阵清香，让人痴迷陶醉。

月季花不但花美、味香，而且适应性很强。无论是野外植栽还是室内盆栽，无论是严冬还是酷暑，它都能顽强地生长，都能保持强大的生命力。只要从它有母体上掰下一个小芽接到别的花枝上，它很快就能复活，长出小花骨朵。花谢后继续分枝。就这样枝上生枝，枝又分枝，使月季不断繁盛。

月季花在园林绿化中，有着不可或缺的价值。它不仅能净化空气，美化环境，还能大大降低周围地区的噪声污染，缓解夏季城市的温室效应，是保护人类生活环境的良好花木。月季花还可提取香料，其根、叶、花均可入药，祛瘀、行气、止痛作用明显，具有活血消肿、消炎解毒功效，对治疗月经不调、痛经等病症也有一定疗效。女性常用月季花瓣泡水当茶饮，或加入其他健美茶中冲饮，可活血美容，使人青春长驻。

十八世纪，中国月季由印度传入欧洲，后经过育种家与当地蔷薇杂交，终于在1867年培育成杂交茶香月季，很快就风行全世界，成为"幸福、美好、和平、友谊"的象征，深受人们喜爱。美国、意大利、卢森堡、伊拉克、叙利亚等国纷纷把她选为国花，北京、天津、石家庄、郑州、南昌、大连、西安、青岛等众多城市也先后把她选为市花。可见其魅力之大、影响之广。

有道是"才人相见都相赏，天下风流是此花。"月季花像成熟少妇般美丽大方、不显其贵、不失其雅、不辱使命，四季为人们愉悦赏花的身心，装点着大自然的美丽风光。她不用刻意打扮，就总是那么端庄、那么漂亮，那么青春靓丽，那么俊俏多姿。

"牡丹殊绝委春风，露菊萧疏怨晚丛。何以此花容艳足，四时长放浅深红。"月季花虽无牡丹之雍容华贵、秋菊之楚楚动人、蜡梅之冷艳绝俗，却在平凡中美化着残缺，一如既往地润饰着春夏秋冬……

以繁花异卉著称的芙蓉园里，可否多栽植一些月季花，让这"花中皇后"伴随着人们的读书生活绽放异彩呢？

月季花

蔷薇科蔷薇属。常绿、半常绿低矮灌木，茎直立，枝具钩状皮刺；四季开花，多为红色、粉红色；花数朵集生，重瓣至半重瓣；盛花期4~9月，果期6~11月。系美国、意大利等国国花，北京、天津市花。

校园分布：1921咖啡馆前。

亭亭玉立南洋杉

从厦大西校门走进校园，沿着群贤路走到喷水池，就可以看到水池东南方有一个绿树环绕的雕塑广场。湛蓝的天空下，鲁迅先生的花岗岩石雕像矗立在我们面前，背后簇拥着他的，是高大挺拔的南洋杉和青翠的松柏。

南洋杉是南洋杉科的常绿乔木，原产南美、澳洲及太平洋群岛，其树形高大挺拔，树冠姿态优雅，树干浑圆通直，具有极佳的景观效果，与雪松、日本金松、金钱松、北美红杉（巨杉）并称为"世界五大公园树"。它的树枝是一轮轮平伸出来的，层次分明，气派非凡；木质的果实像一个个小菠萝，却还不能食用，且藏在球果里的种子需要长时间才能发育成熟，种子成熟时球果就会裂开，释放出可食用的坚果。

南洋杉绿意充盈，让人感到神清气爽。它的叶子有两种形状，幼树和侧枝的叶子排列疏松，呈锥状、针状、镰状或三角状；主枝的叶片排列紧密，呈卵形、三角状卵形或三角状。树冠呈塔形，树枝分布整齐、有序，给人以庄重、端庄、典雅的感觉。

初识南洋杉，是1979年到厦门万石植物园游览，我和同学在万石水库边的松杉园里，发现了一个"植物宝库"，那里种植着松、杉、柏、桧等七八十种松科和杉科植物，其中不仅有古代孑遗植物——水杉、银杏，还有各种外观优美、生机勃勃的南洋杉，让我大开了眼界。

后来才知道，南洋杉竟是1.3亿年前的植物，被称为"植物界的活化石"。全球南洋杉科植物包括南洋杉、贝壳杉和瓦勒迈杉三个属，共计四十一种，分布在南半球的热带、亚热带地区。其中南洋杉属共有约十二种，自然分布于拉丁美洲、大洋洲及太平洋上的一些岛屿。

早在十九世纪初期，厦门地区就引种了多种南洋杉科植物，如毕氏南洋杉、诺福克岛南洋杉和贝壳杉等。其中有一株毕氏南洋杉，高达70米，胸径达1米，堪称"南洋杉王"。1964年，这株树龄已有一百余年的南洋杉不幸倒于台风。而另一株诺福克岛南洋杉则在台风中挺了过来，如今树高已有近30米，胸径60多厘米。还有一株贝壳杉，高20多米，胸径60多厘米。这些母树均能开花结实、传种接代，其第二代和第三代已被引种到国内各地。

南洋杉虽然也带有杉字，但和俗称的杉树即杉科水杉属植物不同。它不仅是一种著名的观赏类植物，而且材质优良，可供建筑、家具等行业使用。它还含有挥发性油类，具有显著的杀菌功效，能有效过滤有害气体。

今天，当你步入厦门园林植物园大门，经过碧波荡漾的万石湖南侧，展现在你面前的，是一片占地达12公顷的疏林草坪和南洋杉林带，俗称南洋杉草坪。它是植物园的

厦大校园的花草树木

核心景区之一，也是园内具有明显特色的景区之一，种植着许多高大挺拔的南洋杉科植物，包括引进的成片诺福克南洋杉，是我国面积最大的南洋杉纯林区。

由于南洋杉不耐强风，易歪斜，适合种植于没有强风的地方。在2016年十四号超强台风"莫兰蒂"登陆厦门时，厦门地区栽培的诺福克南洋杉、贝壳杉、肯氏南洋杉、大叶南洋杉表现出不同的抗风性。相比较而言，南洋杉科植物比较抗倒伏，但不抗折枝。各品种的抗风性能强弱依次为：诺福克南洋杉、贝壳杉、肯氏南洋杉、大叶南洋杉。良好的栽培管理与定植环境无疑有利于提高南洋杉科植物的抗风性。

南洋杉树姿优美，亭亭玉立，令人百看不厌。在厦大校园里，矗立在鲁迅广场的那几株参天高耸的南洋杉，无疑是最为壮观、也最吸引人眼球的。看着它，我突然悟到，这生机盎然、屹立于天地之间的南洋杉，莫不就是先生高大、坚毅形象的展示？

"横眉冷对千夫指，俯首甘为孺子牛"，这是鲁迅先生最为脍炙人口的诗句，也是他自己性格的真实写照。当年他为了追求新的生活、追求更加活泼、自由的生命，从这里奔向了大革命的发源地广州，奔向了国立中山大学，让厦大师生们深感惋惜，也给大家留下了不尽的思索。

这所日日夜夜都享受着海风吹拂的"中国最美大学"，活泼自由的氛围不也应当是它最迷人的底色吗？

南洋杉

南洋杉科、南洋杉属。乔木，因树形高大，姿态优美，常用来作大型雕塑、喷泉或园林建筑的背景树，或当作行道树用，十分壮观。

校园分布：鲁迅广场、建南楼群、国光楼群旁。

醉人的香樟树

"南方有嘉木，其名为樟树。"暮春时节，群贤楼前那几株树形优美的香樟树，巍峨的枝干高大壮硕，翠绿的树冠遮天蔽日，犹如撑开的巨伞。清风掠过，浓淡墨绿的树叶如波浪般涌动，米粒般大小的香樟花散落出淡淡的清香，让人对未来充满了遐思。

香樟树又名乌樟，是大型常绿乔木，虽然生长期较为缓慢，却是传统的稀有名贵木材，仅分布在长江以南以及西南地区。香樟树的主干大多一分为二，往上再一分为二，绝不乱了秩序和规矩。如此二二得四，二四得八地生长上去，枝枝叶叶互相交错着展开，树冠开展，亭亭如盖，在连绵的细雨中，枝叶显得越发秀丽，香气也越发浓郁。

早在见识香樟树之前，就知道樟木箱。小时候到邻居家玩，看到一个漆着枣红色的樟木箱，上面还有一把铜制的虎头锁扣，觉得十分好奇。箱子看上去年代久远，却还十分锃亮。邻居老奶奶告诉我，这箱子是她当年成亲时陪嫁来的，里面装着作为嫁妆的衣物和饰品。从外表看，樟木箱和其他木箱并没有多大差别，但由于它能散发出一种特殊的香气，且经年不衰，具有防虫防蛀、驱霉隔潮的功能，因此特别实用。从此，樟木箱深深地印入了我的脑海里。

上中学后读了《经济地理》，才知道祖国宝岛台湾盛产的樟脑，就是从樟树中提炼出来的。台湾中北部山区广植樟树，岛内不少城镇如"三峡"、大溪、苗栗和东势等也因樟脑和茶叶而兴起。由于樟脑丸具有防腐、驱虫和除臭等功能，被广泛运用于日常生活中。1860年台湾开港之后，樟脑与茶叶、蔗糖被作为"台湾三宝"，成为清末最重要的出口商品。台湾也成为全世界最大的樟脑出产地，被誉为"樟脑王国"。

樟树为一年四季常青的植物，生命力十分旺盛，所以在江南古村落，大都采取"前樟后栋"的规制种树，即宅前有樟，宅后有栋，常年葱绿满目。由于樟树枝叶繁茂，树冠阔大，浓荫覆地。能把整个宅院较好地隐蔽起来，也能把噪音挡在户外，让人静下心来读书，因此深受士绅喜爱，被称为涵养心性的"保护伞"。

香樟树的来历颇不寻常。相传古代江南一带，谁家生了男孩就在门前种一棵榉树，树下埋一坛酒，科考中举那天喝酒庆贺；若是谁家生了女孩，则在门前种下一棵香樟，树下也埋一坛酒，等到女儿到了嫁龄，樟树也长成了大树。媒人不用进家门，只要看门前的樟树就知道谁家还有待嫁的姑娘了。因为女儿出嫁时，家人就会把树砍掉，做成两只樟木箱，放入丝绸陪嫁过去，取"两厢厮守"之意；树下那罐酒也刨出来喝了，称为"女儿红"。如果树长大了，姑娘还没嫁出去，刨出来的酒就叫"花雕"；如果树长老高了，姑娘还嫁不出去，刨出来的酒就叫"太雕"！虽是戏说，却也耐人寻味。

夏日里，坐在群贤楼教室里，兴味盎然地听老师讲《中国古代哲学史》，讲朱熹的"存天理，灭人欲"。不经意间，一阵清幽的芳香飘进教室，细细一闻，是那种樟树木质里特有

的香味，顿时让人感觉身心松弛、沉静。侧头往窗外一看，隐匿于香樟树叶中星星点点的小花，几片月白色的小花瓣，七八个鹅黄的小花蕊簇拥在一起。远看时，皆是淡淡的草绿色，显得格外清新、淡雅。

遥想八百年前，少年朱熹遵亡父之命，奉母投奔家住武夷山的义父刘子羽，此后在五夫镇生活了近半个世纪。他的故居紫阳楼位于屏山脚下、潭溪之畔，周围古树参天，修竹成林，屋前是方塘，屋后是竹林。紫阳楼前就有朱熹亲手栽种的一株巨大的香樟树。据说老师曾要他取字"元晦"，朱熹不明"晦"义。老师便告诉他，"晦"与"熹"相对，意为黎明前的昏暗，表示做人做学问都有一个由"晦"到"熹"的过程。要实现这一转变，就要像大树一样，根深才能叶茂；犹如人行道上，行稳才能致远。朱熹听后深为感悟，并植树以志之。

八百年后，我也来到五夫，参观朱子留下的诸多历史遗迹。我发现，朱熹当年手植的这株古樟树依然枝繁叶茂，蓊蓊郁郁的树冠，宛若朱熹的思想一样深邃。朱熹无疑是十分喜爱香樟的，在其故居前后，皆植有香樟和竹子。香樟因通体含有挥发性香气，寓意道德之馨；而竹子代表文人品性的高洁，寓意风骨节气。作为一代大儒，朱子的道德文章和风骨节气皆为后世所尊崇，这与香樟经年累月的"熏陶"是否也有某种关联呢？当年他在科举考试中金榜题名、荣登进士之后，仕途的起点正是从厦门起步的。

1984年2月，我国改革开放的总设计师邓小平也来到厦门。在视察了湖里工业区和已建成投产的东渡港五万吨码头、集装箱码头、渔业码头及厦门国际机场，听取了厦门经济特区负责人汇报之后，他高兴地挥笔题词："把经济特区办得更快些更好些"，

表达了对厦门经济特区发展的殷切期望。他还在园林植物园的南洋杉草坪上，亲手种植了一株大叶樟。当年的小树苗如今已长成参天大树，枝繁叶茂，成为一道独特的风景。

夏日的黄昏，走在通往三家村的路上，学生活动中心外一整排香樟树，伴着远处吹来的带着些咸味的海风，安安静静地伫立

在那里。夕阳下斑驳的树影，像是同学们一路走来撒下的时光碎片，承载着校园生活中零零散散的回忆。

端庄厚重而又质朴大方的香樟树，已然撑绿了整个夏天。即使到了秋冬，依然满树绿意。只有当严冬过后，当其他树木开始抽芽吐绿时，香樟树上的旧叶为了把更多养分留给新叶，才在初春时节逐渐凋零、融入大地。香樟树一生，黄绿、墨绿、苍绿的树叶交错，衰退与新生共存，始终保持着四季的葱茏和生气，我不由对它心怀敬意。"花小愿落梅兰后，心静好陪日月长。不求引得众人赞，只为年华暖生香。"这正是香樟树的品格。

海滨的夏夜，华灯初上。漫步于香樟树的绿荫下，一股熟悉的、淡淡的香味袭来，我一边和同行的老师交谈欢笑，一边陶醉在香樟树特有的芬芳里，陶醉在她怡人的香气和浓郁的乡土气息中……

樟　树

樟科樟属。常绿大乔木，枝、叶及木材均有樟脑气味。叶面黄绿色，有光泽，花期4~5月，果期8~11月。喜阳光，温暖、湿润气候；树冠宽阔，终年常绿，绿荫甚佳。
校园分布：科艺中心旁，生物二馆前水池旁。

美丽的蓝花楹

蓝花楹，多么诗意盎然的名字！多么活泼可爱的精灵！

每年十月，南半球的春意开始慢慢氤氲，浪漫美丽的蓝花楹尽情盛放，在南非的比勒陀利亚、约翰内斯堡、开普敦等多个城市，都能够看到它们的紫色身影。整个城市被数以万计的蓝花楹装扮成紫色的"浪漫仙境"。"彩虹之国"由此进入了一年中最美的季节。此时到南非去，总能在不经意间，邂逅这紫色的浪漫。

而在澳洲，灰头土脸了大半年的南澳此时也迎来了满城春色。街头巷尾的蓝花楹毫不吝惜地绽放出自己美丽。任何人来到这里，都会沉下心来，慢慢欣赏满目跳跃的紫色，甚至会张开手臂，拥抱落英缤纷的恩赐。

蓝花楹是一种原生于南美洲的亚热带树种，因其花型美丽，颜色漂亮，花期较长而在世界各地广泛种植。蓝花楹的名字源于南美洲的瓜拉尼语，意为"芬芳的"。十九世纪末，南非人从巴西带回树苗开始在比勒陀利亚种植。由于其绿荫如伞，叶细似羽，花朵蓝色清雅，娇艳的色彩实在迷人，一时间满城皆种，深受人们的喜爱。

令人汗颜的是，自己却长期不知道植物界有这样一种廾着监花的植物，更没想到世间竟有这样一种堪称美轮美奂的"尤物"。可以说，蓝花楹完全是大自然的伟力，而非匠心独运、精雕细琢之后的产物。连崇尚科学的植物学家都不得不说，上帝为人间随意洒下几滴眼泪，若干年后，便成就了这样的姹紫嫣红。

"蓝花楹的美，是如此恬淡，恬淡的叫人无法呼吸；她的美又是如此高调，高调的叫人无法闭上眼睛。"一位作家如此描述自己的所见所闻和心里的感受。一年一度，蓝花楹的花期充其量不过三个星期，若是错过了她最后绽开的花瓣，那么，她的亲吻就要等到来年。也许如此残酷的现实，才换来了人们对她的百般挚爱。

在澳洲，蓝花楹被视同日本的樱花。每年三四月，日本人都会坐在樱花树下，吃茶纵情，感受樱花的片片花瓣浸润在茶杯中的美感；曲水流觞，笙歌曼舞，将春意收在心间。而澳洲人也会利用每年十月这短暂的花期，坐在蓝花楹树下，不像日本人那样小憩饮茶，而是大口吃肉、大口喝酒；豪言壮语，呼朋引伴。由于国民性的不同，为美景增添的美感也不尽相同。日本的春天，是诗情画意的风景；而澳洲的十月，却是浓墨重彩的妖娆。一位来自澳洲的学者说："我相信，这一定是人间绝美的圣境！"

让人欣慰的是，二十世纪六十年代，地处亚热带的厦门就引进了蓝花楹，将她作为美化市貌的行道树。如今，在城市街道的两旁，以及南湖公园、中山公园、忠仑公园，经常都能看到树身高大、枝繁叶茂的蓝花楹，每至夏季便开出紫蓝色的花朵，异常的娇艳妖媚。

而在厦大校园里，从海滨新村到育苗中心，也都能看到蓝花楹的身影。其花冠筒状，形似小喇叭，小朵小朵地簇拥而生，一蓬一蓬的，一树一树绵延着。尤其是在海滨新村，衬托着蔚蓝色的大海和天空，蓝花楹那浓烈的紫蓝，更是如梦如幻。

每一个人路过时，眼睛都会被那一树树的紫蓝所迷恋，脚步也会不由自主地被它所牵制，慢慢地向它们走去，心则会随着这充满魔幻的紫蓝，从初见的惊艳、感动，怦然不已，到渐渐地平稳、安静、沉寂下来。

蓝花楹开放时，正值南非的"考试季"，于是被当地学生们赋予了某种神秘的"魔力"。比勒陀利亚大学里流传着一个说法，如果在准备考试时，蓝花楹花瓣落在你头上，那么你将通过所有考试科目；而另一种说法则是，如果你还没有开始复习考试，等到街道都变成紫蓝色的时候，那就太晚了。

春末夏初，当你从校园里的蓝花楹树下经过，你一定会惊喜于她的清丽和脱俗，惊艳于她那紫蓝紫蓝的、飘在半空的蓝楹花，如烟如霞，如梦如幻。正如一位作家所说："蓝花楹轰轰烈烈地绽放，在热闹繁华的都市中，犹如一位身着紫蓝衣裳的女子，优雅地坐于流年的枝头，望穿秋水地等待。"她等待和坚守的是一种美好的信念，一种短暂而永恒的美！

蓝花楹

紫葳科蓝花楹属落叶乔木，叶对生，花萼筒状，花冠筒细长，蓝色，花期5~6月，花多色艳，喜高温、干燥气候，不耐寒，抗风。
校园分布：海滨新村、育苗中心旁。

历尽沧桑白千层

白千层，又叫玉树、玉蝴蝶，别名脱皮树、千层皮。这天夜幕降临时，路过大南十号楼，只见几株黄昏独处的大树，树皮层层叠叠地剥开，显现出层次感。外表的几层饱受风雨摧残，显得皱巴巴的；内表的几层嫩滑微黄，跟酥皮饼一样。老皮包住嫩皮，嫩皮又想呼之欲出，这就是白千层吗？我将信将疑。

白千层是一种非常奇妙的树木，高度能达到 20 米左右。树皮呈现灰白色，一层一层的，仿佛要脱掉旧衣裳换上新衣裳一般，因此得名为白千层。它的花也非常奇特，满树的花朵像一只只白色小牙刷，给人以独特的美感。

白千层原产于澳洲，后来引种到国内，主要分布于福建、台湾、广东、四川等地。经济用途广泛，枝叶中可以加工提炼出的一种芳香油，称为茶树油，具有抗菌、消毒、止痒、防腐等作用，是目前洗涤剂、美容保健品等日用化工品和医疗用品的主要原料之一，需求量巨大。白千层树皮含树脂醇，称为白千层素，是一味不错的中药材，具有通窍解表、祛风止痛之功效，常用于感冒发热、肠炎腹泻及风湿关节痛、神经痛，外用还可以治过敏性皮炎，湿疹等。

初识白千层，是那年在福州的"森林公园之旅"。当我和伙伴们徒步从大门进入，一条两旁种着高大挺拔的"白千层"树的林荫道便展现在我们面前。这高大而又奇妙透顶的树，每株都有十几米高，树荫遮天蔽日。那灰白的树皮似乎一层一层地往外剥落。我以前似乎从来没见过这种树，于是便停下脚步，仔细地左瞧右瞧，顺手把一片要掉不掉的树皮扯了下来，放在手里审视了起来。这是我第一次近距离地接触白千层，公园管理人员介绍说，这里的白千层每年都会开满密密麻麻的白花，特别漂亮。

后来我在厦大校园里也发现了白千层树。在离校门口不远的大南十和芙蓉三，都栽植着多株白千层。其中有一株三四层楼高的大树，枝叶长得十分茂密。远远看去，满树都是浅绿、浅黄和白色的小花，一撮一撮地，十分奇妙。风吹来时，这千百只小毛刷样的花朵就东摇、西摆了起来，像是小朋友手中荡秋千的小玩具。

此后每到八月，白千层的花季到来时，自己就注意观察树上的白花。一棵树上大概就有几千朵，白中略偏浅绿、浅黄。初开最旺时，会引来许多蜜蜂来采蜜。不过花期比较短，大概一两个星期后，花就渐渐少了。有时一场大雨，就会落下许多花，让人唏嘘不已。

躲在白千层树后面的大南十号楼，是一幢设计风格别致而又颇有几分神秘色彩的浅黄色小别墅。早年住着厦大两位从外地调来的骨干教师，郑氏一家住一楼，黄姓教授住二楼。由于卧云山舍背后的大南九号是孙家的侨房，房主将一楼借给厦大办幼儿园与托儿所。据称孩童的喧哗打破了孙家的宁静，于是校方于1958年将大南十号与孙家置换，使大南九号完全成为幼儿园，独门独院并独拥一片私家花园的大南十号则成为孙家的宅院。此后，由于世事变迁，大南十号成了鲜少人知的铁门深院，寂寞地矗立在通往校园核心区的林荫道上。

感叹大自然的神奇，使白千层厚而松软的树皮可以一层一层地撕下来，就像人们平常吃的薄层糕点一样。与白千层十分相像的还有红千层，其树皮同样可以一层一层往下剥，但它的树皮是红色的。由于很多白千层（包括全部红千层）属植物的圆柱形穗状花序酷似瓶刷，因此又被称作瓶刷子树。

看着白千层树皮呈薄层状剥落，人们心里难免有些不忍乃至伤心。然而，人何尝不是这样，历经沧海桑田，岁月折磨，脸皮盖上岁月的印记——皱纹。唯有心态年轻，人才能越活越年轻。心态不好，则人生易老。正如一位哲人所说："不怕容颜沧桑，就怕心的苍老。顺其自然，优雅的老去也是一种美。"

台湾散文家张晓风写过一篇名为《白千层》的散文，记述了他在匆忙的校园里遭遇白千层的经历，"这株很粗壮很高大的树，它奇异的名字吸引着我。使我感动不已。"他猜想："它必定已经生长很多年了，那种漠然的神色、孤高的气象，竟有些像白发斑驳的哲人了。它有一种很特殊的树干，棉软的，细韧的，一层比一层更洁白动人。必定有许多坏孩子已经剥过它的树干了，那些伤痕很清楚地挂着。""只是整个树干仍然挺立得笔直，在表皮被撕裂的地方显出第二层的白色。恍惚在向人说明一种深奥的意思。"

作家问道："一千层白色，一千层纯洁的心迹，这是一种怎样的哲学啊！冷酷的摧残从没有给它带来什么，所有的，只是让世人看到更深一层的坦诚罢了。"也许这就是对白千层的最好注解。但愿人与人之间能多一些坦诚，少一些伤害。

白千层

桃金娘科白千层属。一年生常绿乔木，树皮灰白色，厚而松软，呈薄层状剥落；嫩枝灰白色。叶互生，香气浓郁。花白色，密集于枝顶成穗状花序，花瓣卵形，花柱线形，花期每年多次。校园分布：大南路，科学楼旁。

长寿榔榆阅岁华

　　1981 年 3 月 31 日，为了反映中国造型优美和技术精湛的盆景艺术，我国邮电部发行了一套《盆景艺术》特种邮票，全套六枚。其中有一枚邮票的图案选用的是厦门植物园精心培植的榔榆盆景，枝干直立，自然古朴，清秀淡雅。更令人惊叹的是，这盆榔榆已有三百余年的历史了。

　　榔榆也称"脱皮榆"、"小叶榆"，是榆科落叶乔木，主要分布于黄河流域及以南各地区。榔榆树干略有弯曲，树皮斑驳雅致，小枝婉垂，秋日叶色变红，是良好的观赏树及工厂、道路绿化树种，

　　榔榆喜欢阳光，耐干旱瘠薄，虽然生长比较慢，但生命力较为顽强，寿命也比较长。目前国内发现最大的榔榆，位于陕西省宁陕县江口回族镇南梦溪。这株榔榆直径达 2.1 米，伞状树冠，树龄约三千年，是目前已知树龄最长的榔榆。虽历经千年风雨，造型依然极其优美，枝繁叶茂，让人叹为观止。

　　位于国光一北面的花圃里，有一株硕大的榔榆，高约十余米，

而树冠特别庞大，就像一把巨伞，遮蔽了一方天地。虬曲的枝干、斑驳的树皮给人以厚重的沧桑感，浓密而翠绿的树叶为周边的住户和行人带来了浓荫。到秋冬季，榔榆的树叶转变成黄色或红色，为校园增添了温暖的色调。

榔榆的木质坚硬，可供造船、车辆、农具等工业用材；茎皮纤维强韧，可作绳索和人造纤维；根、皮、嫩叶可入药，有消肿止痛、解毒治热的功效，外敷治水火烫伤；叶可制土农药，用于杀红蜘蛛。

与榔榆相比，榆树的名气似乎大得多。这从古代诗人的吟咏中就看得出来。家喻户晓的成语"失之东隅，收之桑榆"，出自《后汉书·冯异传》；脍炙人口的诗作"榆柳荫后檐，桃李罗堂前。暖暖远人村，依依墟里烟"，出自陶渊明的《归田园居》；"桑榆倘可收，愿寄相思字"则出自韩愈的《除官赴阙至江州寄鄂岳李大夫》，表达了诗人的思乡恋亲情绪。

榆树又名春榆、白榆，素有"榆木疙瘩"之称。榔榆和榆树虽然同属榆科乔木，但植物形态特征颇有差异：榔榆的树皮较为光滑，虽有块状剥落但裂纹少，颜色多为青色或深青色；榆树的树皮有纵向裂痕，幼年期树皮为淡白色，成年期呈深褐色。榔榆果实多为核果，呈青绿

色，基本上没梗，顶部带一小刺；榆树多为翅果，颜色多为赤红色或是深黄色，叶柄两端很长。榔榆的树叶多为三出脉，叶片较小且表面光滑，颜色翠绿明亮；而榆树的叶片表面并不光滑，颜色相对深绿一些。榔榆是喜光的乔木，肥沃或贫瘠土地均能生长，具有一定耐旱、抗寒性；而榆树喜欢生长在疏松透气的沙质土中，具有很强的抗风能力。因此，这两种植物不可混为一谈。

"莫道桑榆晚，为霞尚满天。" 唐代文学家刘禹锡在《酬乐天咏老见示》一诗中阐明了自己的老年观。在他看来，人到老年虽然有年老体衰、多病等不利的一面，但也有处事经验丰富、懂得珍惜时间、自奋自励等有利的一面，应当客观、全面地加以分析，从嗟老叹老的情绪中解脱出来，努力做到老有所为。

桑榆虽晚，还能放射出满天灿烂的霞光，年轻的学子们焉能不努力呢？

榔 榆 ————————————

榆科、榆属。落叶乔木，树形优美，姿态潇洒，树皮斑驳，枝叶细密，具有较高的观赏价值，在庭院中孤植、丛植，或与亭榭、山石配置都很合适。

校园分布：国光楼、图书馆旁。

鸡冠刺桐花楚楚

盛夏时节，行走在通往情人谷的山间野外，在满眼葱茏翠绿当中，发现了一种缀有红色鸡冠的花朵，像火焰般燃烧怒放，十分炫彩夺目，这就是鸡冠刺桐。

鸡冠刺桐别名鸡冠豆、象牙红、巴西刺桐，因花朵状似鸡冠，故名"鸡冠刺桐"。该花未展开前，像似一个个小辣椒，因此也有"辣椒花"的美称。等到完全盛开时，旗瓣反卷起来犹如雄鸡的鸡冠，令人振奋不已。盛花期时，鸡冠刺桐的花序就像一串熟透了的红辣椒，让每个见到它的人都有一种"激情燃烧"的感觉，这与它的原产地巴西那激情燃烧的狂欢节倒是十分吻合。

鸡冠刺桐是喜光树种，适应性强。我国北回归线以南地区，是典型的南亚热带季风性湿润气候，气候温和，阳光充足，雨水充沛，日夜温差大，无霜期长，具有明显的干湿季节，非常适宜鸡冠刺桐的生长发育；而肥沃的土壤、深厚的土层和含量丰富的有机质，也是种植鸡冠刺桐的理想土壤。

鸡冠刺桐源自一个美好的传说。相传很久以前，巴西境内许多地区遭受水灾，但只要种有鸡冠刺桐的地方，就不会被洪水淹没。因此，人们把鸡冠刺桐视为自己的"保护神"，并将它推选为巴西"国花"。

每年元旦，巴西、阿根廷等地的民众都要将许多鸡冠刺桐的新鲜花瓣抛向水面，然后自己跳入水中，用新鲜的花瓣搓揉身体，以示去除身体上的污垢，求得新年的好运。久而久之，相沿成习，成为每年迎新的一大活动。

鸡冠刺桐的引进源自人们对刺桐的喜爱。刺桐树高大挺拔，花期虽短，却异常壮阔，远远望去，犹如火焰绽放，红翠相间，相互辉映。唐代诗人朱庆馀在《岭南路》中写道："越岭向南风景异，人人传说到京城；经冬来往不踏雪，尽在刺桐花下行。"刺桐花的花期在春季，花开时鲜艳夺目，苏东坡有诗曰："记取城南上巳日，木棉花落刺桐开"，对木棉花和刺桐花这两种南方极为壮观的红色花木在春天次第开放作了生动的描述。

正是为了弥补刺桐花花期短的缺陷，人们从海外引进了鸡冠刺桐。鸡冠刺桐的花期较长，从暮春到仲夏，繁花似锦，红艳似火，观赏性更为丰富。花期的不同，是刺桐和鸡冠刺桐的主要区别，通常是刺桐花落，鸡冠刺桐花才开，一直开到夏末。而从植物形态特征看，两者也有一些差异：刺桐花颜色正，鲜红靓丽，而鸡冠刺桐橙红色，略逊一筹；刺桐是高大乔木，高耸健硕，叶片也大，适宜道路园林绿化，而鸡冠刺桐属于灌木或小乔木，叶片较小，植株低矮优美，造型容易，如制作盆景观赏则略胜刺桐。

鸡冠刺桐具有花枝分离的特点，即花是花，枝是枝。当花朵盛开时，满树红艳艳的，整个树冠就像血染的风采一样艳丽，绿叶则隐身其中成了陪衬。到八九月份，花过了鼎盛期，这时绿叶才露出娇颜，绿叶红花相互映衬，让人觉得娇艳无比，像是绿树丛中"骄傲的女王"。

鸡冠刺桐还有一个特征，未开花时花蕾如豆荚，花开时裂成两半，露出里面圆柱形的花萼，恰似一串月牙，因此又名象牙红。其荚果成熟时，颜色由绿色变为棕褐色；荚果变干时即可进行采收。

鸡冠刺桐顾名思义，花瓣像红彤彤的鸡冠一样威武，雄壮。其树干苍劲古朴，树枝轻柔高雅，花色艳丽，花形独特，加之花期长，季相变化特别丰富，因此具有较高的观赏价值。即使到了秋冬，鸡冠刺桐花掉落在地上，花瓣依然坚挺，颜色依然如故。正如一位诗人所写："一身瘦骨笑春风，嫩绿枝头挂红铃。远如青鹦理朱羽，近似冠鸡捉小虫。"生动描写了鸡冠刺桐的样貌，给人以灵动和顽皮的感觉。

鸡冠刺桐花不仅沉着内敛，朴实安静，而且十分坚强。在凄风冷雨的吹打之下，依然亭亭玉立在枝头，脸不改色心不跳，凸显出一种与众不同的刚强和斗志，让人为之仰慕。

每年入夏，校园里种植的鸡冠刺桐花竞相绽放，一簇簇弯刀状、象牙状的花朵成串展现在人们面前，犹如一支支激情燃放的火炬，成为校园里一道独特靓丽的风景。

鸡冠刺桐

豆科、刺桐属。落叶灌木或小乔木，茎和叶柄稍具皮刺。羽状复叶具三小叶；花与叶同出，总状花序顶生；花深红色，荚果较长，褐色；种子大，亮褐色。
校园分布：情人谷，老物理馆旁。

小叶榄仁美如画

晨雨初过，红墙绿栏的国光楼外，天空明净如洗，空气清新爽朗。一株株树干笔直、树形优美的小叶榄仁，分枝呈轮状平展，树冠如塔松般宽阔，翠绿的新叶在雨后显得更加清新秀丽。近看远看，都像是一幅色彩艳丽的油画。

小叶榄仁是大型落叶乔木，原产于非洲马达加斯加。二十世纪九十年代从台湾引入厦门后，由于树形美观，分枝层次分明，枝叶柔软有序，叶片浓绿，加之抗风、耐盐碱，很适合厦门的气候环境，因此颇受园林绿化业界的青睐，很快就在厦门岛内外的道路、庭院、学校和公园得到广泛种植。

正是春光明媚的日子，从国光路到演武场，那一排排大小齐整的小叶榄仁树，最是引人注目。满树椭圆形状的新生绿叶，长得郁郁葱葱；树冠宛如一把把撑开的小伞，别具一格；不时有小鸟叽叽喳喳地在细枝密叶间飞进飞出。树冠的层次美正是小叶榄仁的一大特色，自然也成为这座海滨校园的一道亮丽景观。

　　漫步在春光烂漫的画景里，看着那绿油油、翠滴滴的小叶榄仁，感到格外"养眼"。抬眸，是一树的春色婆娑；颔首，是绿叶的春意荡漾；俯身，是幽幽的春气袭人。台湾作家张晓风由此说道："小叶榄仁的绿，片片皆是春水裁成，莹冻粹炼。在它自己是乍睁醒眼，对人，也足够令观者猛然一惊，从俗务的宿醉中醒来。"

　　小叶榄仁有众多的别称，因其枝叶细小，称为"细叶榄仁"，以区别于"大叶榄仁"；因其时从非洲引进的，称为"非洲榄仁"；又因其树型长得极像雨伞，被称为"雨伞树"；而其叶长得像枇杷，又有"法国枇杷"之称。

　　而民间最通俗的称呼，则是以其谐音称之为"小叶懒人"。此一称呼也并非空穴来风，因为小叶榄仁的叶子到了秋天大多便开始泛黄，风吹过，片片细叶在空中飞舞。但也有一些叶子却"不守规则"，在秋冬"懒"得掉叶。直到春天才似乎大梦初醒，急急忙忙地让叶子变黄、落下，常常树上的叶子还没落光，又着急地长出新芽。

　　于是，春天来了，小叶榄仁却呈现出这样的春日景观：一边是光秃秃的树枝上，金黄色的树叶落了一地，踩上去可舒服了；一边是满树黄叶，有的枝头上还冒出绿芽，黄绿相间，别有一番风韵；还有的小叶榄仁在早春叶子枯黄凋零后，复又一一萌生绿意，使整株树变得苍翠茂盛。那一抹抹新生的绿韵，是最吸引眼眸的。

因为绿色是生命的原色，是岁月的底色，是希望的象征，也是灵魂的皈依。人们在那些翠绿、嫩黄的小生命里，总能读出生命的最初模样，回忆起那已然远逝的青葱岁月，从而对未来更加充满信心，让大地更加生机勃勃，春意盎然。

小叶榄仁

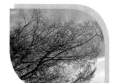

使君子科诃子属。落叶大乔木，侧枝轮生呈水平展开，树冠呈伞形，层次分明；叶大，互生，常密集于枝顶，叶片倒卵形；穗状花序长而纤细，雄花生于上部，两性花生于下部；果椭圆形，成熟时青黑色；种子矩圆形，含油质。花期3~6月，果期7~9月。校园分布：国光路。

台湾栾树的秋天

深秋的鹭岛，校园里的许多风景树都已繁花落尽，台湾栾树却是一片生机勃勃，撑起了别样的景观：葱茏苍翠的华盖上，密密麻麻的蒴果像无数个小铃铛，有的鹅黄，有的嫩青，有的粉红，呈相出"金花红果"、多彩缤纷的景色。在满树黄叶的衬托下，显得分外妖娆多姿。远远望去，仿佛一群美丽的蝴蝶在翩翩起舞，让人禁不住迷了双眼。

栾树为台湾特有树种，因此称为"台湾栾树"。又因其叶形像似苦楝，故又称"苦楝舅"。不同寻常的是，栾树从春天满树娇嫩的红叶，到夏季黄花满地；到入秋后花色、叶色逐渐转为金黄色，一直到结果时蒴果转为红褐色，最后逐渐干枯而掉落。在其短暂的生命周期中，共经历了四种颜色的变化，因此被称为"四色树"。

栾树早在汉代就已名声在外，被官家和民间称为"大夫树"。据班固的《白虎通德论》记载："春秋《含文嘉》曰：天子坟高三仞，树以松；诸侯半之，树以柏；大夫八尺，树以栾；士四尺，树以槐；庶人无坟，树以杨柳。"意思是说，从皇帝到普通老百姓的墓葬，按周礼共分为五等，其上可分别栽种不同的树以彰显身份。士大夫的墓可多栽种栾树，因此栾树又有"大夫树"之别名。唐代诗人张说有诗赞曰："风高大夫树，露下将军药。"大风起兮云飞扬，栾树高风亮节在！这大夫树真是够有气魄的，但却有点绝唱的意味。

栾树无疑是一种漂亮的风景树，树形高大端正，枝叶茂密秀丽，树冠浑圆饱满。只是它的花期相当短，从怒放到凋零，只有一两周时间；随之而来的是鲜红的泡状果荚，形状很像缩小版的阳桃，远看似花，近看是果，好似永不凋谢的红灯笼或叮当作响的小铃铛，因此又有"灯笼树"或"铃铛树"之称。此外，金秋时节它一树蒴果绚丽夺目，在微风吹拂下哗哗作响，于是人们摩其声言是，称之为"摇钱树"。

让人常常误解的是，当栾树蒴果正红时，许多人却以为是栾树开花。实际上，栾树早在四五月份就已开花，其细细的淡黄色小花，生于树冠顶端，属于聚伞圆锥花序。但由于与绿叶相近相融，且朝着天空伸展，一般人不易察觉和发现。行人路过时，若不是有些落花掉下来，它的花期几乎就被忽略了。意想不到的是，栾树的蒴果红了之后，由于红色与绿色的强烈反差，使栾树从一片绿意中脱颖而出，在阳光下摇曳着醉人的色彩，不仅闯入了公众的视野，而且引起了一片赞美声。

善于发现美的台湾作家蒋勋，自然注意到了栾树这一"华丽的转身"和与众不同之处。他说，普通植物大多是花儿极尽娇艳诱惑之能事，果实则像怀孕了的妇人般安静满足，仿佛所有的激情骚动都平静了下来；然而像栾树这样的植物则相反，它的花儿是害羞谦逊的，果实却艳红一片，如火炽热，它所有的力量和美貌都在彰显着孕育的喜悦。

大自然就是如此的奇妙，与栾树类似的植物还有苹婆。苹婆的蓇葖果鲜红逼人，怎么说都像是树上开出的妖艳大红花；而苹婆的小花又细又小，色彩又黯淡，不走近细看根本注意不到。人们不禁为之抱屈，可谁叫栾树的花、苹婆的花要那么低调呢？

"枝头色艳嫩于霞，树不知名愧亦加。"号称"世界十大名木"之一的栾树，每年秋天都要迎来一场灿烂的"花季"。秋风掠过，栾树在一派苍翠中点缀着一团团灿烂的金黄色，如花似果，奔腾跳跃；洋洋洒洒，浩浩荡荡；从容不迫，凌空飞舞，色彩不断变幻，形象更加鲜活、更加灵动。它留给大地的色彩是短暂的，留给人们的美丽却是永恒的。

台湾栾树

又名灯笼树、摇钱树，无患子科栾树属。落叶乔木，小枝具棱，二回羽状复叶；圆锥花序顶生，花黄色，花瓣五片；蒴果膨胀，椭圆形，果瓣近圆形，粉红色，成熟时褐色。花期8~10月，果期10~12月。
校园分布：群贤楼群周边。

栀子花开的季节

梅子熟时栀子香。

端午时节，梅子熟了，校园里的栀子花也开得热热闹闹的，那花朵丰腴白嫩，香气芬芳袭人。走在国光路上，不时就能闻到从路边院子里飘来的一阵栀子花带有丝丝甜味的香气。

栀子是茜草科常绿灌木，原产于中国。形似酒卮，单瓣六出，多瓣为后人繁育品种。春夏开白花，花瓣质厚，馨香四溢。作家汪曾祺十分喜欢栀子花，在他眼里，"栀子花粗粗大大，色白，近蒂处微绿，极香，香气简直有点叫人受不了"。

夏日的夜晚，水银似的月光洒满校园。清凉时分，坐在宿舍的窗前读书写字，栀子香气穿过长长的走廊，再渗过薄薄的纱窗飘了进来。栀子花洁白清透，不含杂色，透着微妙香气，散去夏的灼热。不一会儿，宿舍和走廊四周荡漾着的，便是栀子花的香味。

南方夏季多雨，淅淅沥沥的小雨润湿着地面，也氤氲着栀子花的香气。唐代诗人韩愈说"升堂坐阶新雨足，芭蕉叶大栀子肥"，经一番新雨，芭蕉变得枝粗叶大，山栀子更加肥壮饱满，自然它的香气也更加浓烈了。

栀子花不仅香得痛痛快快，"香得掸也掸不开"；而且花朵洁白光滑，如同婴儿肌肤般细腻。除观赏外，其花、果实、叶和根均可入药，有泻火除烦、清热利尿、凉血解毒之功效。花还可做茶之香料，果实则可消炎祛热。

栀子花从冬季就开始孕育花苞，直到夏天才会绽放，含苞期愈长，清芬愈久远。栀子树的叶，经年在风雨中翠绿而不凋；看似不经意的绽放，也是经历了长久的努力与坚持。在平淡、温馨、脱俗的外表下，蕴涵着的，是栀子花美丽、坚韧、持久、醇厚的生命本质。

栀子花是典型的南方花卉，花色洁白无瑕，花香清新馥郁，沁人心脾。从春天到初夏，一朵朵次第开放。初开时丰腴白嫩，开些时日后慢慢变黄。尽管"人老花黄"，但它结的果实却可以做黄色的染料。早在秦汉时期，栀子就是应用广泛的黄色染料，《汉官仪》记载："染园出栀、茜，供染御服。"长沙汉马王堆出土的黄色染织品，也是用栀子染色获得的。

栀子花花期长，花香持久，既可观叶观花，又可闻香，还可以赏果观形，历来受到文人墨客的喜爱，历史上留下了许多歌颂和赞美栀子花的瑰丽诗篇。

唐代诗人杜甫在《栀子》一诗中盛赞："栀子比众木，人间诚未多。于身色有用，于道气相和。红取风霜实，青看雨露柯。无情移得汝，贵在映江波。"杜甫在诗中不仅说明栀子是人间少见的植物花卉，全身都是宝，而且果实可以染色，还可以做药材，清热泻火，药性中和。其红色的果实，洁白的花朵，四季青翠的绿叶，透露出江南烟雨的清新。把它移栽到江边，定能与江波相互辉映，相得益彰。

刘禹锡在《和令狐相公咏栀子花》一诗中，对栀子花充满溢美之词："蜀国花已尽，越桃今已开。色疑琼树倚，香似玉京来。且赏同心处，那忧别叶催。佳人如拟咏，何必待寒梅。"这是刘禹锡"和"时任宰相令狐绹关于栀子花的一首诗，诗中的"越桃"就是栀子，"琼树"、"玉京"则是传说中的上天仙宫景色。诗中赞美栀子在其他花都已开败时，却能悠然独开，色如琼花洁白，香似仙宫飘来，确非世间凡俗之物。诗人以"同心"表明彼此感情和睦，相互知心；"那忧别叶催"则一语双关，表明任何人都挑拨不了他们的关系。最后一句更是将栀子比作梅花，给予栀子花以高度的评价。

栀子花开了，那纯白的花朵浅浅一笑，暗香浮动，像佳人出现在花丛中。栀子花的花香芬芳馥郁，清馨雅致。明代诗人沈周的《栀子花诗》写道："雪魄冰花凉气清，曲栏深处艳精神。一钩新月风牵影，暗送娇香入画庭。"诗意清新，如栀子花的清香扑面而来，让人心情愉悦。

千百年来，栀子的香气便滑动在空气中。栀子花的魅力年复一年，毫无消退的痕迹。她是属于夏季的，更是属于青春的。"栀子花，开出白色的梦，梦中有人轻轻歌唱；栀子花，散发出淡淡的香，香随着风飘流远方。"

栀子花的气味里弥散着青春的记忆。台湾女歌星"奶茶"刘若英有一首脍炙人口的代表作——《后来》："栀子花，白花瓣，落在我蓝色百褶裙上。爱你，你轻声说，我低下头闻见一阵芬芳。"那一年，在面对金门海湾的鹭岛会展中心演播大厅里，听她声情并茂地演唱这首歌时，我的青春记忆也伴随着她的歌声，伴随着栀子花的芬芳，飘向了遥远的海空……

"奶茶"的歌声令人深有感触，幽怨间包含着无奈，美丽中夹杂着酸楚。凄婉的曲风，明快的色调，形成了鲜明的对比。整首歌在她的演唱下，就像邻家女孩，朴素清新，温柔而坚强，在那个清纯的年代引起许多人的共鸣。

栀子花是和毕业时光联系在一起的。每年六月，毕业生们深深嗅一嗅栀子花香，告别校园、告别同学，告别自己的青春。正如那首献给毕业生的歌曲《栀子花开》所唱的：

"栀子花开，如此可爱；挥挥手告别欢乐和无奈。光阴好像流水飞快，日日夜夜将我们的青春灌溉。"

轻轻的音乐淡淡描述着离别的心情。简单的音乐节奏让人在聆听时，能感受到空气中轻盈飘出的栀子花的阵阵清香；朗朗上口且清新自然的曲调和歌词，具有非常浓郁的校园气息。

> 栀子花开呀开栀子花开呀开
>
> 是淡淡的青春纯纯的爱
>
> 栀子花开呀开栀子花开呀开
>
> 像晶莹的浪花盛开在我的心海……

栀子花

又名栀子、黄栀子，茜草科栀子属。常绿灌木，叶对生，花单生于枝顶，极芳香，花冠白色或乳黄色，花期3~7月；浆果卵形，黄色或橙色。果期5月~次年2月；四季常青，花香浓郁。

校园分布：芙蓉三后、东苑球场。

姹紫嫣红洋紫荆

第三辑

椰子树的长影

芙蓉湖畔棕榈参天

椰子树的长影

椰子树的长影，掩不住我的情意

明媚的月光，更照亮了我的心

这绿岛的夜已经这样沉静

姑娘哟，你为什么还是默默不语……

每当听到《绿岛小夜曲》这熟悉的旋律，心里就充满了对宝岛台湾的思念和对爱情的向往。二十世纪七八十年代，这首歌曾风靡大江南北的高校，在年轻学子的心中荡起了阵阵涟漪。

椰子树是棕榈科的大型乔木，主要生长于热带地区，一年四季常绿。树干粗壮直立，直径约1米左右，高可达30米。无枝无蔓，巨大的羽毛状叶片从树梢伸出，形成优美的伞形绿叶羽状树冠，是热带地区美化、绿化环境的重要树种，全株各部分都有较高的经济价值，素有"宝树"之称。

椰子是椰树的果实，含有丰富的维生素、氨基酸和复合多糖物质，具有极高的营养价值。其果肉（未熟胚乳）可作为热带水果食

用；椰子汁富含蛋白质、脂肪和多种维生素，是一种甘甜可口的清凉饮料，可以直接饮用；成熟的椰肉晒干后可作为提炼椰子油的原料及加工成各种糖果、糕点。椰壳可作各种器皿和工艺品，也可制活性炭；椰纤维可制毛刷、地毯、缆绳等。

椰树原产于东南亚及太平洋诸岛，主要有绿椰、黄椰和红椰三种，大多生长于排水良好的海滨和河岸冲积土，在高温多雨、阳光充足和海风吹拂的条件下生长发育良好。由于椰果可以漂浮在水上，成熟的椰果掉落后，很容易就被海流传播到各地海滨、海岛，这也是热带海滩椰树多的重要原因。椰树并不需要特别栽培，只要把椰果放在土里，它就能生长。在炎炎烈日下，在狂飞暴雨中，它顶天立地，顽强生长，把自己饱经风霜育成的果实奉献给人们，可谓平凡而伟大。

海南岛是我国椰树生长最多的地区，有"椰风海韵"之美称。那里的椰子树高大挺拔，一株株一片片扎根在海滩边，造型优美，身姿妖娆，有的苗条挺直，有的婀娜多姿，长长的树叶随风飘洒。椰树的树冠具潇洒柔长的羽状复叶，自然下垂或舒展，就像少女的长发一样飘逸。

地处亚热带地区的厦门，椰子树却十分少见。厦大芙蓉三前面的一株椰子树，是校园里硕果仅存的"宝贝"。虽然形只影单，却有着同样粗壮的枝干、茂盛的枝叶和丰硕的果实，它将阳光的照射和雨露的浸润发挥到极致，用坚硬的叶柄撑起宽大的叶子，就像举起一把大伞，为人们送来绿荫。

好在与椰子同属棕榈科的大王椰子（即王棕）在校园里随处可见。从群贤路到博学路，从芙蓉湖畔到情人谷，到处都可以看到这种树形优美、树姿雄伟、傲立蓝天的大王椰子。其枝干粗壮、中下部膨大，呈佛肚状，被称为"棕类之王"，是展现热带风光的典型树种。

遥想当年，《绿岛小夜曲》让椰子树唱遍天下，并成就了一对男女青年颇富传奇性的恋情。1954 年盛夏，当词作者潘英杰来到台北时，他看到高大的椰子树，觉得很新鲜，于是激发起创作灵感，当晚就写出了《绿岛小夜曲》的歌词。第二天他把歌词交给热恋中的女友周蓝萍，她看了也很满意，在爱情甜如蜜的推动下，立刻将它谱成一首以"抒情优美取胜"的小夜曲。歌曲以绿意盎然的台湾风光为背景，描写了恋爱中的男女青年，将男女生那种患得患失、起伏不定的心情描绘得淋漓尽致。

　　《绿岛小夜曲》由女歌手紫薇（胡以衡）首唱后，一炮而红。潘英杰认为她不仅音色、音质佳，而且歌唱技巧熟练，情感运用也恰如其分，演唱时词句及旋律如清澈溪水般地流出，感人肺腑，沁人心田，很快就在台湾的大街小巷传唱开来，大人小孩几乎都会唱。

　　《绿岛小夜曲》的优美旋律激起了许多人对椰子树的特殊情感与想象，后来用粤语填词的《友谊之光》成为香港电影《监狱风云》的插曲，并获得中广年度听众票选歌曲第一名。二十世纪七十年代经我国著名歌唱家朱逢博演唱后，《绿岛小夜曲》迅速红遍大江南北，曾被评为二十世纪"百年金曲十大排行榜"第三名，至今流行不衰。

　　此时，当我伫立白城海边，面对着一波波汹涌而来的潮水时，不禁对这两位词曲作者充满了敬意，我仿佛也登上了宝岛的土地，耳边是《绿岛小夜曲》的动人歌声："这绿岛像一只船，在月夜里摇啊摇；姑娘呀，你也在我的心海里飘啊飘。让我的歌声随那微风，掀开了你的窗帘；让我的衷情随那流水，不断地向你倾诉……"

椰子树

棕榈科椰属。常绿乔木，植株高大，树形优美，茎粗壮，有环状叶痕，基部增粗。叶柄粗壮，叶羽状全裂，长3~4米；果卵球状或近球形，花果期主要在秋季。

校园分布：芙蓉三后。

好一朵茉莉花

初夏时节，洁白的茉莉花竞相绽放，清新淡雅的芳香沁人心脾。炎炎夏夜，忙活了一天的人们坐在榕树下纳凉，广播里传来一阵《茉莉花》的柔美歌声："好一朵美丽的茉莉花，好一朵美丽的茉莉花，芬芳美丽满枝丫，又香又白人人夸……"

听到这熟悉而亲切的旋律，我的眼前不禁浮现起茉莉花那洁白的花影，鼻尖上仿佛也闻到了茉莉的清香。那淡淡的花香弥散在四周角落里，让人觉得神清气爽。

茉莉花看上去小巧玲珑，它的茎细长而挺拔，碧绿的叶子呈椭圆形，白色的叶脉清晰可见。花通常有九朵花瓣，在绿叶映衬下，每一朵花都像是碧玉盘上镶嵌的明珠，晶莹剔透，温润如玉。若是雨后，圆润的水珠在花叶上滚动，更是让每朵花平添了几分妩媚的姿色。

茉莉花盛开时，洁白的花朵开在细细的枝丫上，似乎一朵比一朵娇艳，每一朵都美得让人觉得心醉，每一片花瓣都白得像雪花一样，让人不忍触摸。远远望去，就像一位洁白无瑕的少女，楚楚动人。茉莉花的花期很长，只要有合适的温度，它就不知疲惫的、一拨一拨的绽放着、婀娜着，花香袭人，芬芳满园。

据《史记》记载，茉莉花最早起源于古罗马帝国，后通过海上丝绸之路运至古波斯、天竺等地区。在印度声名鹊起，很快就变成佛教圣花，并伴随着印度佛教一并传入中国，成为中国人喜爱的一种名花。

唐朝时，以自己独特的香味获得文人墨客的称赞，成为玉骨冰肌、淡泊名利的象征和士大夫节气的代表。到了宋代，茉莉花进一步为士人所推崇。宋代词人柳永在《满庭芳·茉莉花》中，用生动的笔触描绘了茉莉花的形象："环佩青衣，盈盈素靥，临风无限清幽。出尘标格，和月最温柔。堪爱芳怀淡雅，纵离别，未肯衔愁。"在他眼里，茉莉花如清新淡雅的青衣女子，淡妆素抹，迎风微笑。那超凡脱俗的品性，空谷幽兰的气质，唯有如水的月华可与之相伴；纵然刹那芳华、昙花一现，也决不会哭泣悲伤。

正是在文化鼎盛的宋朝，茉莉花和茶叶相遇，命运也由此发生了历史性转变。茶农直接以茉莉花入茶，把春天焙制过的茶叶用茉莉花反复熏制，将茉莉花浓郁的香气与灵魂窨制在茶叶里，制成茉莉花茶。于是，花香入茶骨，香入茶汤，暗香流动，犹如茉莉花开在茶汤之上，使花和茶的优势都得到了尽情发挥。茉莉花茶也成为"中国十大名茶"之一。既有春天花朵的香气，又有茶叶的清新之气，具有安神、解郁、健脾理气、抗衰老和提高机体免疫力的功效。

产自福州的茉莉花茶，有"窨得茉莉无上味，列作人间第一香"之美誉。尤其是"茉莉龙井"，由龙井茶和茉莉鲜花进行拼和、窨制而成，其香气鲜灵持久，滋味醇厚鲜爽，汤色黄绿明亮、叶底嫩匀柔软。观则赏心悦目、闻之馥郁芬芳、品之则韵味幽远。

清朝可以说是茉莉花茶的一个巅峰时期，吴人顾禄的《清嘉录》就记载了花市的盛况："珠兰、茉莉花于薰风欲拂，已毕集于山塘花肆，茶叶铺买以为配茶之用。茉莉则去蒂衡值，号为打爪。"清人王士禄在《咏茉莉》一诗中写道："冰雪为容玉作胎，柔情合傍琐窗隈，香从清梦回时觉，花向美人头上开。"把茉莉与美人相提并论。郑金昌对茉莉花更是赞不绝口：

　　暮春郁绽茉莉花，玉骨冰肌影香纱。

　　天赋仙姿柔枝翠，月夜清辉赏雪花。

　　淡雅轻盈香韵远，君子世人品更夸。

　　花馥茶美称上品，药食同源茉莉花。

　　茉莉花的清香很诱人，传唱茉莉花的歌曲同样十分感人。《好一朵美丽的茉莉花》是脍炙人口的世界经典民歌之一，其前身是苏北里下河地区的"鲜花调"，几百年来一直被人们传唱。1942年冬，一位新四军文艺小战士到当地采风时，被《鲜花调》优美的曲调所吸引，在此基础上加工整理出《茉莉花》的曲谱。1965年，周总理到印尼参加庆祝万隆会议十周年活动，随行的前线歌舞团表演的女声小组唱《好一朵美丽的茉莉花》受到各国来宾们的喜爱，也使周总理回想起五十多年没有回过的苏北老家。

　　窗外的夏天很迷人，家中露台上的茉莉花也很繁盛。茉莉花白，清香扑鼻，雪白的花瓣在清风中微微颤抖，空气中弥漫着淡淡的清香。一两朵、三四朵，从容地开，从容地落。每天清晨或傍晚走到露台上，看着栽培多年的茉莉，闻着幽幽的花香，细品岁月清欢，更觉人生美好。而好日子应当慢慢过，好花、好茶也应当慢慢品尝，方不负光阴，不负韶华。

茉莉花

　　别名茉莉，木樨科素馨属。直立或攀缘灌木，小枝圆柱形，叶对生，果球形，呈紫黑色。花期5~8月，果期7~9月。茉莉的花极香，为著名的花茶原料及重要的香精原料。
校园分布：海滨东区。

高高的树上结槟榔

"高高的树上结槟榔，谁先爬上谁先尝……"，二十世纪三十年代就风靡上海的民国老歌《采槟榔》，让原本名不见经传的"槟榔"成为家喻户晓的水果，许多人因此记住了槟榔。

槟榔树是棕榈科的乔木状植物，原产马来西亚，在中非及印度、斯里兰卡、泰国、和菲律宾等地均有栽培。槟榔果在台湾和东南亚等地经常被嚼食，可产生面红、发热、兴奋乃至如醉酒般迷醉等情形。南方一些少数民族将其作为一种咀嚼嗜好品，具有一定的成瘾性和致幻作用，被称为我国"四大南药"之一。

槟榔既可促进消化、治病、美容，亦可影响中枢和自律神经，增加心跳，提高警觉度，使反应动作更灵敏。因此，一些民众常以吃槟榔来御寒和消除紧张劳动后的疲劳。据《史记》记载，汉武帝兵征南越，以槟榔解军中瘴疬，功成后建扶荔宫（温室）于西安，广种南木，槟榔也入列。随后，槟榔始得到广泛应用。古代治病药方中就有不少汤药含有槟榔，如主治肝气郁结的四磨汤、主治湿热

痢疾芍药汤等。但经常嚼食槟榔会造成口腔溃疡、牙龈退变、黏膜下纤维化，进而导致口腔癌变，以至有"十个口腔癌，九个嚼槟榔"的说法。

槟榔是一种典型的热带植物，具有较强的抗风能力，即使遭遇强台风也不易吹倒或吹断树干。厦门虽然地处亚热带地区，却几乎看不到槟榔的踪迹，但随处都能看到和槟榔长得十分相像的假槟榔。厦大校园里也有许多高大挺拔的假槟榔，弥补了没有槟榔树的缺憾。

假槟榔别称亚历山大椰子，也是棕榈科的一员。原产于澳大利亚，树干笔直、修长，树形优美，集观叶、观花、观果、观茎于一体。通常对植、列植于公园、绿地，是热带、亚热带地区绿化、美化环境的特色树种。

和槟榔一样，假槟榔的树干也有类似竹子的一圈圈环形叶痕，就像树木的年轮。每当假槟榔掉下一片叶子，就会在树干上留下一圈痕迹，以记录自己的成长。不同的是，槟榔叶痕的节间较长，树干连接叶片处呈绿色，大叶片不向下弯，小叶片的叶尖指向天空；果实比拇指略大，可用来嚼食。而假槟榔树干连接叶片处呈灰白色，大叶片向下弯，小叶片的叶尖指向四面八方；果实比槟榔小，和小拇指差不多，但不能食用。

假槟榔树干顶端，一把把芭蕉扇向四面展开，叶片自然下垂，像羞答答的小姑娘一样低着头；棕黑色的发须丝丝缠绕着，像黑绸巾一样包裹着树干；对称的树叶犹如一把把短剑，金灿灿的花像稻穗一样明亮、耀眼。一阵海风吹来，发出沙沙声响，仿佛是海涛在呢喃着……

假槟榔百年前就被引种到中国，其植株高大雄伟，挺拔隽秀，叶片青翠飘摇，四季常绿，乳黄色花序呈穗状，果实小而圆，鲜红艳丽。在棕榈科植物中，它以外形优美而与皇后葵并列棕榈科植物的"王者"，经常被装点园林景区，成为冬夏一景。

每当在校园里看到假槟榔，我便会自然地想起台湾民众喜爱的槟榔，想起那首脍炙人口的《高高的树上结槟榔》。这首由殷忆秋作词、黎锦光作曲的民歌，是根据湖南民歌《双川调》创作的，歌词朗朗上口，简洁明快，1930年由周璇原唱后，被人们广为传唱，直到今天仍受到人们的喜爱。二十世纪八九十年代有许多著名歌手曾翻唱过这支歌，包括奚秀兰、邓丽君等人，成为人们耳熟能详的老上海流行乐之一，风靡海峡两岸。

"少年郎采槟榔，小妹妹提篮抬头望，低头又想他又美他又壮，谁人比他强。赶忙来叫声我的郎呀，青山好呀流水长。那太阳已残那归鸟在唱，叫我俩赶快回家乡……"那动人的歌声在校园上空经久地回旋着、荡漾着。

假槟榔

别名亚历山大椰子，棕榈科假槟榔属。乔木状，树干有梯形环纹，基部略膨胀；叶簇生于树干顶端，伸展如盖；植株高大雄伟，气度非凡，是优良的绿化树种。花期4月，果期4~7月。
校园分布：芙蓉湖旁，化学楼、南强楼旁。

夜来香 吐露着芬芳

　　"那南风吹来清凉，那夜莺啼声凄怆，月下的花儿都入梦，只有那夜来香，吐露着芬芳……"这是发行于抗战后期上海滩的一首老歌，由黎锦光作词作曲，曲调十分优美、动听，成为中国流行歌曲的代表作之一。

　　随着歌曲《夜来香》的广泛流传，每天夜晚开花、散发出浓烈香气的夜来香也成为人们耳熟能详的植物。夜来香又叫夜香花、夜兰，是萝藦科夜来香属藤状灌木。开花时伴有阵阵香气，因通常在夜间开放，故名夜来香。其枝条细长，夏秋开花，黄绿色花朵傍晚开放，飘散出阵阵扑鼻的浓香。

　　夜来香主要生长在亚热带和暖温带地区的丛林或灌木丛中，性喜温暖湿润、阳光充足的环境，春暖后发枝长叶，随着生长不断发生侧枝并抽生花序，花期很长。开花时气味芳香，夜间香更浓。对环境适应能力强，生命力旺盛、根系发达。在南方多被用来布置庭院、窗前、塘边和亭畔。

每当夏季的夜晚，月上树梢时，夜来香即飘出阵阵清香，这种香味令蚊子害怕，因此成为驱蚊佳品。夜来香还是一种半野生蔬菜，新鲜的花和花蕾可供食用；花叶可药用，具有清肝明目之功效。但是，夜来香夜间停止光合作用时，会排出大量废气，不利于人体健康，会引起头昏、咳嗽、甚至失眠，对高血压和心脏病患者不宜。因此，晚上最好不要在夜来香花丛前久留，也不要在室内摆放夜来香。

当年在厦大读书时，每到夜晚下自修回宿舍，在大南路上、芙蓉楼前经常可以闻到夜来香的浓郁香气。虽然走近时不得不掩鼻而过，但远去时却回味无穷，留下了极为深刻的印象。如今校园里似乎已难觅夜来香的踪影，这与其花香过于浓郁、被认为不利人体健康自然有很大关系。

好在校园里还有一种夜晚香气浓郁的植物，既可与夜来香相媲美，对人体却又无害，使人们得以闻香释怀，这就是夜香木兰。夜香木兰是木兰科木兰属常绿灌木，虽然与夜来香既不同科也不同属，但两者都以夜间开花且香气浓郁而闻名。

其枝叶深绿，花朵纯白，入夜香气十分浓郁，是华南久经栽培的庭园观赏树种。花可提取香精，亦可掺入茶叶作熏香剂。根皮可入药，能散瘀除湿，治风湿跌打，花可治淋浊带下。花期虽为夏季，但在广州几乎全年都可持续开花。

虽然明知夜晚不应在花香浓郁的花丛前久留，但每当路过夜香木兰时仍不免要停留下来，是发思古之幽情，还是闻香识美人，或是怀念《夜来香》的旋律？那真是一首甜美诱人的民国老歌，作者黎锦光更是一位多才多艺的作曲家，《夜来香》《采槟榔》《送我一支玫瑰花》等著名歌曲都是他写的。

黎锦光是湖南湘潭人，出生于1907年，1926年考入黄埔军校，旋即参加

北伐。后来长期在上海从事音乐工作。抗战期间担任百代唱片公司的音乐编辑，写过电影《西厢记》的插曲"拷红"和《红楼梦》的插曲"葬花"，并为周璇以及其前妻白虹写过一些流行歌曲，灌制成唱片发行。新中国成立后曾任中央芭蕾舞团交响乐团的首任首席指挥，是一位著名的音乐家和指挥家。

1944年初秋，黎锦光为京剧名旦黄桂秋录制唱段。休息间隙，他出棚呼吸新鲜空气。南风吹来，夹着阵阵迷人的花香，远处夜莺在啼唱，他不禁乐思涌动……一首欧美风格、伦巴节奏、舞曲样式的《夜来香》就这样诞生了。李香兰演唱后，这首歌一炮走红，很快传遍了灯红酒绿的沦陷区。但因李香兰（山口淑子）是日籍歌星，因此这首歌便被认为是日本侵略者麻醉占领区国民的歌曲之一，长期被打入"冷宫"。二十世纪八十年代初，邓丽君演唱的《夜来香》进入大陆并再度走红，后被错误认为是"精神污染""汉奸歌曲"而被禁。1993年春节前后，央视播放了以《夜来香》的旋律贯穿全剧的电视连续剧《别了，李香兰》，一时轰动全国，《夜来香》也得以解禁。可惜就在该剧播映前夕，黎锦光在上海病逝，享年八十六岁。

逝者如斯夫。今天，当晚风飘来《夜来香》的动人歌声时，人们不应忘记黎锦光这位中国流行歌坛的开拓者和奠定者，不应忘记他一手打造的《夜来香》。

夜来香似乎和它的名字一样高贵神秘，不在喧闹的白天绽放，只是在幽静的夜晚散发迷人的清香，天微亮便收起花朵。没有自卑，悠然自在，在平凡中活出自我，这不也是一种人生的选择吗？

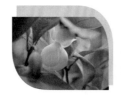

夜香树

又名夜香木兰，茄科夜香树属。常绿灌木，枝初直立，后俯垂。花序顶生或腋生，具多花，白绿色或淡黄绿色，夜间极香，花冠管状，花芳香扑鼻，是夏秋季纳凉休憩处的观赏佳品。

校园分布：生物二馆前，敬贤舍贤区。

会唱歌的鸢尾花

春天是万物复苏的季节，也是鸢尾花开的季节。顶着紫色蝴蝶的鸢尾你挤着我，我挨着你，花开四月，梦帆起航。

鸢尾花是鸢尾科草本植物，因花瓣形如鸢鸟尾巴而称之。她的属名"爱丽丝"在希腊语中是"彩虹"之意，不仅名字美丽，寓意也很美好。在中国人眼里，它是爱情与友谊的象征；在欧洲人心中，它是光明与自由的象征；在古埃及人看来，它是力量与雄辩的象征。

鸢尾花大而美丽，叶片青翠碧绿，观赏价值很高。鸢尾属植物共有约三百种，分布于北温带，栽植于水湿畔地、池边湖畔，或布置成鸢尾专类花园，主要供庭园观赏用，亦可做切花及地被植物。少数可入药，鸢尾根茎为诱吐剂或缓下剂，具消炎作用。

鸢尾花品种多样，寓意也不同。白色鸢尾代表着纯真，黄色鸢尾表示友情，蓝色鸢尾代表仰慕，紫色则代表吉祥。喜爱鸢尾是喜欢它那蝴蝶般的花朵，总给人以轻盈灵活的感觉；是喜欢它清新淡雅的颜色，总给人以华丽而不妖艳的印象；是喜欢它宽阔如刀的叶，总是向人们展示生命的坚韧。

著名闽籍女诗人舒婷曾在《会唱歌的鸢尾花》一诗题记中写道："我的忧伤因为你的照耀，升起一圈淡淡的光轮。" 在心爱的人面前，她变成一个娇羞的女子，变成一朵羞答答的鸢尾花。她像张爱玲一样，向心上人轻轻诉说："在你的胸前，我已变成会唱歌的鸢尾花。你呼吸的轻风吹动我，在一片丁当响的月光下，用你宽宽的手掌暂时覆盖我吧！"

诗人寻找独立，寻找自由，寻找光明，寻找生命的真谛。她相信，"我的名字和我的信念，已同时进入跑道，代表民族的某个单项纪录"；虽然"理想使痛苦光辉"，但是，"和鸽子一起来找我吧，在早晨来找我。你会从人们的爱情里找到我，找到你的会唱歌的鸢尾花。"

《会唱歌的鸢尾花》是舒婷的代表作之一，也是"朦胧诗"的典范之作。它集中了"朦胧诗"的基本修辞手段，阐述了作者作为一个普通人在生活中需要温情呵护的愿望和主动承担"历史责任"之间的矛盾心情，传达出作者的曲折情感。

这首诗创作于1981年，此时作者的个人生活正面临一个新的转折时期。纵观全诗，可以明显发现诗中由两种不同的情感世界构筑而成。一个是"我"与所爱的人所营造的温馨甜美的爱情世界，一个是"我"被使命所驱使，为了理想和信念而"受难"的世界。

鸢尾花文化底蕴厚重。相传公元五世纪末，法国历史上第一位国王克洛维一世接受洗礼时，耶稣送给他的礼物就是鸢尾花。后来路易六世曾将鸢尾花作为其印章和铸币的图案，并装饰他蓝袍的边缘，使鸢尾花逐渐成为王室的象征。1150年，法国路易七世

在十字军东征开拔前，将三朵鸢尾花图案印在军旗上，标志着法兰西王国的王权，进一步强化了鸢尾花代表权利、皇室的寓意。此后，路易十四将鸢尾作为波旁王朝的象征装点在皇室大礼服上。于是，鸢尾逐渐成为法国的标志，鸢尾花也被选为法国国花。

法国王室徽章上的鸢尾花，不仅是花的形态，也是代表法兰西的骑士文化。从宗教上看，徽章上鸢尾的三片花瓣分别代表智慧、信仰和骑士制度。智慧和骑士辅

佐着信仰，有力地保证了法兰西国王权力的稳固和来世的救赎。

我站在厦大水库边，透过明净的湖面与鸢尾花遥遥相对。鸢尾花在风中摇曳，紫色的、蝴蝶状的花朵压满枝头。没有万绿的拥簇，只有风中的坚韧，无声的绽放，平平淡淡。突然间下起了毛毛细雨，鸢尾花在细雨中傲然挺立，安静而妩媚，像一位含羞待嫁的新娘，娇柔而艳丽。

我喜欢鸢尾花的素雅大方，就像我的生活一样，删繁就简，撤掉多余的部分，生活也就少了些不必要的烦恼。正如一位哲人所说，"生活如同一把椅子，坐上庸俗和卑劣，就坐不下伟大和崇高；坐上冷酷和自私，就坐不下爱心和热情……有时候只需要一把椅子，供心灵来静坐沉思，简单的快乐无忧就会不约而至。"

我爱你，会唱歌的鸢尾花，在风中摇曳的鸢尾花！

鸢尾花

鸢尾科鸢尾属。多年生草本植物，有块茎或匍匐状根茎；叶剑形，嵌叠状；花美丽，状花序或圆锥花序；花被花瓣状，花柱分枝扩大，花瓣状而有颜色，外展而覆盖着雄蕊；果为蒴果。
校园分布：厦大水库边。

玫瑰玫瑰我爱你

"玫瑰玫瑰最娇美，玫瑰玫瑰最艳丽，长夏开在枝头上，玫瑰玫瑰我爱你……"这是二十世纪四十年代中国流行歌坛的一首著名国语歌曲——《玫瑰玫瑰我爱你》。歌曲旋律轻松明快，奔放激昂，将都市情怀和民族音调巧妙地融为一体，歌词形象鲜明，诗意盎然，深受人们的喜爱。

玫瑰是蔷薇科落叶灌木，每年一到春天，一朵朵玫瑰花便在春风中竞相展示自己的舞姿，阵阵清香扑鼻而来，沁人心脾。尤其是春天的早晨，晶莹的露珠在玫瑰花叶间滚动，粉红色、白色的花瓣在晨光下闪闪发亮，令人爱不释手。有时一不小心，伸手去摸那枝夺人眼球的玫瑰，便被玫瑰枝上的小刺扎了一下，留出了殷红的血。呵，这带刺的玫瑰！

玫瑰是高贵的。她亭亭玉立，挺拔纤巧，开的花犹如绿宝石上绽放的火焰，光彩照人，绚丽夺目。她的花朵总是高挺着脖颈，向着太阳开放着，展示着自己的魅力，处处透着高傲，透着娇贵。

玫瑰是温馨的。她淡雅的清香飘洒着醉人的芬芳，犹如出水的芙蓉，更似含羞的少女，脸上显露着迷人的微笑。她绽放时是那么烂漫，那么诱人，不媚不俗而又不屈，乃至让人因爱得过分而嫉妒生恨。

玫瑰是浪漫的。她的颜色是那么鲜艳可爱，那么缤纷多彩，透着含蓄，藏着深情，令人爱不释手、欲罢不能。历经岁月沧桑，她从百花中脱颖而出，成为爱情的象征，并被人们赋予传递爱情的特殊使命。当年轻男女一个忐忑不安地献上玫瑰花，一个羞羞答答、含情脉脉地接过来时，浪漫和温馨便交织在一起。此时无声胜有声……

玫瑰原产于中国，有着悠久的栽培历史。如山东平阴，早在两千年前就开始种植玫瑰。《本草正文》记载："玫瑰花，清而不浊，和而不猛，柔肝醒胃，疏气活血，宣通窒滞而绝无辛温刚燥之弊，断推气分药之中，最有捷效而最驯良，芳香诸品，殆无其匹。"明代卢和在《食物本草》中也说："玫瑰花食之芳香甘美，令人神爽。"玫瑰花含有多种微量元素，维生素C含量高，可制作玫瑰酒、玫瑰茶和玫瑰糖、玫瑰糕等各种茶点。在欧洲一些地区，玫瑰花可直接食用，玫瑰根茎也可煮来吃。

玫瑰是重要的香料植物，从玫瑰花中提取的香料——玫瑰油，在国际市场上价格昂贵；1公斤玫瑰油相当于1.25公斤黄金的价格，以致被称为"液体黄金"。玫瑰油广泛应用于化妆品、食品、精细化工等工业。玫瑰花中含有三百多种化学成分，很多种芳香物质，常食玫瑰制品可以柔肝醒胃，舒气活血，美容养颜，令人神清气爽。

玫瑰花还是重要的中药材，其药性甘、温、微苦，主入肝、脾经，具有温胃健脾、疏肝解郁、缓解痛经、和血止痛等功效。玫瑰初开的花朵及根可入药，有理气、活血、收敛等作用、主治月经不调，跌打损伤、肝气胃痛，乳臃肿痛等症。玫瑰果的果肉，可制成果酱，具有特殊风味，果实含有丰富的维生素C及维生素P，可预防急、慢性传染病、冠心病、肝病和阻止产生致癌物质等。用玫瑰花瓣以蒸馏法提炼而得的玫瑰精油（称玫瑰露），可活化男性荷尔蒙及精子。玫瑰露还可以改善皮肤质地，促进血液循环及新陈代谢。

英语里，玫瑰、月季、蔷薇是同一个词"rose"，在中国却各有各的称呼，这也是中国人误把月季当玫瑰的原因之一。"玫瑰"一词原指红色美玉，后来人们发现有一种野生蔷薇属植物，果实又大又红艳，就以"玫瑰"称之。

玫瑰的品种多样，如甘肃著名的苦水玫瑰、千叶玫瑰以及引进的大马士革玫瑰等；色彩、内涵也不同，色彩以红、黄、白玫瑰为主，此外还有紫、蓝、黑、橘红等颜色，分别代表不同的花语含义。如红玫瑰代表热情真爱，黄玫瑰代表珍重祝福和嫉妒失恋，白玫瑰代表纯洁天真；而紫玫瑰代表浪漫真情和珍贵独特，蓝玫瑰代表敦厚善良，黑玫瑰代表温柔真心，橘红色玫瑰则代表友情和青春美丽。

每到情人节，花店的红玫瑰黄玫瑰蓝玫瑰便一涌而出，成为节日最紧俏的商品。玫瑰枝上光滑墨绿的叶子衬托着枝头那水灵灵、红艳艳的花朵，摆放在花店最显眼的位置，让人一眼看到，就想起美丽的爱情花语。一切尽在不言中，此时唯有玫瑰是表露和传达爱情的最佳礼物，拥有玫瑰便拥有了爱情的铺路石和通行证。

月季和玫瑰，虽然同属蔷薇科植物，但仍有不少差别：玫瑰是有香味的，且较为浓烈，而月季几乎没有香味或只有很淡的香气；玫瑰花茎的硬刺密密麻麻，而月季花茎的刺大而少；玫瑰的叶脉凹陷、皱缩且较无光泽，而月季的叶子平展光滑，较有光泽；月季花朵比玫瑰大，花期比玫瑰长，观赏价值自然也比玫瑰高；但玫瑰的色彩却比月季艳，尤其是红玫瑰，那一种浓烈深沉的颜色，月季是无论如何也比不上且模仿不来的。

玫瑰为阳性植物，日照充分则花色浓，香味亦浓。生长季节日照少于八小时则徒长

而不开花。玫瑰并不特别娇贵，它对生长条件的要求很低，不仅耐贫瘠、耐寒、抗旱，还能保护土壤、保持水土。玫瑰因多刺，有"刺客"之称。又因其每插新枝而老木易枯，只有将新枝移出，方可两者皆茂，故又称"离娘草"。但无论被称为"刺客"还是"离娘草"，玫瑰都展现出一种隐藏于坚韧中的绝代风华。

宋代诗人杨万里称玫瑰"别有国香收不得"，可江南的冬天，照样将这样的"国香"收入自

己的季节与怀抱。秋瑾称其"占得春光第一香"，有谁能想到在春寒料峭的季节，这一脉春天的香气竟然与蜡梅同样芬芳呢？

早年住在国光楼时，因屋外有庭院，屋里有天井，于是便种了好几盆玫瑰。每年都盛开好几种颜色的花儿，那玫红、粉白点缀在一片浓绿之中，犹如深闺女子出阁时的两腮红晕。稠密的花骨朵儿，压得枝条纷垂下来。后来搬到海滨东区，玫瑰依然是阳台上的重点栽培植物，生长十分旺盛，枝多花繁，花香四溢。

老舍在《那些玫瑰》中写道："那些叫做玫瑰的花儿，再娇娆明媚，如果隔了一双手，隔了那个用双手捧着花儿，把那玫瑰要专心专意献给你的人。她们的香气再浓郁，却要你自己去嗅，却要你自己去欣赏，想必你的脸腮上露不出甜蜜的笑容？"他认为，无论你耐心地栽种了多少棵树，细心培养了多少种花，都不如你正想着的那朵花对你有一次的芬芳，对你有一次的含笑嫣然。她才是你生命里的第一次怒放，第一枝花朵蓓蕾。

《玫瑰玫瑰我爱你》原名《玫瑰啊玫瑰》，由吴村作词、陈歌辛作曲，经著名女歌星姚莉演唱后迅速走红。表现了"风雨摧不毁并蒂连理"的情怀。二十世纪五十年代初，《玫瑰玫瑰我爱你》一唱成名后，又飘出国门到海外。被美国歌星弗兰基·莱恩（Frankie Laine）翻唱成"Rose, Rose I Love You"，1951 年登上全美音乐流行排行榜的榜首，在国外流行至今，成为第一首在国际上广泛流行和产生重大影响的中国歌曲："玫瑰玫瑰情意重，玫瑰玫瑰情意浓，长夏开在荆棘里，玫瑰玫瑰我爱你……"

赠人玫瑰，手有余香。玫瑰含苞待放，是它最美丽最迷人的时候，也是它生命最灿烂、最宝贵的时候。春去秋来，花开花落，生命是如此美丽又短暂，而有玫瑰相伴，人们的心灵一定是快乐而知足的。

玫 瑰

蔷薇科蔷薇属。落叶灌木，枝杆多针刺，奇数羽状复叶，小叶椭圆形，有边刺。花瓣倒卵形，重瓣至半重瓣，花有紫红色、白色，花期5~6月，果期8~9月。
校园分布：海滨东区。

八月桂花遍地开

"八月桂花遍地开，鲜红的旗帜竖呀竖起来，张灯又结彩呀，张灯又结彩呀，光辉灿烂闪出新世界……"这是一首源自大别山的民歌，名为《八月桂花遍地开》，由于曲调优美、歌词生动，很快就传遍了大江南北，成为一首经久不衰的红色经典歌曲。

桂花是木樨科植物，也是名贵的香料。近年来，随着校园的绿化美化香化，从芙蓉湖畔到凌云楼下，都种了不少桂花。每到金秋时节，不经意间从桂树下经过，那一阵阵桂花的香气便从四面八方包围过来，醇厚而不浓烈，缠绵而不腻人，让人有一种心旷神怡的感觉。

走近桂花树，仔细观察，才发现浓浓的密叶间，竞相开放着无数米黄色的小花。那缀满枝头的黄色小花，一丛丛、一簇簇，羞涩地隐匿于绿叶之间，像含羞的少女一样，露出欢欣的笑容。微风轻拂，飘来桂花那带有一丝丝甜蜜的幽香，把人们带入了一个美妙的境界。那一刻，我只想闭着眼，屏气呼吸，恨不得把这甜蜜的香气吸入口中，与自己的血液融为一体。

那娇小的黄花，看上去似乎不太起眼，却十分淡雅，给人一种超凡脱俗的感觉。难怪李清照夸她"何须浅碧深红色，自是花中第一流"；杨万里把她喻为月宫嫦娥，说她"不是人间种，移从月中来"；朱淑真更是对她佩服得五体投地，称其"弹压西风擅众芳，十分秋色为谁忙。一枝淡贮书窗下，人与花心各自香"。

那年到武夷山，傍晚时分，漫步来到大王峰下的武夷宫，庭院里那两株高十余米、树干挺拔、枝叶茂盛的桂树立即吸引了我的注意。相传这两株桂树为南宋理学家朱熹亲手所栽，已有八百年的历史。树下有一方石碑，用楷体镌刻着"宋桂"两个大字。

武夷宫修建于唐天宝年间，当时称为"天宝殿"，用以祭祀武夷君。宋代改称冲佑宫，被列为全国九

大名观之一，朱熹时任冲佑宫的主管，这两株宋桂想必就是那时他种下的，虽历经近千年，仍枝繁叶茂，枝丫交错，盘旋虬曲，形若游龙，每年中秋前后花满枝头，飘香数里，被称为"桂花王"。

更让我惊异的是，从武夷宫沿着九曲溪畔往止止庵途中，竟一路栽植着桂树，一路展示着各种树木的盆景，自然也是一路的花香。那桂花的幽香缥缥纱纱，浓浓淡淡，我漫步在桂花夹道的小路上，尽情地嗅着那扑鼻而来的香气，尽情享受这大自然的无私馈赠。我已然自我陶醉，陶醉在芬芳馥郁的桂花从中，陶醉在这甜蜜、清新的香气中……

眼前的桂花就像一个热恋中的女子，毫无保留地奉献出她的所有。那种香丝毫不亚于梅花的暗香浮动，也不亚于莲花的香气益清，既浓烈，又芬芳，吐露着浓浓的相思意。俗话说"牡丹花下死，做鬼也风流"。而在桂花飘香的尘世里，天天能与桂树相伴，天天闻得到那扑鼻的清香，体验其独特的韵味，也可谓"赛过活神仙"了。

"多少英雄尽瘁去，山河依旧露深情。"《八月桂花遍地开》原名《庆祝成立工农民主政府》，采用《八段锦》曲调，依曲填词而成。在鄂豫皖苏区（豫东南革命根据地）传开后，伴随着工农红军的足迹流传到中央苏区和川陕地区，最后传到全国各地。

1959年，在新中国成立十周年之际，著名作曲家李焕之与词作家霍希扬将《八月桂花遍地开》改编成民歌合唱曲，在群众中广泛传唱；1964年秋天，正是桂花飘香的季节，为庆祝中华人民共和国成立十五周年，《八月桂花遍地开》在国家级大剧院唱响了。

在大型音乐舞蹈史诗《东方红》中，它被改编为"歌伴舞"，以女声合唱的方式呈现在观众面前，一时全场震撼，掌声、欢呼声此起彼伏。从音乐表现语言看，它具有简洁明了、铿锵有力、直抒胸臆和情感浓郁的特色，因此深受观众喜爱，成为那个特定时代音乐表现语言的生动写照。

从此，这支优美动听的民歌和清香袭人的桂花一起留在了我的记忆深处，留在了我的生活中。让我情不自禁地回味，情不自禁地浮想，情不自禁地歌唱……

桂花

木樨科木樨属。常绿乔木或灌木，叶片椭圆形或椭圆状披针形，聚伞花序簇生于叶腋，花极芳香，花冠黄白色、淡黄色、黄色或橘红色，花期9~10月；喜阳光、温暖和通风良好的环境。
校园分布：思源谷，敬贤区，凌云区等。

千年铁树开了花

"千年的铁树开了花开了花，万年的枯藤发了芽发了芽，如今咱聋哑人说呀说了话，感谢毛主席恩情大恩情大……"这是"文革"中后期流传于大街小巷、家喻户晓的一首革命歌曲。表现了聋哑人被针灸治愈后的激动心情。其时，我刚刚小学毕业，虽然也会唱这首歌，却对铁树毫无所知，更从没见过开花的铁树。

铁树是苏铁的俗名，它是苏铁科的棕榈状植物，茎干粗壮直立，在坚硬如铁的树干顶部，生长着茂盛的、形如凤尾的树叶。一年四季常绿，即使在北风呼啸的冬季，也依然翠如碧玉。铁树的生命力极为旺盛，寿命可长达二百年，生长却十分缓慢，每年除了萌生一圈新叶外，几乎就不见它长大。对于季节的变化也几乎没有反应。

春天，万木复苏，生机勃发，它不为所动，只是默默观望其他植物的勃发；夏天，其他植物急不可待地疯长，它才不紧不慢地在树芯里抽出剑一般的嫩芽，随后把这些嫩芽变成带刺的枝丫撒开；秋天，其他植物纷纷换季，展现自己曼妙的身姿，它依然无动于衷，视而不见；冬天万木萧疏，许多植物耐不住清寒，瑟瑟发抖，枝叶几乎都掉光了，它还是我行我素，好像寒冷的冬天与它无关。

尽管铁树对季节的反应相当迟钝，但在狂风暴雨中却巍然挺立，无所畏惧。粗壮的叶冠始终张开着伞形蓬幕，如剑的叶片依然坚硬如铁，台风刮不倒，烈日摧不垮。对鹭岛这样一个台风频仍的地方，它自然成为重要的抗风绿化树。

铁树是一种雌雄异株植物，其历史比恐龙还要古老。在我国北方，铁树开花确实十分罕见。因为铁树对环境的温度和湿度要求很高，只有在它适应的环境中才能开花和结果，否则便只生长、不繁殖。但在南方，尤其是生长在热带、亚热带地区的铁树，树龄在十年以上的，几乎年年都能开花结果，花期可长达一个月之久。由于雌雄异株，花期也不一致，一般在六月到八月间开雄花，十月到十一月间开雌花。铁树开花时，盔甲般的绿叶映衬着金黄的花房，使重重叠叠的花房如同放大了好几倍的松塔，那蛋黄色的花苞与墨绿色的枝丫形成了鲜明的对比，让人倍加怜惜。

那年夏天，我和家人跨海来到小嶝岛，岛上有一株古老的铁树，据记载已有六百多年的历史，有"八闽铁树王"之誉。相传这株高五米多的铁树来自琉球群岛，是随当地赴琉球的远洋船队的水手，漂洋过海来到小嶝岛的。经过六百多年的风雨侵袭，它依然

雄伟壮阔，深褐色的枝干弯曲地架在石柱上，虽然呈侧卧姿势，依然顽强地生长着。年复一年，越长越大，枝干最粗部分需一人环抱，几乎年年开花，成为岛民心中的吉祥物和渔工、船员的精神象征。

每年五月下旬，这株铁树都能如期开花。近年来开得最旺的一次共有十三朵花，有的一年就开了三四朵。每到花季，它都尽力地绽放花蕊，释放馨香，以不辜负岛民的期盼。正如一位诗人所说："那一夜的绽放，我已潸然泪下。铁树开花，这不是神话，哪怕一生只开这一次，也是爱的苦乐年华。"

《千年的铁树开了花》创作于1971年，由王倬作词，尚德义作曲，是一首运用西洋花腔女高音技巧创作的艺术歌曲。它采用东北民歌常见的"闪版"与锣鼓节奏型，使歌词的律动产生了顿挫感和跃动感，展现出

硬朗、粗犷的风格和欢天喜地的心绪，并以五声音阶作为
旋律发展，与歌词语调的起伏紧密结合，充分体现出我国
民族音乐的特色，把聋哑人从不能开口说话的抑郁、痛苦
到开口说话的惊喜、激动、兴奋等一系列复杂的情感表达
得淋漓尽致。

歌曲由时任中央乐团独唱演员兼教员的孙家馨在中央
人民广播电台录唱播出后，深受广大听众喜爱，传唱四十
多年而不衰，并流传至今。它是专为聋哑人而写的，却温
暖、感动了听力正常的几代人。"医学史上几千载，聋哑
人有口说不出话。今天我长在红旗下，我要放声歌唱毛主
席，歌唱咱们的新国家……"

凡是经历过"文革"那个特殊年代的中国人，对《千
年的铁树开了花》那优美激昂的旋律和朗朗上口的歌词，
几乎无人不知、无人不晓。在红歌荡漾的年代，它是一首
与众不同的歌曲，一首富有人情味的歌曲，也是一首非常体恤人心的抒情歌曲。

1972年，上海交响乐团将这首歌编成小提琴独奏曲《千年的铁树开了花》。那时
既没有电视机，也没有录音机，仅仅通过广播电台，通过电线杆上的高音喇叭，就传遍
中国的城乡。它温暖了无数干涸的心灵，感染了整整几代人。

"雪压霜打，信念早已发了芽，铁树世界，注定没有雪月风花。千年的等待，只为
了这一刹那。"也许这就是"坚硬如铁又柔情满怀"的铁树给予我们的启示。

苏 铁

苏铁科苏铁属。常绿棕榈状木本植物，树形古朴苍劲，茎
干粗壮独特，叶螺旋状排列，雌雄异株，花形各异，花期6~8
月。生长慢，寿命长。羽状复叶四季常青。
校园分布：群贤楼后，体育馆旁等。

月光下的凤尾竹

"月光下的凤尾竹，轻柔美丽像绿色的雾。竹楼里的好姑娘，光彩夺目象夜明珠……"每当听到这首优美动听的云南民歌，我的心里就充满了喜悦和欢乐。这是一个美丽民族的心灵歌吟，是他们发自心灵深处的声音，承载着傣族人民世世代代对这方热土的眷恋，寄托着他们的美好愿望和理想。

凤尾竹原产于中国南部，株丛密集，枝叶秀丽，体态优雅，虽然娇小玲珑，却青翠欲滴，像碧玉般纯洁，因此深受人们的喜爱。

近年来，校园里种植了不少凤尾竹。每天夜晚下自修之后，年轻学子们乘着月色或星光，徜徉在芙蓉湖边。一弯新月在湖面上移动，湖畔那一簇簇美丽的凤尾竹，与湖中的月光、灯光相映成趣。校园广播里传来一阵美妙的歌声："月光下的凤尾竹，轻柔美丽像绿色的雾"，傣族姑娘那轻柔委婉的歌声，像汩汩的泉水，流进了学子们的心窝；又像似一段美丽的乡愁，寄托着学子们对家乡的深深眷恋，让大家浮想翩翩，辗转难眠。

凤尾竹来自一个美好的传说，相传很久之前，谁只要能得到凤凰的一根羽毛，就能变得和凤凰一样美丽。绿竹知道后，央求鹰帮他去凤凰那里求取一根羽毛。鹰飞过九座高山，越过九条大河，终于见到了凤凰。善良的凤凰果真让鹰带回一根美丽的羽毛。绿竹知道后高兴极了，拿着羽毛手舞足蹈起来。突然，一道霞光闪过，绿竹长高了，枝叶也变细了。它那青绿色的茎和叶都弯曲下垂，如同漂亮的凤尾。从此，人们就把这种四季常青、体态潇洒的绿竹称为"凤尾竹"。

凤尾竹除具有重大观赏价值外，还具有中医方面的疗效，其性味甘、凉，对清热除烦、利尿、神昏谵语具有重要功效。此外，它还能吸收甲醛，净化空气，常用于盆栽观赏，点缀庭院和居室，制作盆景或作为低矮绿篱材料。

自古以来，凤尾竹都深受文人墨客喜爱。它绿叶婆娑，风韵潇洒；超凡脱俗，品质高洁；坚韧不拔，富有气节。即使在万木萧疏、一片枯黄的冬天，凤尾竹依然青翠碧绿，寒风凛冽中她那摇曳的身姿潇洒而柔韧，展现出生命的顽强和坚韧，让人难忘。

《月光下的凤尾竹》是由诗人、词作家倪维德作词、著名作曲家施光南创作的一首傣族乐曲。1979 年，倪维德在芒市坝子看到傣族青年男女在明亮的月光下，成双成对地在竹林中谈情说爱，情歌呢喃，葫芦丝声声，诗人因此诗兴大发，挥笔写成《月光下的凤尾竹》歌词。作曲家施光南在读了歌词之后，也迸发出创作的灵感，很快就谱写出曲子。那流畅的旋律，从竹林里飘向竹楼，穿过窗户，飘进傣族人的心里。

该曲以葫芦丝演奏的轻音乐版本最为常见，尤以女中音歌唱家关牧村和著名女高音歌唱家于淑珍的版本最为经典。悠扬的曲调、动听的旋律，带给人心荡神怡的感觉，让人不由联想起那郁郁葱葱的凤尾竹林和撒落在竹林间、别具一格的傣家楼阁，想起融融月光下、竹林中隐约飘出的阵阵葫芦丝。人们形容说，关牧村的演唱就像绿宝石，于淑珍的演唱就像红宝石，都熠熠生辉、分外美妙。直至今天，关牧村和于淑珍演唱。听来依然让人倍感亲切温馨，成为民歌中的经典作品。

凤尾竹在傣家人心里的重要地位，是汉族人难于理解的。人们很难想象，傣乡如果没有凤尾竹，会是什么样子。施光南也完全没有想到，自己谱写的《月光下的凤尾竹》会成为经典的葫芦丝代表曲，不仅让许多人为之激动，而且无论听多少次都不觉得厌倦。那月光、竹楼、凤尾竹，那小卜少、小卜冒、葫芦丝，构成了一幅宁静的傣乡夜景图。

厦大校园里不仅生长着凤尾竹，还生长着和凤尾竹很相像的散尾葵，一般人不太容易分清。实际上两者科属、形态均有所不同：散尾葵属于棕榈科散尾葵属植物，凤尾竹属于禾本科簕竹属植物；散尾葵的叶片是羽状的，会呈现出黄绿色，而凤尾竹的叶片是针形的；散尾葵花期在五月，开出的花朵是金黄色的，形态独特，而凤尾竹的花期不固定，甚至可能不开花。

如今，校园里的那几丛凤尾竹，已拔高了许多，显得更加多姿、更加浪漫、更加迷人，月光无声地穿透其间，把轻倚在凤尾竹旁美丽姑娘的身影，留在了莘莘学子的日里梦里……

凤尾竹

禾本科竹亚科凤尾竹属。多年生木质化植物，植株丛生，竹竿空心，枝秆稠密。叶细纤柔，常二十片排生于枝的两侧，似羽状弯曲下垂，宛如凤尾，故名。

校园分布：艺术学院四周。

星光下的龙舌兰

　　"福建野生着的芦荟，一到北京，就请进温室，且美其名曰'龙舌兰'。"这是鲁迅先生在厦大任教期间，在脍炙人口的散文《藤野先生》中的"开场白"。后来他曾对厦大学生说："你们闽南人真可自豪。倘在北京，这种植物靠满清皇帝的大力，也只能在所谓的'御苑'里，看见一两株。"

　　鲁迅先生所说的野生芦荟，在闽南方言中有不同的称谓，厦门人称之为"番仔芦荟"，泉州人简称为"割"。这是一种亚热带多年生草本植物，原产墨西哥，形状像芦荟，叶片挺拔，边缘尖刺，好似一把利剑直指苍穹。由于龙舌兰科植物具有分株、扦插繁殖快、耐贫瘠、生命力强、喜温暖等特点，因此繁衍生长很快，在厦大、鸿山、鼓浪屿等地十分常见。

　　在厦门人眼里，龙舌兰还是一个勇敢的"战士"。其叶片周边长满尖刺，可以"吓退"牛羊犬禽，保护宅院作物，并起到固定水土的作用；加之其叶片纤维坚韧，想要徒手掰断它几乎是不可能的。

可以说具有坚忍不拔的品质，成为厦门人生活中一道特殊的风景。

由于长期生长在闽南，因此很早就知道龙舌兰。学校组织学生去"远足"、爬山、野游使，在山间石壁、荒野杂草中，经常都能看到它的身影。后来参加学校的植物兴趣小组，经常上山辨识植物，采草药，对龙舌兰也有了更多的了解。

这种原产于美洲和非洲的植物，是跟随归国华侨进入闽南的，之后便扎下根来，成了"本土植物"。早期进入闽南的龙舌兰科植物，主要有金边龙舌兰、金边毛里求斯麻及剑麻等品种。小时候，路边密密麻麻地长满了龙舌兰，调皮的孩子还会在叶片上刻字。印象最深刻的则是带刺叶片中开出的柔软花朵，花呈圆锥形分布，一簇簇就像串串风铃，一层层玉白色的花蕊，花瓣晶莹剔透。

二十世纪二十年代鲁迅在厦大任教之际，厦大尚处于鹭岛郊外的荒僻之处，龙舌兰几乎到处都是。鲁迅先生晚饭后经常到学校附近散步，多次在南普陀附近的后山见到龙舌兰，留下了较为深刻的印象。

1927年一月，鲁迅即将离开厦大赴广东中山大学任教时，中山路照相馆的老板郭水生应邀前来请为他摄影留念。厦大文学社团"泱泱社"的几位成员特地邀请鲁迅和林语堂到南普陀寺留影。出于对龙舌兰坚韧品质的喜爱，鲁迅特地在南普陀寺西南小山岗上与龙舌兰拍了一张合影。照片中，他独自坐在山坡坟前的岩石上，身着长袍，双手合拢，目光炯炯。围绕在他身边的，正是长得十分茂密、叶片挺拔的龙舌兰。

改革开放后，龙舌兰似乎逐渐淡出了人们的视线。环岛路修建时，金边龙舌兰、剑麻等龙舌兰科植物似乎还常常与棕榈科植物搭配，出现在环岛路两侧，营造出极具热带风情的景观效果。但近十几年来，随着园林植物品类的扩大，棕榈树逐渐被能遮阴的常绿阔叶乔木所取代，由于常绿阔叶乔木树冠大，遮阴多，漏光少，耐旱喜晒的龙舌兰似乎就无法种在下层。加之城区人口密集，龙舌兰叶片上锯齿般的尖刺也有一定安全隐患，因此，逐渐远离了人们的视野，被种植在山间林地，或深藏在"万花丛中"。

2005年，《厦门日报》一篇"鲁迅喜爱的龙舌兰"的文章，引起了许多读者的关注，并印发了市民对龙舌兰作为园林植物的讨论。一些景观设计师认为，龙舌兰和棕榈科植物其实是很好的拍档：一方面，叶片稀疏的棕榈树叶能够透下阳光，充分滋养龙舌兰；另一方面，黛绿的颜色、相似的粗纤维叶片，也能让两者的搭配尽显浓浓的热带风情，让厦门这座海滨城市更添韵味。

"人民城市人民建，我建城市为人民。"包括厦大师生在内的广大市民对厦门城市的关心，成为这座城市不断提升、不断发展的不竭动力。令人欣慰的是，园林部门吸取了市民、专家提出的正确意见，如今，在胡里山炮台、万石植物园、湖滨北路与莲岳路交界处等地，龙舌兰又回到了人们的视野中；而在厦大校园里，从演武场到博学路，从芙蓉湖畔到思源谷，也到处都能看到它挺拔的身影。

龙舌兰能开花，但平常较难见到。开花时，它先抽出高高的花茎，花茎上一节节开出成簇成团的金黄色小花，开花结实后，母株便枯萎死去，它的根部又会生长出新的嫩芽来。又高又长的花茎晒干后，人们常用它来搭建凉棚避暑。可以说，龙舌兰的一生，是不求于人而尽心奉献的一生。

龙舌兰极耐贫瘠，能在干旱的埔地上生长，无须浇水，又极其坚韧，叶片浸泡后析出的纤维可打绳索，织成的鱼网耐碱耐磨，不易断裂。正因为龙舌兰这种坚韧的品格，与鲁迅坚韧的战斗精神是相通的，因此鲁迅才那么喜欢它，并以它为闽南人的骄傲和厦门大学的骄傲。

"厦门大学只有一件值得骄傲的，就是

在它的周围有这么丰富的宝物。"这是鲁迅先生对龙舌兰的嘉许，也是他对闽南植物的仔细观察。

龙舌兰虽然不如市树凤凰木、市花三角梅的颜值高、色彩艳，但就在厦门的种植年代来说，龙舌兰是最早的。正因其坚韧不拔的精神，加上"世世代代扎根厦门，是最具代表性的本土派植物"，因此理应冠以厦门"市草"之名，让后来的人们能永远记住它。

龙舌兰

龙舌兰科龙舌兰属。多年生植物，叶呈莲座式排列，倒披针状线形，叶缘具有疏刺，顶端有一硬尖刺，花黄绿色；叶片坚挺美观、四季常青，常用于盆栽或花槽供观赏。

校园分布：思源谷。

龙船花与龙船调

"天生丽质难自弃，花开一朝百媚生。"借用唐代诗人白居易在《长恨歌》中对杨贵妃的描绘，来形容"天生丽质"、明艳娇媚的龙船花，竟是如此贴切，如此合意！

龙船花是茜草科木本花卉，有"水绣球"之称。虽然植株低矮，但株形美观，开花密集，特色鲜明。每朵小花都有四枚花瓣，十几二十朵紧密簇拥在一起，盛开怒放时形成一个个美丽的花球；在碧绿的叶片衬托下，显得格外华丽，格外令人赏心悦目。

龙船花原产于中国南部和马来西亚，早在十六世纪就已有栽培；十七世纪末被引种到英国，后传入欧洲大陆各国。龙船花属植物共有二百八十种，在亚洲热带及南亚热带高温地区分布广泛。不仅花色丰富，有红、橙、黄、白及双色等；而且花期也较长，每年三月至十二月均可开花。

龙船花的名称来自端午节划龙舟的习俗。龙船花尚未开放时，很像一根根微型的细箫直刺蓝天；开放后，四片花瓣平展成一个十字形。而在古代，十字图形代表着驱魔避邪、除病去瘟的咒符。于是，每年端午节划龙舟时，人们为了避邪和求得平安吉祥，就把这种花与菖蒲、艾草并插在龙船上，久而久之，便被称为"龙船花"。

由于龙船花在园林中常大面积成带状片植，盛花时节，不仅红似火、橙如霞，而且花朵浮于叶面，极为壮观，气势非凡。随着季节和花色变化，呈现给人们的是五彩缤纷的花带。端午节前后，恰好是龙船花的盛花期，南方不少地方举办龙舟赛，漫江碧透，百舸争流；龙船花繁花似锦，层林尽染，犹如火焰般的鲜红靓丽。

龙船花不仅花色美、花期长、花量大，高低错落，景观效果极佳，成为重要的观赏花卉；而且全株均可药用，其根、茎具有祛风活络、散瘀止血的功效；花有调经活血和催产的作用。对降低高血压和筋骨折伤等也有一定疗效。

清代以降，不少文人墨客曾歌咏过龙船花。朱仕玠在《瀛涯渔唱》中写道："柴门五月满蓬藜，闲把光风细品题。最爱千枝光照海，龙船花发四眉啼。"台湾举子陈肇兴也在《端阳》一诗中说："几家桃李荐新鲜，艾叶榕枝处处悬。黄茧裹绵装小虎，青蒲粘粽掇鸣蝉。山翁趁午锄灵叶，野客题诗擘彩笺。记得水仙宫畔里，龙船花外放龙船。"

龙船花因花叶秀美、花色丰富被选为缅甸国花。缅甸依思特哈族人有一种浪漫而有趣的婚姻习俗：他们自古临水而居，凡有女儿的人家都会早早在临近房屋的水面上用竹木筑成一个浮动小花园，在里面种满龙船花，并用绳索将它系住。等到女儿出嫁那一天，把她打扮得漂漂亮亮，让她坐在这个浮动小花园里，将绳索砍断，任其顺水而漂。新郎一大早就须在下游的河岸边等待，当载着新娘的浮动小花园漂来时，新郎抓住绳索将它拉上岸，然后牵着新娘一同回家举行婚礼。

一边听着龙船花成为缅甸国花的传奇经历，一边回想起那首被称为"世界级优秀民歌"的《龙船调》。这首歌由湖北利川灯歌《种瓜调》整理改编而成。热爱歌舞的土家族人喜欢一边观灯，一边歌舞。改土归流后，土家族人玩灯的习俗不仅没有改变，而且玩灯的种类愈发增多，包括龙灯、狮子灯、彩龙船、蚌壳灯、地龙灯、花灯等月十余种，灯歌由此大兴。

1953年春夏之交，一位来自湖北利川的文化馆干部对《种瓜调》进行了改编，在保留土家族民歌传统音乐特点的基础上，使它的旋律更加美妙而动听。歌中描绘了一个活泼俏丽的土家族少妇，在回娘家时途经渡口，请艄公摆渡过河的动人场景，画面鲜明生动，歌词通俗洗练，以浅显质朴的词语成功地塑造出艺术形象。其音乐特色在于旋律起伏较大，单域较宽，节奏较自由，腔调高亢婉转，有较强的抒情性，因此产生了较大的艺术感染力。1958年，《龙船调》（又名《龙船曲》）列入湖北群众艺术巡回辅导演出团演出节目，从此一发而不可收，被传唱到全省、全国乃至全世界，被评为世界最流行的歌曲之一。

　　"文革"期间，抒情民歌《龙船调》和许多优秀民歌一样也遭到禁唱；直至"文革"结束后，中国大地上才重新响起《龙船调》男女对唱的歌声，受到广大观众的好评。二十世纪八十年代，《龙船调》曾先后被王玉珍、王洁实、谢莉斯、郁钧剑等国内知名歌唱家或知名歌手演唱并录制唱片。2002年十二月，著名歌唱家宋祖英在悉尼歌剧院音乐厅举行独唱音乐会，将《龙船调》唱响海外；此后作为她的保留曲目，先后维也纳金色大厅和肯尼迪艺术中心等世界顶尖艺术殿堂热烈唱响，把"妹娃要过河，哪个来推我嘛"的嘹亮歌声推向世界。

　　《龙船调》是鄂西南土家人对爱情与生命的礼赞，走进了广大人民的心中，成为最具国际影响力的中国民歌，不仅风靡了整个华人世界，而且备受许多外国歌者喜爱。

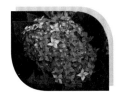

龙船花

　　又名山丹花、百日红，茜草科龙船花属。灌木，叶对生，花序顶生，聚生成团；花冠红色或红黄色，顶部四裂。果近球形，成熟时红黑色。花期5~7月，果期7~10月。
　　校园分布：嘉庚楼群旁。

紫薇花对紫薇郎

"丝纶阁下文书静，钟鼓楼中刻漏长。独坐黄昏谁是伴，紫薇花对紫微郎。"唐代诗人白居易在《紫薇花》一诗中，描写了朝廷文职官员在繁忙政务中度过的欢悦与孤单，对与之相伴的紫薇花充满了感激之情。

紫薇是千屈菜科的落叶乔木，不仅树姿优美，树干光滑洁净，树冠十分开展，而且花期较长，花大艳丽，叶色呈红绿变化。开花时又正值夏秋少花季节，故有"百日红"之称，并获得"盛夏绿遮眼，此花红满堂"的夸赞。

夏日里，漫步校园，不经意间发现，一路经过的不少地方已经开满了紫薇花。房前院后，一株株、一排排紫薇盛开，繁花满树，你挤我揉，在盛夏满目青翠的绿色世界里，美得惊艳，美得出尘。尤其是它的花期长，可以从夏天一直开到秋末，蔓延两个季节。一树树花团锦簇，姹紫嫣红，独占芳菲。宋代诗人杨万里因此称："谁道花无百日红，紫薇长放半年花。"

厦大校园的花草树木

　　紫薇是一穗多花的，花瓣多皱，呈圆锥形，像小时候削铅笔的转笔刀转出的笔屑。花色鲜艳，大红、粉红、绯红、纯白都有，满树一蓬一蓬的，风姿绰约。花穗上大大小小的花蕾繁复稠密，花蕾红中带绿，有的含苞待放，有的朱唇半启，花和蕾在绿叶、红花之间相互映衬，别具风姿。

　　紫薇花开，虽然开得酣畅淋漓，开到缤纷极致，却从不与别的春花争艳，从不去追寻耀眼的存在，而是自顾自地生长，怒放出自我的模样。唐代诗人杜牧在《紫薇花》中，盛赞其淡泊旷达的品格："晓迎秋露一枝新，不占园中最上春。桃李无言又何在，向风偏笑艳阳人。"每每欣赏紫薇，总使人觉得它既平凡又不平凡。

　　在《道旁店》一诗中，杨万里以平实的笔调写道："路旁野店两三家，清晓无汤况有茶。道是渠侬不好事，青瓷瓶插紫薇花。"细腻地描绘出一幅乡间拂晓时，大清早起来耕作的农人在路

边茶摊饮茶的场景，画面定格在青瓷瓶中尚带露珠的紫薇花上，仿佛一幅美丽的淡色水彩画。

遥想当年，白居易官居中书舍令，别人都已在家共享天伦或放飞自我，他却还在中书省日夜宵旰，为朝廷处理政务、代拟诏令，所幸有紫薇相伴，使这孤单寂寞得以排解。欧阳修的咏紫薇诗，所摹写之情味与之何其相似："人言清禁紫薇郎，草诏紫薇花影傍。山木不知官况味，也随红日上东廊。"

只不过岁月匆匆，时移境迁。白居易晚年再写《紫薇花》时，心境已完全不同："紫薇花对紫微翁，名目虽同貌不同。独占芳菲当夏景，不将颜色托春风。浔阳官舍双高树，兴善僧庭一大丛。何似苏州安置处，花堂栏下月明中。"此时他已远离权力中心，留给他的更多是当年在禁苑值夜时的荣光。这与老年陆游的心态也颇为一致："钟鼓楼前官样花，谁令流落到天涯？少年妄想今除尽，但爱清樽浸晚霞。"在他眼里，紫薇花早已流落天涯，只有面对现实，把酒临风看晚霞，才是旷达的人生。

清代刘灏在《广群芳谱》中称："紫薇花一枝数颖，一颖数花。每微风至，妖娇颤动，舞燕惊鸿，未足为喻。"极尽描摹紫薇花之美。清代理学名臣张鹏翮深有同感："谁将海底珊瑚树，移向江南处处栽？花气晨飘香入座，霞光夜映月盈台。鸡鸣风雨思贤俊，秋水蒹葭叹溯洄。记得唐人传轶事，紫薇堂下紫薇开。"只是好花不常开，好景不常在，在《惜紫薇花》中他只好深表叹惜："白露秋深雁影单，紫薇花剩两枝残。多情未许风吹尽，留待来朝仔细看。"

是啊，人的一生，岁月沧桑，如白驹过隙、转瞬即逝，年轻时代那些自由自在的日子，早已随着紫薇一起凋谢。只有等待来年春暖花开，再重温旧日时光。人们期盼着，又是一年紫薇季。

大花紫薇

别名紫金花、紫兰花，千屈菜科紫薇属。落叶乔木。顶生圆锥花序，花淡红色或紫色，花轴、花梗及花萼外面均被黄褐色密毡毛；蒴果球形至倒卵状矩圆形，褐灰色。花期5~9月，果期9~11月。
校园分布：芙蓉湖畔、群贤楼群。

菩提树下明心性

"菩提本无树，明镜亦非台。本来无一物，何处惹尘埃。"这是禅宗六祖慧能当年在湖北黄梅写下的偈子（禅诗），深得五祖弘忍的赏识，并因此将衣钵传给了慧能。菩提树也因此名声大噪，成为家喻户晓的树木。

菩提树是桑科的大乔木，又名沙罗双树，原产于印度，在佛教界被称为"神圣之树"。相传两千多年前，佛祖释迦牟尼就是在菩提树下顿悟成道而修成正果，"菩提"一词在古印度语（即梵文）中乃觉悟、智慧之意，有如梦初醒、豁然开朗，达到超凡脱俗境界的含义。因此，菩提树也被誉为"智慧树"。因与佛教渊源极深，各地寺院多有种植。

五祖弘忍当年之所以把衣钵传给慧能，就是认为他那种"顿悟即可成佛"的出世态度，比其大弟子神秀在"身是菩提树，心为明镜台。时时勤拂拭，勿使惹尘埃"的偈子中，所表明的入世态度更高一筹，更契合禅宗顿悟的理念。这一明智的选择对此后禅宗的发展产生了极大的影响，在中国佛教史上留下了深刻的烙印。

最早见识菩提树，是在厦门南普陀寺。大悲殿前的那两棵菩提树，不仅枝繁叶茂，苍翠欲滴，而且充满了厚重的沧桑感。南普陀寺始建于唐代，为闽南佛教胜地之一。寺内天王殿、大雄宝殿、大悲殿建筑精美，雄伟壮丽；各殿供奉的弥勒佛、三世尊佛、千手观音、四大天王以及十八罗汉等，妙相庄严，栩栩如生；来自海内外的善男信女络绎不绝，香火鼎盛。

随着佛教传入中国，菩提树在中国也产生了深远的影响。穿行在福建沿海，从福州西禅寺到莆田广化寺，从泉州开元寺到漳州南山寺，到处都可以看到菩提树的影子。厦门大嶝岛上有一棵拥有四百七十年树龄的菩提树，是全厦门最古老的菩提树。当年村里的人下南洋，回乡探亲时带回了菩提树苗种植，历经近五百年风雨沧桑，依然十分茂盛。据记载，1928 年弘一法师曾经到过这里，并写下了"无上菩提"四个字。抗战时，村民们认为菩提树可以保平安，就在树下挖了一个 2 米多深的简易防空洞，以躲避日军炮弹的轰击。令人惊奇的是，防空洞挖好后，村里果真没遭受过炮击，村民们就说是"菩提保佑"。由于这株菩提树根系发达，人们沿着根系挖的这个防空洞也始终比较坚固，直到后来岛上统一修了防空洞，它才退出历史舞台。

大嶝岛上的这株菩提树，不仅曾受到弘一法师青睐，还分枝繁衍到了厦门许多地方。据称南普陀寺前那十几株菩提树，就是它的"后代"。二十世纪七八十年代，为了修复在"文革"中遭到破坏的南普陀寺，园林专家们特地将大嶝岛上古菩提树的枝条培植、繁衍出新的植株，并使它在南普陀寺扎下了根，如今早已绿树成荫，为四方游客和香客遮蔽烈日的暴晒。

在印度，每个佛教寺庙都要求至少种植一棵菩提树，对菩提树的"血统"也非常讲究，并以佛祖顿悟时的圣菩提树直系后代为尊荣。1954年，印度前总理尼赫鲁来华访问时，带来一株用圣菩提树上的枝条培育成的小树苗，赠送给中国领导人，以示中印友谊深厚。周恩来总理将这棵菩提树苗转交给中国科学院北京植物园养护。植物园对此十分重视，精心养护，使之苗壮成长，成为枝叶茂盛的参天大树。每当有国内外高僧前来植物园时，这棵菩提树都会受到高僧们的顶礼朝拜，成为中印两国人民友谊的象征。

厦大一条街两侧，南面是厦大，北面是南普陀寺。原本靠厦大一侧种植凤凰木，靠南普陀一侧种植菩提树。后来由于一条街的拓宽改造，厦大一侧的凤凰木大多被砍光，只剩下南普陀一侧的菩提树依然枝繁叶茂，令人发思古之幽情。

厦大校园里菩提树的身姿似乎并不多见，仅在图书馆和经济学院北面，种植了一排菩提树。每年春天开始落叶和换叶，似乎有多少落叶就有多少新叶，落叶潇潇，新叶嫩青，煞是好看。看着那泛黄的菩提树叶，我不禁想起小时候读书时，特意收集的用泉州开元寺的菩提树叶制作的书签，那半透明的叶脉精美异常，曾夹在书中陪伴了我很长时间。

夏日里，置身于菩提树的浓荫下，闭上眼睛聆听它的梵音，心里顿时有一种清净空灵的感觉。抬头仰望绿树葱茏的五老峰和飞檐翘角的南普陀寺，遥想唐朝初年神秀与慧能用禅诗以物表意、借物论道、使菩提树名声大振的历史往事，不禁唏嘘不已。微风吹过，发出悦耳的沙沙声响，这一刻，我感觉自己内心是那样祥和宁静，那样清澈透明……

菩提树

桑科榕属。乔木，树形高大，分枝扩展、枝繁叶茂，冠幅广展，优雅可观，花期3~4月，果期5~6月。喜光、喜高温高湿，不耐霜冻；抗污染能力强。

校园分布：图书馆一侧。

郁郁黄花风铃木

一树黄花醉人眼，落英缤纷令人怜。黄花风铃木是紫葳科落叶乔木，也是一种随着四季变化而更换风貌、特色显著的植物。通常在清明节前后开花，花冠金黄色，因形似风铃而得名。

人们习惯上总是把"桃红柳绿"作为春天的象征，自古就有"寒尽桃花嫩，春归柳叶新""春来遍是桃花水，不辨仙缘何处寻"之说；而把黄色视为秋天的象征，寓意繁华过后的凋零与萧条。然而，黄花风玲木却恰恰相反，它在料峭的早春绽放枝头，以耀眼的金黄艳压百花，成为名副其实的报春花。

仲春三月，几场绵绵春雨过后，一株株金黄的黄花风铃木花满枝头，如朵朵云彩在春光中摇曳，放眼望去，犹如披挂着一身"黄金甲"。一排排整齐的黄花风铃木，就像一条条黄色丝带织就的丝绸，飘洒在大地上，明亮而又浓烈，让人惊艳不已。

黄花风铃木生长周期较长，一般要六年左右才能开花，但四季变化明显。春天黄花风铃木枝叶稀疏，却花团锦簇，报道着春天的

来临；夏天长叶结果荚，先是萌生的嫩芽满枝丫，接着是翅果纷飞；秋天枝叶繁茂，郁郁葱葱，一片绿油油的景象；冬天满树枯枝落叶，充满沧桑，呈现出凄凉之美。

一年四季，黄花风铃木展现出不同的风采；而给人印象最深的还是春天黄花风铃木盛开怒放的情景，迎风摇曳，婀娜多姿，一片纯净的金黄色，丝毫不含一点杂质。微风拂来，花枝上的黄花纷纷洒落，满地黄花堆积。让人既感到春光无限，又觉得春色易逝。

黄花风铃木原产美洲和墨西哥一带，二十世纪九十年代引进中国，因喜爱高温而在岭南安家落户。春天时先开花后长叶，开花时十分惊艳，不过花期很短，只有十几天；果实像龟壳，也很特别。风起时，风铃轻摇，幽香弥漫，可让人闻香识花，体验"一树金黄一树香，风铃摇醒醉春光"的浪漫。

常言说"红花还要绿叶扶"，然而，春天里的黄花风铃木既没有红花，也没有绿叶，只有满树的黄花小铃铛。而这种花冠呈漏斗形、似风铃状的黄花，竟成为南美"足球王国"巴西的国花，让人不禁为之莞尔。

有道是"青青翠竹，尽是真如；郁郁黄花，无非般若。" 此语典出《祖庭事苑》，乃道生法师至语。言草木尽具佛性，无情众生亦有佛性。应当放下一切分别执着，像青青翠竹、郁郁黄花一样清净自性，清净法身，以体现出般若智慧。如是，则世间所有烦恼都能转为菩提；一切时就都是好时，一切事、一切人、一切境也都是好事、好人、好境，从而使人得"大自在"。

此情此境，与唐代诗人王昌龄《题僧房》一诗描绘的情景何其相似："棕榈花满院，苔藓入闲房。彼此名言绝，空中闻异香。"在诗人笔下，热闹明媚的棕榈花开满了庭院，生气勃勃，新鲜夺目；寂静阴幽的苔藓随意散布在台阶上，一直伸展入僧房。一动一静，一热一冷，形成鲜明对照，勾勒出禅院无边宁静，但又充满生机。众僧相对参禅，彼此虽无言语交流，也无精神交流，却都深深沉浸在禅悦之中，达到一种默契，创造一种境界。这不正是"郁郁黄花，无非般若；青青翠竹，尽是法身"之意吗？

漫步春日校园，看着满目郁郁葱葱的黄花风铃木，我不禁联想起禅宗"郁郁黄花，无非般若"的名句，仿佛也闻到了一股迎面而来的奇异的芳香，使自己沉浸在一种妙不可言的禅悦之中……

黄花风铃木

又名为黄钟木，紫葳科风铃木属。落叶乔木，树干直立，树冠圆伞形。掌状复叶，叶色黄绿至深绿，冬天落叶。春季约3~4月间开花，花冠漏斗形，像风铃状，花色鲜黄。
校园分布：芙蓉隧道旁。

　厦大校园的花草树木

无边辣木已成荫

"一镜镰溪时织柳，无边辣木已成荫。花占枝头看未足，游人陌上笑如春。"这首描写辣木的七言诗，把早春时节辣木花开、陌上游人笑面如春的动人情景展现得淋漓尽致，让人对辣木产生了美好的遐想。

辣木是多年生的热带、亚热带乔木，因根有辛辣味而被称为辣木。由于开花时满树白花，芳香如兰，因此又名"兰花豆"。它的果荚又细又长，呈三角形，像一根狭长的腊肠或一支精干的鼓槌，又被称为"鼓槌树"；其树皮、根部富含胶质，有辛辣气味，于是别名"辣根树"。

辣木原产于印度及非洲东北部，具有生长快、萌发力强、易栽培的特性。只要气候适宜，雨水充足，一两年就可以开花结果，甚至一年四季都可以开花，雨季固不必说，即使旱季也可以通过灌溉促使其开花和结荚。

辣木在中东有"神木"之称。据《圣经》（《出埃及记》第

15章第22节）记载："摩西领以色列人从红海往前行，到了书珥的旷野，在旷野走了三天，找不着水。到了玛拉，不能喝那里的水，因为水苦，百姓就向摩西发怨言，说：'我们喝什么呢？'摩西呼求耶和华，耶和华指示他一棵树，他把树丢在水里，水就变甜了。"据考证，耶和华指示的这棵能使苦水变甜的树就是辣木树。辣木叶因此成了人们敬仰的"神木"。

辣木全身都是宝，从树叶、果荚、果实、种子到花朵，都有各自的功能和妙处。其树叶和花、嫩豆荚、辣木籽均可直接食用；用其嫩根磨成的粉，是制作咖喱粉的原料之一；辣木籽榨取的油，既可作高级食用油，也可作精密机械的润滑油。辣木富含人体所需的30多种物质，营养价值极高，可制作辣木养生茶。辣木花也很漂亮，不仅洁白馨香，而且是很好的蜜源。

剥开辣木籽那层深褐带棱角的近球形外壳，露出滚圆饱满的白色果仁，其大小、形状与花生仁相似。初次嚼下去，那木头般的味道里，飘然扬起的，是花生仁般的清香。再细嚼慢咽，口中便泛起一股清新醇久的甜。继续嚼下去，甜味越来越深，好似浓浓的蜜布满口腔。吞食完毕，甜味依然持续回绕。这时喝些无色无味的白开水，水在顷刻之间就变得蜜样甜，人也会迅速陶醉在一片甜蜜的感受中。

辣木仔不仅口感好，而且在解除饥饿、净化肌肤、排毒健体、改善睡眠、增强记忆力、延缓衰老、治疗口臭等方面卓有成效，对治疗肝脏、脾脏疾病和防治高血压、高血脂、糖尿病、痛风等也有很好的效果。

"辣木花开雪簇团，果荚串串枝头悬"，辣木树绿色的叶片像涂了一层釉彩似的，在阳光下发出亮眼的光泽；互生的羽状树叶紧贴在枝干上，透出一股蓬勃的生命力。树叶下的柔枝弱干，肩并肩，手挽手，互相依靠和支撑着。每一片叶子虽然都喜欢自由生长，但又默默地坚守自己的位置，沉默中透出了自信。

一年四季，辣木以清绿的椭圆形或长圆形树叶，携带着芳香的白色或奶黄色花朵，以细长的呈束状垂下的果荚，裹着灵巧精致的辣木仔，为人们献上一份绿色生命的厚礼，那真是所有"朝圣者"宛若甘泉流淌的时光。

　　初识辣木，是十多年前在海沧天竺山下。那时，一位从部队转业的复员军人受正在热播的电视剧《刘老根》的启发，在天竺山下的家乡开发了一个生态辣木园，不仅种植了数万株辣木，而且修建了一座辣木酒楼，主推辣木宴及辣木火锅。因辣木营养丰富、菜肴别有风味，引来不少当地食客和四方游客。

　　我有幸和朋友一起赴宴，并与酒楼老板"李老根"相识。不仅品尝了用辣木鲜嫩的花、叶、根、茎做的各种美味佳肴，而且对辣木有了更多的了解。据国家食品检验部门检测，辣木树叶所含的营养价值，竟是小麦、牛奶的几倍甚至上百倍，真是让我大吃一惊。正是基于对辣木营养价值的认识，这位复员军人出身的闽南乡亲对开发辣木园信心满满。他希望，自己种植的数万株辣木成林后，游客也会像"花香蝶自来"一样，不请自来，在辣木园里赏花采摘，休闲旅游，为乡村振兴和农民致富开辟出一片新天地。

　　2012年，习近平主席在访问古巴时，将辣木种子赠送给古巴领导人，使辣木更加广为人知，也给辣木产业带来了前所未有的"品牌效应"。此后不少地方兴起了"辣木热"，不仅大量种植辣木，而且研发辣木系列产品，有的还着手打造集观光、科普于一体的辣木种植示范园区。辣木的食疗价值和医用价值日益得到人们的认同，各种辣木产品通过不同形式走进了老百姓的生活，让老百姓拥有更多的健康选择。

　　让人欣慰的是，厦大校园里竟也栽种着辣木，而且生长发育良好。不知逸夫楼餐厅是否也能采摘其鲜嫩的花叶，煮一锅辣木土鸭汤，或者涮一锅辣木土鸡火锅，让师生们大饱口福呢？

辣　木

　　又名兰花豆，辣木科辣木属。落叶乔木，叶常为三回羽状复叶，花乳白色，组成圆锥花序。开花时无叶，满树白花，芳香如兰。蒴果为先端渐尖的长圆柱形，常成束下垂。花期全年，果期6~12月。
　　校园分布：化工厂路、网球场旁。

睡莲圣洁又美丽

　　"所谓伊人，在水一方"。这里说的"伊人"，便是花姿翩翩、花色艳丽、纤尘不染，楚楚动人的睡莲。由于喜强光，它大多在白天开花，到了晚上花朵会自动闭合，直到第二天早上才重新张开，故名睡莲。

　　睡莲原产于云南、台湾，通常生于池沼、湖泊中。喜阳光充足、通风良好、水质清洁的静水，既耐高温亦耐寒。通常开白色、红色或粉红色的花，尤以白睡莲最为常见。由于每天子时（凌晨 1 点）到午时（中午 12 点）开放，又被称为"子午莲"。

　　睡莲是圣洁的，其外形与荷花相似，在一池碧水中宛如冰肌玉骨的脱俗少女，因此有"水中女神"之誉。在古希腊、古罗马，睡莲被视为圣洁的化身，常被用作供奉女神的祭品。《圣经·新约》亦称："圣洁之物，出淤泥而不染。"在古埃及，睡莲被誉为"神圣之花"，是许多寺庙常见的图腾，被称为"只有开始、不会幻灭"，寄托着人们对生命的祈福。

睡莲是美丽的，其叶色翠绿，春天萌发长叶，春夏陆续开花，夏秋花后结实，秋冬茎叶枯萎；翌年春季才又重新萌发。如《咏睡莲》一诗所写："荷枯凋败睡莲来，叶展湖波似舞台。出水几枝摇盼顾，娇姿神采向天开。"可谓写出了睡莲的特色和丰采。

睡莲是名贵的水生花卉，外形与荷花相似，不同的是荷花的叶子和花挺出水面，而睡莲的叶子和花浮在水面上。睡莲因其昼舒夜卷而被誉为"花中睡美人"，不仅娇艳妩媚，而且安详宁静，散发着清雅的香气，遗世而独立。

那一池从容的睡莲，花瓣透明如琉璃，水露晶莹，矜持高贵，颇具名媛风范。开放时是纯美的水中女神，闭合时则是寂寞的睡美人。北宋周邦彦在《苏幕遮·燎沉香》一词中描写道："叶上初阳干宿雨，水面清圆，一一风荷举。"莲叶上初出的阳光晒干了昨夜的雨珠，水面上的睡莲清润圆正，叶子迎着晨风浮出了水面。

看到这风景，诗人不禁想到遥远的故乡，何日才能回去呢？"五月渔郎相忆否？小楫轻舟，梦入芙蓉浦。"他不由怀想，睡莲花开的五月，故乡的小伙伴是否也在想念自己呢？他多么希望能划着一叶扁舟，在梦中来到杭州西湖睡莲塘，和小伙伴们相会。

依山面海、风景秀丽的南普陀寺，像一颗明珠镶嵌在群山叠翠中。南普陀寺门前有一个长方形的放生池，池内点点的睡莲，宁静地卧在水面上。当年读书时，经常到这里散步，坐在放生池边的石栏杆上，望着水中的睡莲发呆。

春天，我坐在睡莲池边，看着满池的睡莲早早地开放了。月明的夜晚，就在池边静静地看着消磨时光。白天太阳照着睡莲，落下斑驳的影子，睡莲轻摇

送来阵阵春风。等到睡莲绽放的那一日，花香飘到每一个角落。待到秋天来时，睡莲枯萎，掉落在水面上泛起阵阵涟漪，于是才依依不舍地告别这一池睡莲。

后来读研究生时，搬到凌云楼。我发现，厦大水库里也种植了不少荷花和睡莲。少女般秀气水灵的睡莲圆叶如盖，浮现在水面上。我不由想起那首《虞美人·睡莲》："莲湖春色美人靠，池咏莲花早。月明消磨夜无声，日照影莲，莲瘦宿春风。"

我的目光随着那一片睡莲而移动，她的清新雅丽，让整个水面弥漫着青春的活力和气息，构造了一种宁静和美的境界，让岁月的梦川流不息。

睡 莲

又称瑞莲、子午莲，睡莲科睡莲属。多年水生草本，根状茎粗短、肥厚。叶纸质，心状卵形或卵状椭圆形。花瓣白色，宽披针形、长圆形或倒卵形。浆果球形，种子椭圆形。花期6~8月，果期8~10月。多生在池沼中。
校园分布：厦大水库。

天涯游子忘忧草

"萱草虽微花，孤秀能自拔。亭亭乱叶中，一一劳心插。"这是苏东坡在《园中草木·萱草虽微花》一诗中对萱草的描写。在他眼里，萱草虽然是微小的花朵，却能孤芳自赏；即使在一片乱叶中，也自能挺拔，表达了作者自甘淡泊的精神与怀宝自珍的心态。

萱草即"忘忧草"，据《诗经》记载，古代有位妇人因丈夫远征，遂在家居北堂栽种萱草，借以解愁忘忧，从此世人称之为"忘忧草"。苏东坡在诗中所述的"劳心"，即指母亲的辛劳与爱心。因此，萱草又有"母亲花"之称。我国古代以"椿"代称父亲、"萱"代称母亲，父母安康成为"椿萱并茂"。

萱草是百合科草本植物，开花期通常会长出细长绿色的花枝，花色橙黄艳丽；花柄很长，花朵是在像百合花一样的筒状结出来的。花瓣六枚，细长微卷，简洁明净，姿态潇洒。一朵朵灿烂的橙黄色萱草花，犹如美人蕉一般娇艳，让人有鹤立鸡群之感。

萱草花和木槿一样，一朵花只开一天。因此，开得极为庄重、

极为认真。一枝花箭上有十几朵到几十朵花苞，这朵谢了那朵又接着开了，总是明日新花换旧花。因此，在漫长的花期里，总能看到萱草花，只是今日看到的，虽然同样明亮鲜妍，但已非昨日之花了。正应了那句"好花堪折直须折，莫待无花空折枝"。

萱草原产于中国，已有两千多年的栽培史。《博物志》曰："萱草，食之令人好欢乐，忘忧思，故曰忘忧草。"因其花美，而看到美好的事物，看到鲜艳美丽的花，确实容易让人忘记忧愁、忘记不愉快的事，从而对生活充满信心。

三国时写过"煮豆燃豆萁，豆在釜中泣"的曹植，曾写过一首《萱》草诗："履步寻芳草，忘忧自结丛。黄花开养性，绿叶正依笼。色湛仙人露，香传少女风。还依北堂下，曹植动文雄。"唐代诗人白居易曾劝慰晚年知己刘禹锡，莫为屡遭贬谪而烦恼，他比较说："杜康能散闷，萱草解忘忧。借问萱逢杜，何如白见刘。老衰胜少夭，闲乐笑忙愁。试问同年内，何人得白头。"

萱草又被称为"母亲花"，《诗经疏》云："北堂幽暗，可以种萱"。北堂是母亲居住的地方，古时候当游子要远行时，就会先在北堂种萱草，希望母亲减轻对孩子的思念，忘却烦忧。后来母亲居住的屋子便被称为萱堂。唐代诗人孟郊的《游子吟》，以歌颂母爱而传唱千古："慈母手中线，游子身上衣。临行密密缝，意恐迟迟归。谁言寸草心，报得三春晖。"这与诗人的另一首《游子吟》相比，虽然立意不同，却同为歌颂母爱之作："萱草生堂阶，游子行天涯；慈母倚堂门，不见萱草花。"在堂阶旁种萱草，本为让母亲忘却忧思，可慈母日日倚立堂前，翘首期盼着天涯游子的早日归来，眼前的萱草花哪里去了呢？

方伟在《萱草吟》中写道："六角初开映筚门，深秋时节似春温。浪游万里家何在，每对萱花忆母恩。"游子浪迹天涯，家山万里，乡愁无尽。面对眼前的萱草花，他不禁想起深秋时节家中萱草花初开的情景，更加忆念慈母的深情厚谊。

元代画家王冕在《偶书》一诗中也盛赞萱草、歌颂母亲："今朝风日好，堂前萱草花。持杯为母寿，所喜无喧哗。"可以说，在康乃馨成为西方母爱的象征花卉之前，我国古代早已把萱草花当作了母爱之花。

萱草又叫黄花菜、金针菜，因其花蕾的颜色呈金黄色而取名黄花菜，因其形态像金针而又名金针菜。金针菜可作蔬菜，供食用。但萱草有微毒，因此新鲜黄花菜不可多吃。中医认为："萱草味甘而气微凉，能去湿利水，除热通淋，止渴消烦，开胸宽膈，令人心平气和，无有忧郁"，对吐血、大便带血、小便不通、失眠、乳汁不下等有疗效，可作为病后或产后的调补品。哺乳期妇女乳汁分泌不足者食之，可起到通乳下奶的作用；

萱草除了橙黄色，还有白色、紫色等多个品种。《本草纲目》描述："萱宜下湿地，冬月丛生。叶如蒲、蒜辈而柔弱，新旧相代，四时青翠。五月抽茎开花，六出四垂，朝开暮蔫，至秋深乃尽。"萱草叶丛自春天到深秋始终保持鲜绿，具有很好的绿色观赏效果。因其品种繁多，四季有花，家庭庭院多将其作为点缀花草观赏。

"南斋读书处，乱翠晓如泼。"演武场上，看着满眼的葱茏翠绿和活泼神奇的忘忧草，回想孔夫子在《论语》中所说的"发愤忘食，乐以忘忧，不知老之将至"，心里不禁充满了许多喜乐，有道是：踏破铁鞋无觅处，心中自有"忘忧草"！

忘忧草

又名萱草、黄花菜，百合科萱草属。多年生草本植物，根近肉质，中下部常有纺锤状膨大。花梗较短，花被淡黄色、橘红色、黑紫色；蒴果钝三棱状椭圆形，花果期5~9月。
校园分布：演武场旁。

吉祥如意橡皮树

　　"橡皮树，你不会绽放紫嫣的花朵，却有四季的幽绿……"这是一首歌唱橡皮树的诗歌，写出了橡皮树"在缄默中奉献绿色"的性格特征。

　　橡皮树是桑科榕属的大型常绿乔木，其叶片肥厚、硕大，色泽深绿，带有一定的光泽，具灰绿色或黄白色的美丽色斑，托叶裂开后恰似红缨倒垂，颇具风韵，树形丰茂而端庄。橡皮树喜欢温暖湿润、光照充足的环境，经常被种植于公园、花圃中，具有较高的观赏价值。

　　漫步厦大芙蓉湖边，可以看到不少橡皮树的身影。时令虽然已是冬至，南国的冬天却还是暖意融融，橡皮树也依然枝繁叶茂，舒展着青翠的枝叶，享受着初冬温暖的阳光。大而艳丽的托叶表面像披着一层蜡质，厚实而健壮，闪烁着红褐色的光泽。

　　橡皮树曾是制造橡胶的重要原料。橡胶最初俗称"橡皮"，橡皮树的名称大约也是由此而来。但橡皮树的胶乳属于硬橡胶类，在云南腾冲一带至缅甸北部各热带河谷中曾广泛栽种和设厂加工，后来从马来西亚引种产量更高的巴西三叶橡胶树后，便逐渐被废弃。

橡皮树和橡胶树的名字相似，植物形态特征也很相近，但仍存在诸多差别：橡皮树是桑科榕属植物，而橡胶树是大戟科橡胶树属植物；橡皮树比橡胶树矮小，但叶片比橡胶树厚，叶面平滑光亮；橡皮树的花朵比橡胶树大，呈白色圆锥状，橡胶树的花朵相对较小，呈黄、绿两种颜色；两种植物都含有一定毒性，但橡皮树的毒素主要在种子和树叶上，平时不要触碰就可以了，而橡胶树的毒素主要在汁液中，平时不得误食。橡皮树主要作为观赏树种栽植，具有一定观赏价值，而橡胶树主要用来提取橡胶原料，作为重要战略物资，具有很高的经济价值。

坐在芙蓉湖边的橡皮树下，看着它油绿宽厚的叶子，看着阳光洒落在叶片上焕发的光彩，看着刚萌发的新叶蜷曲着身子，心里不禁有几分感悟。我明白，过了月色满天的夜晚，当明天的太阳从东边升起时，新叶一定会舒展开来，对着流水般走过的同学欢笑。"芳林陈叶催新叶，流水前浪携后浪"，这是大自然的必然规律。

看着橡皮树新叶在两片老叶之间欢乐开怀，我也多了几分理解、几分从容："橡皮树啊橡皮树，贫瘠的土地少有阳光的轻抚，你依然墨绿，没有丝毫的愁容；不是单枝而是并蒂，相互抚慰，在孤独寂寞中抗争；一年又一年，你不沉沦不等待，在积年累月的努力中，矢志获得属于你的光荣！"

橡皮树

又名印度榕，桑科榕属。乔木，树皮灰白色，平滑。小枝粗壮。叶厚革质，长圆形至椭圆形，表面深绿色；榕果成对生于叶腋，卵状长椭圆形，黄绿色。花期冬季。

校园分布：芙蓉湖旁。

看山茶含苞欲放

　　阳春三月，春暖花开，芙蓉楼前，山茶花盛开怒放，分外妖娆，成为校园里一道靓丽的风景线。

　　山茶花是山茶科常绿花木，古代有玉茗花、耐冬、海石榴、曼陀罗等别名，是中国传统的观赏花卉，亦是世界名贵花木之一。山茶属植物有二百二十余种，包括山茶花、云南山茶、茶梅以及新发现的金花茶，都是重要的观赏花木。仅山茶花就有华东山茶、晚山茶和川茶花等不同品种，花色也较多，包括红色、粉红色、白色等。

　　山茶花开于冬春之际，多为重瓣花朵，天生丽质，婀娜多姿，花姿绰约，花色鲜艳，被称为"树先春而动色，草迎岁而发花"。郭沫若盛赞曰："茶花一树早桃红，百朵彤云啸傲中。"对云南山茶更是不吝赞美之词："艳说茶花是省花，今来始见满城霞；人人都道牡丹好，我道牡丹不及茶。"

　　山茶花四季常青，古往今来，很多诗人曾写过赞美山茶花的诗句。唐代诗人白居易在《十一月山茶》中写道："似有浓妆出绛纱，行光一道映朝霞。飘香送艳春多少，犹如真红耐久花。"把浓妆的山茶与灿烂的朝霞相提并论。苏轼也在《邵伯梵行寺山茶》一诗中，对山茶花"灿红如火雪中开"给予了高度评价。

南宋大诗人陆游的《山茶花》曰："东园三日雨兼风，桃李飘零扫地空。惟有山茶偏耐久，绿丛又放数枝红。"点出了山茶开花于冬末春初万花凋谢之时殊为难得和花季较长的特征；清代刘灏也在《山茶》诗中说："凌寒强比松筠秀，吐艳空惊岁月菲。冰雪纷纭真性在，根株老大众园稀。"赞美根深株大的山茶花开娇艳、凌寒可与松柏比的特点。

《滇中茶花记》描述山茶花"性耐霜雪，四时常青，次第开放，历二三月"。山茶总是在几乎所有花朵都枯萎的冬季里开花，让人感觉到融融暖意。特别是红色山茶花色鲜艳，让人觉得格外温暖和充满活力。山茶花傲雪迎春，让大地生机勃勃、春意盎然。

据记载，昆明东郊茶花寺，有宋代红山茶一株，高达20米。每当花季，红英覆树，花人如株，状如牡丹。山茶花耐荫，配置于疏林边缘，生长最好；假山旁植可构成山石小景；亭台附近散点三、五株，格外雅致；若辟以山茶园，花时艳丽如锦；庭院中于院墙一角，散植几株，自然潇洒；若选杜鹃、玉兰相配置，则开花时，红白相间，争奇斗艳。

芙蓉楼前，栽种着许多株山茶花，树冠优美，叶色亮绿。每次见到它，都难免驻足欣赏一番。山茶花既素雅又恬静，花瓣层层相随，紧密不离，整齐盘旋至花心，静静地开在山野庭院，伴着古寺悠远的晨钟，从容而整齐地舒展；山茶花纯洁而大度，它一尘不染，红便红似焰火，白便白得透彻，高贵而典雅；枝叶浓绿，花瓣雍容，清清朗朗，艳而不妖，让人一见倾心，再顾难忘；不浮夸，不做作，落落大方。

每次看到山茶花，总是感叹于它的淡定和内敛。它身姿挺拔，枝条坚韧，就连叶子也是厚实的，花蕾大而饱满，花朵鲜艳亮丽，柔媚之中不失傲骨。不像有些花草枝条柔弱，花开繁多，有点风雨便前俯后仰。它的生命力极强，忍得了风雨，受得了挫折；茎枝的再生能力也很强，可以叶插繁殖，也可以枝条纤插繁殖。即使落花，花瓣也是一片一片地慢慢凋谢，直到生命结束。可与松柏相媲美，敢与冰雪斗严寒，这就是山茶花的本色。

四十年前，在我国西南边陲打响的那场自卫反击战，诞生了一首以山茶花为背景的军旅歌曲《再见吧妈妈》："再见吧妈妈，再见吧妈妈；军号已吹响，钢枪已擦亮；行装已背好，部队要出发；看山茶含苞待放，怎能让豺狼践踏……"

每当我听到这首激动人心的军旅歌曲，心中就充满了对祖国母亲、对美丽的山茶花的热爱和思念。歌曲表现的是解放军战士参战前，依依告别母亲的动人情景。作者把山茶花作为祖国和母亲的象征，使她的形象更加亲切，更加美丽，也更加深入人心。

山茶花在经历过冬天之后蓬勃着生命，绽放着花朵，吐露着芳香。而在即将奔赴战场的儿子心中，山茶花不仅是母亲的牵挂，也是自己对母亲的承诺："假如我在战斗中光荣牺牲，你会看到盛开的茶花，假如我在战斗中光荣牺牲，你会看到美丽的茶花。啊，山茶花会陪伴着妈妈……"

山茶花

山茶科山茶属。常绿灌木或小乔木，叶椭圆形，花顶生，红色，花期1~4月。花有单瓣和重瓣，花色、品种众多，是重庆、青岛、宁波、昆明市花。

校园分布：芙蓉楼、国光楼前。

又
见
棕
榈
又
见
棕
榈

芙蓉湖畔，碧波荡漾；芳草如茵，绿柳似烟；人影可鉴，棕榈参天。正是阳光明媚的五月，校园里的棕榈树迎着春风婆娑起舞，葱绿的树叶像手掌一样撑开着；棕榈花在扇叶簇生处钻出花苞，黄色的"佛焰苞"像春笋一样，没几日就裂开了；掰下花苞，里面密布的淡黄色仔粒，让人赏心悦目。

虽然从小生活在南国，对棕榈树并不陌生，尤其是在厦门，似乎到处都可以看到棕榈树的美妙身姿，但对其植物形态特征了解并不多。后来才发现，厦大校园里的棕榈科植物，如王棕等比比皆是，但真正的棕榈树却为数不多，零星分散在建南楼群和科学楼等处，每一株都有笔直的树干，海风吹来，棕榈树叶刷刷作响，像是海浪发出的声音。

棕榈树是一种很有韧性的植物，用棕树皮制作的棕绳比任何材料都要结实，既不怕日晒雨淋，也能耐海水侵蚀，在海水里泡几年也不会腐烂。棕叶韧性也很大，不仅耐煮，而且清香，用粽叶包出来的粽子，煮熟后色香味俱全，一口咬下去，味道真是好极了。小时候就曾陪着母亲用家里种的粽叶包饺子，那情景至今仍历历在目。

棕榈全身都是宝。如乡村里常见的蓑衣、斗笠、棕绳、棕刷、棕棚，便都是以棕皮为材料制作的。正如古诗所描写的："青箬笠，绿蓑衣，斜风细雨不须归"。自己从前在农村插队时，也常披着蓑衣，抬着粘满湿泥的双脚，走在高高低低的山垄梯田里，日出而作，日落而息，风里来雨里去……那时的生活虽然艰苦，却也充满了不少田园乐趣。

小时候家里常用的蒲扇也是棕叶制作的。把棕叶砍下后，用剪刀把它剪成圆形，无须修饰，就是一把简单质朴的蒲扇。工艺蒲扇的制作工艺则较为复杂些，它需要把棕叶浸泡在水中，撕成均匀的条状，然后编织出一把心形蒲扇，经过加工蒸煮去色，最后制作出一把漂亮的素色蒲扇。在乡村夏夜的场院中，经常可以看到老人们一边摇着蒲扇，一边给孩子们讲过去的故事……

厦大校园里人们最熟悉的棕榈科植物，无疑是王棕。一走进西校门，用花岗岩铺砌的石板路两旁，就种植着两排高大挺拔、气势不凡的王棕，像两列持枪挺立的哨兵。每一株王棕都长得十分笔直，浓绿的树叶随风招展，让人仿佛走进了热带植物园，感受到一派热带风光。

王棕又名大王椰子，树干粗壮雄伟，中下部膨大，呈佛肚状；叶簇生于干顶，羽状叶片长达3米以上，狭长柔软。由于王棕的树形十分优美，常被作为行道树和庭园绿化树，

有"棕类之王"的称号，热带、亚热带地区多有栽培。

八十年代初，一部由台湾旅美作家於梨华发表的、反映留美学生生活的长篇小说《又见棕榈．又见棕榈》在大陆出版，在大学生中掀起了一股"出国热"。其时中国大陆刚刚开始改革开放，国门初开，人们不仅对海外生活充满了好奇，而且对留学生活十分向往。这部首开留学生文学先河的长篇小说自然引起了人们的广泛关注。

小说集中反映了留学生的苦闷、寂寞与迷惘，其中有不少是作者的自身经历。她没有使用传统的线性叙事，而是在过去、现在、未来，美国、中国的海峡两岸这些不同的时空中不断跳跃。在人物刻画和环境描写上，也下了一番苦功，正如评论家夏志清所说：她"善于复制感官的印象，还给我们一个真切的、有情有景的世界。"

作为一个在台湾的外省人，於梨华内心始终无法摆脱离散的状态。她在书中写道："我总觉得我不属于这里（台湾），只是在这里寄居，有一天会重回家乡，虽然我们那么小就来了，但我在这里没有根。"

这部以《又见棕榈，又见棕榈》为书名的小说，也使大学生们迷上了棕榈树，迷上了於梨华。作为五六十年代最早赴美留学的那一代作家，於梨华被称为"没有根的一代"。但她所经历的那种寂寞与苦闷，并非只有她一个人有，她的同时代人乃至下一代人都有。

有道是："水光潋滟芙蓉湖，曲径通幽棕榈树。潮打白城寂寞回，千帆竞渡向何处？"

棕榈

棕榈科棕榈属。常绿乔木，树干圆柱形，叶圆扇状，雌雄异株，圆锥状肉穗花序腋生，花小而黄色。花期4~5月，果期9~10月。树形优美，是庭园绿化的优良树种。
校园分布：生物一馆前。

醉人的香樟树

第四辑

果树枝繁欣岁熟

群贤楼旁挺拔的椰枣树

国光楼前的龙眼树

福建是水果之乡，盛产龙眼、荔枝、柑橘、香蕉、菠萝、枇杷等"六大水果"。在这些水果中，我最喜爱的还是被称为"南桂圆北人参"中的龙眼。

龙眼又称桂圆，是无患子科常绿大乔木，春季开花，夏天结果。每年春天，龙眼树发出新芽，长出嫩绿的叶子；过了些时间，就长出了许多花骨朵儿，淡黄色的龙眼花开满枝头，在春风吹拂下，散发出沁人心脾的香味。到了龙眼成熟的季节，龙眼树上挂满一串串金黄色的龙眼。走在果实累累的龙眼树下，闻着淡淡的果香，令人馋涎欲滴。禁不住偷摘一颗放进嘴里品尝，当舌尖触到光滑的果肉时，那味道清甜清甜的，真是爽口极了。

龙眼是福建特产，在闽南地区已有一千七百多年的种植历史。自己土生土长在闽南，从小在街头巷尾、房前屋后，经常都能看到龙眼树的身影。尤其是福厦公路两旁，到处都是一整片龙眼林带。每次暑假回福州，沿途都能饱赏那郁郁葱葱、翠绿透亮的龙眼树林，

那一串串沉甸甸的、似乎快把枝条压弯的龙眼，让人感觉特别养眼，巴不得下车去饱食一番。

读中学时，听老师说泉州开元寺有一种堪称龙眼上品的"东壁龙眼"，果核小、果肉多，味道非常甜，心里便痒痒的，希望什么时候自己也能好好品尝一下。下乡后，许多同学插队的村庄都盛产龙眼，到这些知青点去串门时，看到那成片的龙眼树林和挂着累累硕果的龙眼树，恨不得就爬到树上去采摘。但龙眼树都是生产队的，私人不得随意采摘，于是只好望"龙眼"兴叹。

在那个物资匮乏的年代，龙眼干在上海、江浙一带是很受欢迎的滋补营养品，当地人称之为"桂圆干"。这名称还颇有些来历，原来，由于龙眼果的内核（俗称"龙眼子"）黑色透亮，又大又圆，仿佛龙的眼睛，炯炯有神，因此，人们就将它取名为"龙眼"。闽南龙眼在明正德年间还被选为朝廷贡品。然而，龙在封建朝代是"九鼎之尊"的象征，皇上便是皇帝，龙眼二字犯了皇家的忌讳，不得不改名。龙眼成熟期主要在农历八月，即桂月，而同样盛产龙眼的广西别称也是"桂"，于是龙眼被更名为桂圆。但闽南远离京城，山高皇帝远，尽管朝廷已经赐名桂圆，民间仍习惯称之为龙眼。于是出现了"一种水果、两种名称"并存的局面，久而久之，大家也就习以为常了。

闽南泉州是龙眼的发祥地，龙眼栽培历史源远流长，最早可追溯至汉朝、三国和晋代。优越的地理气候条件，适宜的土壤和降水，为龙眼产业的发展提供了理想的自然环境。《八闽通志》记载："荔枝才过，龙眼即熟，泉州府诸县皆有"。

到宋元时期，龙眼已作为刺桐港与南洋诸国通商的重要货物之一。明代被称为"泉州第一富"的李五，把泉州桂圆干从水路运往江浙、京津等地贩卖，再把丝绸、棉纱等购回泉州销售，或通过侨商、外商中转，把桂圆干销往海外，使泉州桂圆声誉大振。明代何乔远在《闽书》中就记载："龙眼焙而干之行天下"。由于龙眼具有补血益气之功效，是女子产后恢复身体的最佳首选。因此闽南女子坐月子期间，都要用龙眼干炖鸡汤来滋补身体，数百年来沿袭至今。

上大学后发现，书声琅琅的厦大校园里种植着许多龙眼树。春天里，龙眼树开满了橘黄色的小花，成群的蜜蜂在花间飞舞。夏日里，龙眼树成了人们避暑纳凉的好去处。龙眼成熟时，又大又密集的龙眼像一颗颗金黄色的珍珠，吸引着人们的眼球，刺激着人们的味蕾。

研究生毕业后，先后在丰庭二和国光一安家。这两幢楼的房前屋后，都种着不少龙眼树。尤其是国光一，大门口就是一整排高大粗壮的龙眼树，像一把把撑开的绿绒大伞，为人们遮风挡雨；那青翠欲滴的龙眼树叶在微风吹拂中沙沙作响，犹如一曲美妙的音乐，令人倍感惬意。

到了龙眼采摘的日子，树下常常聚满了孩童。采摘者在大如横梁的树枝上自如走动，采摘的龙眼一串串往挂在树枝上的竹筐里放，偶尔掉下的龙眼，孩童们便竞相争抢起来。让人想起初唐诗人丁儒的诗句："龙眼玉生津，蜜取花间液，呼童多种植，长是此方人。"诗人对龙眼可是赞不绝口。

时光荏苒，虽然在国光楼居住的岁月已然远去，但那一株株历经风雨沧桑的老龙眼树，每年龙眼花开时散发出来的香味，以及满树硕果累累的景象，却从此留在我的脑海里，不时勾起我对青葱往事的回忆和对中国农耕文明的回望。

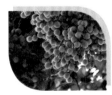

龙 眼

无患子科龙眼属。常绿大乔木，圆锥花序顶生或腋生；花瓣乳白色，披针形。果球形，种子黑色，有光泽。花期3~4月，果期7~8月。经济用途以果品为主，是我国南方著名果树之一。
校园分布：国光区、建南楼群等。

漂洋过海的波罗蜜

位于大南路的厦大托儿所院子里，有一株枝繁叶茂、香气浓郁的波罗蜜，虽然历经许多岁月沧桑，依然初心不改，风貌不变；岁岁年年，依旧葱茏翠绿，硕果累累，成为师生们的"掌上明珠"和校园里的一大"奇观"。

波罗蜜是珍稀水果、木本粮食和珍贵用材兼备的热带树种，原产于印度（古波罗国）或马来群岛，约一千年前从南洋引种到广东、海南、福建等地。虽然树身粗犷、树干满身刺，却是粗皮细肉；成熟时表皮呈黄褐色，有瘤状凸起和粗毛；果实里是又黄又细的蜜核，芳香适口。其与众不同之处在于，它四季都可结果，而且果实硕大，每个平均重达十多公斤，最重达 55 公斤，被称为"世界上最重的水果"。

波罗蜜果肉香甜，不仅可生吃，也可制成罐头、蜜肉干等，是人们十分喜爱的食品。波罗蜜还有润肺补肾等功效，果实、种仁可入药，用于治疗神经衰弱、酒精中毒及产后脾虚气弱、缺少母乳等症。

波罗蜜的名字深有内涵，它来自印度。李时珍《本草纲目》记载："波罗蜜，梵语也，因此果味甘，故借名之。"波罗蜜在佛教中的原意是"到彼岸"。《心经》中提出的"观自在菩萨，行深般若波罗蜜多"，即指人认真审视、观照自身，通过修行获得智慧，从而度过苦难、到达彼岸。它是大乘佛法教义之总纲，用作一种水果的名称，或许可以使人们在食用时更容易沉入新境界，力争通过修行早日达到那遥远的、金黄色的彼岸，让人生充满石蜜与醍醐一样的芳香。

波罗蜜是海南岛的土特产，当地流传着这样一句谚语："姑娘结婚不择啥，只择男家蛟蜜床。"原来，很久以前，村里有一个名叫阿蛟的青年农民，虽然勤劳朴实，却家贫如洗，他与村里一位名叫阿蜜的美丽姑娘相爱，可是连婚床都没有。一天，两人在深山丛林中发现了一株树干粗壮、材质坚硬的大树，两人喜出望外，准备将树砍下来制作婚床。这是，大树突然变成一位白发苍苍的慈祥老人。老人告诉他们，这是祖宗留下的财富，也是滋润贫穷人家的源泉，并劝说他们不要砍树，而要立足于勤俭持家，勤劳致富。

两人听后便放弃了砍树，没想到，当他们从山里回到家时，发现房间里已摆放着一张坚固美观的波罗蜜床。后来，人们把他们俩的名字组合起来，作为波罗蜜树的名称，即"蛟蜜树"。

波罗蜜树材质坚硬，色泽美观，纹理雅致，不易生虫，即使用了上百年仍散发着香味，是家具、室内建筑、旋制品和乐器等的上等用材。此外，波罗蜜树对二氧化硫有一定抗性，可作为城市或工厂、矿区净化空气的绿化树种。可以说，波罗蜜全身都是宝。

台湾作家林清玄在散文《波罗蜜》中回忆说，波罗蜜的种子大如橄榄，用粗海盐爆炒，味道香脆，还胜过天津炒栗，小孩子最喜欢吃，抓一把藏在口袋，一整天就很快乐了。波罗蜜心像椰子肉一样松软，通常都用来煮甜汤，夏夜的时候，坐在院子喝着热乎乎的甜汤，汗水流得畅快，真是人生一大享受。

他觉得，年轻的时候，把繁华的城市当作自己的彼岸，"整个生命都是为了奔赴自定的'彼岸'而努力"，爱情和名利地位是岸上的风景；到了中年，所有的美景都化成虚妄的烟尘，俗世的波折成为一场无奈；于是开始为另一个'彼岸'奔忙，以求解脱、自在，直到最后才恍然一悟，彼岸是永无尽期的，"波罗蜜多永在终极之乡。"

在开往阳明山的小路上，作者看到沿路相思树与松林迎风招展，像极了童年的山林，脑海中突然灵光一现："五月松风，人间无价；满目青山，波罗蜜多"。

四季如春的鹭岛，繁花似锦，波罗蜜的香气随着松风，悄无声息地渗透到校园的各个角落。人生一世，生于自然，回归自然，唯与草木能长情，唯有山水能永恒。

波罗蜜

又名木菠萝、蛟蜜树，桑科桂木属。常绿乔木，树干粗壮，树皮黑褐色，叶椭圆形，花雌雄同株。聚花果椭圆形至球形，花期2~3月，果期7~8月。树冠优美，叶色浓绿，果实香甜可口。

校园分布：芙蓉餐厅前，托儿所内。

石榴花开红似火

"五月榴花红似火，八月石榴万盏灯。"

初夏时节，桃红柳绿的芳菲已然落尽，校园里的石榴花迎着夏日的熏风，映着和煦的丽日，开得异常鲜艳。一朵朵红色小花在茂密的绿叶衬托下，显得格外引人注目。大大小小的石榴花几乎满树都是，星星点点，娇艳欲滴，红得可爱，红得醉人……

石榴花从春天开始萌动、含苞，到夏日绽开，直至立秋，参差开放，络绎不绝，经历了漫长的时间。最后它给人们留下的，不是告别枝头的伤感，而是收获果实的喜悦。榴花结果时，那灯笼似的小石榴，晶莹剔透的籽粒，颗颗如宝石般光彩夺目，吃在嘴里，甜在心里。

石榴原产中国西域安石国，汉代张骞出使西域时将它带回中原，初名"安石榴"。主要有玛瑙石榴、粉皮石榴、青皮石榴、玉石子等不同品种，以及大红、桃红、橙黄、粉红、白色等不同花色，尤以火红的石榴最受欢迎。花开时，于绿叶之中燃起一片火红，灿若

烟霞，绚烂之极。

石榴花大色艳，花期长，从麦收前后一直开到秋收。夏秋之际，红红的果实挂满了枝头，恰若"果实星悬，光若玻础，如珊珊之映绿水"。成熟的石榴皮色鲜红或粉红，常会裂开，露出晶莹如宝石般的籽粒，酸甜多汁。果实含有丰富的维生素C和水果糖类、优质蛋白质、易吸收脂肪等，营养价值高，可补充人体能量和热量。

在中国传统文化中，石榴因其色彩鲜艳、子多饱满，被视为吉祥果和喜庆水果，象征多子多福、子孙满堂、备受国人喜爱。晋代潘安在《安石榴赋》中称："有嘉木曰安石榴者，天下之奇树，九州之名果也……千房同膜，十子如一。"古代诗人们对花开似火的石榴更是不吝赞美之词。唐代杜牧赞曰："似火石榴映小山，繁中能薄艳中闲。一朵佳人玉钗上，只疑烧却翠云鬟。"杨万里在《石榴》中写道："深著红蓝染暑裳，琢成纹玳敌秋霜。半含笑里清冰齿，忽绽吟边古锦囊。雾縠作房珠作骨，水精为醴玉为浆。刘郎不为文园渴，何苦星槎远取将。"生动而细致地描绘了石榴的特色，表达了对石榴的喜爱。元代诗人马祖常也有"只待绿荫芳树合，蕊珠如火一时开"的佳句，令人印象深刻，回味无穷。

古代文人墨客还把石榴花开比喻成舞女的裙裾，并把它和女性联系在一起。梁元帝的《乌栖曲》中有"芙蓉为带石榴裙"之说，"石榴裙"的典故，缘此而来。古代妇女着裙，多喜欢石榴红色，而当时染红裙的颜料，也主要是从石榴花中提取而成，因此人们便将红裙称为"石榴裙"，久而久之，"石榴裙"就成了古代年轻女子的代称。人们形容男子被女人的美丽所

征服，就称其"拜倒在石榴裙下"。小小石榴，竟包含着丰富的文化内涵。

小时候家里就种过石榴，每当石榴花开的时候，便盼着早日结果。可盼呀盼，这石榴树却始终只见开花，不见结果，让人十分沮丧。后来才知道，石榴树有果石榴和花石榴之分，自己种的八九成是花石榴，所以便只会开花，不会结果，称之为"华而不实"似乎也不过分。

海滨东区落成后，七百户教工搬进了这个风光旖旎的区域。我也兴致勃勃地在东区家里阳台上种了一盆石榴。春末夏初，绽开的小花苞就像燃起的一把把小火炬，红艳艳的，十分惹人喜爱。细细看去，每朵花都长得非常精致，瓶状的花托，厚实的萼片，带着深红色纹路的花瓣，花瓣上还闪烁着晶莹的露珠。花丝像一簇簇龙须面，丝头长着桃心状的黄色花药。满树青枝绿叶，带着夏季的温润。红花绿叶间，散发出一股淡淡的青涩的香气，让人心旷神怡。

季羡林先生在散文《石榴花》中写道："我喜爱石榴，但不是它的果，而是它的花。石榴花，红得锃亮，红得耀眼，同宇宙间任何红颜色，都不一样。古人诗：'五月榴花照眼明。'著一'照'字，著一'明'字，而境界全出。"他用朴素的言语阐释出对人生的一种态度，表达出"花照眼明"的灿然情态。

但愿岁岁年年，热情奔放的石榴花，"能再照亮我的眼睛"，也照亮所有年轻学子们的眼睛。

石 榴

石榴科石榴属。落叶灌木或乔木，枝顶常成尖锐长刺。叶对生，花大，红色、黄色或白色，浆果近球形，通常为淡黄褐色或淡黄绿色。开花时节鲜红如火，结果时硕果累累，为优良的观赏树种。

校园分布：同安楼旁，白城宿舍区。

谁人知是荔枝来

长安回望绣成堆，山顶千门次第开。

一骑红尘妃子笑，无人知是荔枝来。

　　荔枝花开的时节，行走在福厦道上，途经莆田时，看到那满园的荔枝树和挂在枝头的鲜红荔枝，自然会想起杜牧这首《过华清宫》绝句，想起唐明皇为杨贵妃飞骑送荔枝的传奇故事。

　　荔枝是我国南方的著名水果，早在汉代就已有栽植。尤以广东、福建栽培最盛。主要栽培品种有三月红、圆枝、黑叶、淮枝、桂味、糯米糍、元红、兰竹、陈紫、挂绿、水晶球、妃子笑、白糖罂等十三种。其中桂味、糯米糍是上佳品种，亦是鲜食之选，挂绿更是珍贵难求的品种。"妃子笑"不仅皮薄、肉厚，而且核小、味甜，其名称显然取自杜牧的那首诗。

　　三四月春光明媚，正是荔枝树开花的季节。荔枝花通常由三五朵小花蕾聚在同一枝上，成品字形或圆锥状排列；通常中心的花蕾先开，旁边的后开。小小荔枝花每一朵都含着晶莹剔透的露珠，放在舌尖上是甜甜的，原来这就是荔枝花蜜。成百上千树荔枝，形成了一整片浅黄色的荔枝花海，壮观而美丽。

正如一位诗人所写："推开三月的门窗，我看见故乡无边的荔枝花海；密匝而细碎的荔枝花，浅白了惊蛰淡黄了春分。一万笼辛勤的蜜蜂，也采不完故乡满山遍野的荔枝蜜；翩翩起舞的花蝴蝶，也飞不出这浅黄色的花海。"

这个季节，除了荔枝树开花，龙眼、柚子、杧果、阳桃树等闽南佳果也都同时开花。闽南大地，满山遍野金银色的"雪色花海"，就是以荔枝花为主，加上各种果树的花共同构成的。荔枝花释放出的阵阵浓郁花香，酿就了香甜的花蜜。

到了五六月，荔枝树上结满了一簇一簇的果实，有的深红，有的淡红，有的红绿兼半或绿中泛红，令人赏心悦目。那荔枝树上一枚成熟的荔枝果，渗溢出诱人的馨香、醉人的甜蜜。

荔枝的果皮有鳞斑状突起，新鲜荔枝成熟时呈鲜红色；果肉呈半透明凝脂状，味道极其香美，且营养丰富，含葡萄糖、蔗糖、蛋白质、脂肪及多种维生素，是南方人十分喜爱的一种优质水果，与香蕉、菠萝、龙眼一起被称为"南国四大果品"。

荔枝有大年、小年之分。遇上大年丰收时节，荔枝树红遍了山头，荔枝果挂满了枝头。此时到乡间去，等农民采收完荔枝，再喝上他们自己酿造的荔枝美酒，那该是多么惬意、多么欢快的事啊！

荔枝性甘温，具有补气养精、散寒行气和营养脑细胞的作用，适用于身体虚弱、病后津液不足、胃寒疼痛、疝气疼痛等症，还可改善失眠、健忘、多梦等症，促进皮肤新陈代谢，延缓衰老。但阴虚体质或患有慢性扁桃体炎、咽喉炎的人，不宜多食，否则会加重"虚火"。

正因为荔枝既好吃，又具有滋阴补阳、调理血气之功效，用它酿成的荔枝酒更是调理阴阳的上佳补品，难怪唐朝杨贵妃如此嗜食荔枝，甚至不惜从千里之外的岭南采运鲜果。她哪里知道，那鲜露欲滴的果汁里，渗透着多少差人驿马的辛劳和血汗……

荔枝如此令人垂涎，近在身边的芙蓉园里是否也有荔枝树呢？虽然在校园里生活了

几十年,却似乎从没见过荔枝树的身影;问周边的邻居,大家也异口同声地说没见过。

没想到,就在我"踏破铁鞋无觅处"的时候,本书"特约摄影"、正在校园里四处拍"花草树木"的宋老师,却在海滨东区意外发现了一株高大的荔枝树,而且满树结着红艳艳的、琳琅满目的荔枝果。看着她拍回的照片,我不禁大喜过望:真是"得来全不费工夫"呀!

荔枝常见于文学作品之中。白居易在《荔枝图序》中就描述了荔枝一年四季的变化:"荔枝生巴峡间,树形团团如帷盖。叶如桂,冬青;华如橘,春荣;实如丹,夏熟。朵如葡萄,核如枇杷,壳如红缯,膜如紫绡,瓤肉莹白如冰雪,浆液甘酸如醴酪。"可谓惟妙惟肖。

唐代诗人张籍在《成都曲》中写道:"锦江近西烟水绿,新雨山头荔枝熟。万里桥边多酒家,游人爱向谁家宿。"新雨初霁,锦江西面烟波浩瀚水碧绿,山头岭畔,荔枝垂红,四野飘溢清香。城南万里桥边有许多酒家,来游玩的人最喜欢在哪家投宿呢?

宋代词人李师中也在《菩萨蛮·子规啼破城楼月》中描绘了"两岸荔枝红"的情景:"子规啼破城楼月,画船晓载笙歌发。两岸荔枝红,万家烟雨中。"诗人被子规鸟的啼叫声唤醒,抬头向窗外望去,城楼上挂着一弯残月,仿佛被子规鸟啼破了似的。诗人乘着华丽的船就要出发,江水清澈,两岸的荔枝,娇红欲滴;蒙蒙细雨,笼罩万家,这是一幅多么秀美的乡村画景啊!

宋代大诗人苏轼在《减字木兰花·荔枝》中,更是把荔枝的特色描写得淋漓尽致:"闽溪珍献。过海云帆来似箭。玉座金盘。不贡奇葩四百年。轻红酽白。雅称佳人纤手擘。骨细肌香。恰是当年十八娘。"在

他笔下,荔枝作为福建的珍贵贡品,曾有过辉煌的历史,如今虽然盛景不再,但那壳轻红、肉浓白、核仁小、气味香的荔枝,依然令人没齿难忘,乃至浮想联翩。

现代作家杨朔在散文《荔枝蜜》中，更是把广东从化荔枝和香甜的荔枝蜜描绘得风华绝代：

　　荔枝也许是世上最鲜最美的水果。苏东坡写过这样的诗句："日啖荔枝三百颗，不辞长作岭南人"，可见荔枝的妙处。偏偏我来得不是时候，满树刚开着浅黄色的小花，并不出众。新发的嫩叶，颜色淡红，比花倒还中看些。从开花到果子成熟，大约得三个月，看来我是等不及在从化温泉吃鲜荔枝了。

　　从化的荔枝树多得像汪洋大海，开花时节，满野嘤嘤嗡嗡，忙得那蜜蜂忘记早晚，有时趁着月色还采花酿蜜。荔枝蜜的特点是成色纯，养分大。住在温泉的人多半喜欢吃这种蜜，滋养精神。

　　这篇散文 1961 年七月在《人民日报》发表后，不仅让从化荔枝和荔枝蜜名扬天下，也让杨朔的名声大震。后来这篇脍炙人口的散文被收入中学语文教材，成为许多人的童年记忆。

　　许多年过去了，我依然记得杨朔在《荔枝蜜》中说的那句话："蜜蜂是在酿蜜，又是在酿造生活，不是为自己，而是在为人类酿造最甜的生活……"

荔 枝

　　无患子科荔枝属。常绿乔木，花开时呈聚伞花序，果皮有鳞斑状突起，成熟时鲜红色；种子全部被肉质假种皮包裹。花期春季，果期夏季。新鲜果肉呈半透明凝脂状，味香美。
　　校园分布：海滨东区。

校园何处芭蕉香

青山逶迤，草木不凋；鲜花犹绽，芭蕉飘香。

沿着凌云路走向情人谷，穿过厦大水库，可以看到一座树木葱茏、繁花吐艳的苗圃，场地上密密麻麻地摆着许多盆栽植物，挨着水库边的一幢乳白色的两层小楼，想必是苗圃的管理处。小楼前种着几株香蕉，浓绿的芭蕉叶伸展着狭长的扇面，几串六七分熟的香蕉高挂在树上，让人口舌生津，恨不得把它采摘下来，饱食一番。

香蕉原产于南亚和东南亚，在我国南方热带、亚热带地区多有种植，尤其是粤桂琼、闽台及川滇等地栽种较广。据史料记载，公元三世纪，亚历山大远征印度时发现了香蕉，此后传入世界各地。古印度和波斯民间认为，金色的香蕉果实乃是"上苍赐予人类的保健佳果"；佛教界则认为，其始祖释迦牟尼由于吃了香蕉而获得智慧，于是把香蕉誉为"智慧之果"。

中国早在汉代就已开始栽培香蕉，当时称之为"甘蕉"，迄今已有两千年的历史。晋人嵇含记述香蕉说："剥其子上皮，色黄白，味似葡萄，甜而脆，亦疗肌。"短短十几个字，把香蕉的特征说得一清二楚。

香蕉是一种高热量的水果，在一些热带地区还被作为主要粮食。鲜果肉质软滑，香甜可口，广受人们的喜爱。其营养价值十分丰富，不仅含有多种维生素，而且含有许多对人体有益的微量元素，能促进人体的正常生长发育，有助于促进食欲、帮助消化和保护神经系统、减轻工作压力。

从中医养生角度看，香蕉性寒味甘，对清热解毒、润肠通便，润肺止咳，降低血压和养生滋补具有一定作用，对便秘、消化不良等症状也有良好效果，属于老少皆宜、物美价廉的优质水果。不过，脾胃虚寒的人应当少吃。

香蕉和芭蕉同为芭蕉科芭蕉属植物，不仅外表十分相像，而且色、香、味也很接近，可以说是同根生，犹如"一门两兄弟"。但两者在外形、口感、颜色等方面仍有一些差异。从外形看，香蕉形如弯月，整体外观呈月牙状，果柄较短，果皮上有五到六个棱；而芭蕉较香蕉短小，外观线条稍直一些，果柄较长，果皮上仅有三个棱。从口感看，香蕉香味浓郁，味道甜美；而芭蕉味道虽甜，但回味略带酸。从颜色看，香蕉未成熟时为青绿色，成熟后转为黄色，并带有褐色斑点，果肉呈黄白色；而芭蕉果皮呈灰黄色，成熟后无斑点，果肉呈乳白色。

福建是我国香蕉的重要产区之一，尤其是闽南地区，因为土壤肥沃、气候温暖适宜，雨水丰富，日照充足，非常适合香蕉的生长。著名的天宝香蕉历史悠久，远近闻名，虽然有高蕉和矮蕉之分，果实大小也有差异，但成熟后果皮都为金黄色，皮薄肉厚，口感细腻软滑，浓甜爽口、香气浓郁，成熟度越高口感越香甜，很受消费者欢迎。

走进九龙江畔的天宝五里沙村，只见田园里栽种的几乎全是香蕉树，阔大翠绿的香蕉叶层层叠叠地往远处铺展，一片片香蕉林串在一起，形成了浩瀚的十里"蕉海"。微风吹来，成千上万株香蕉树上的叶子一起发出海浪般的声响，场面极为壮观，令人惊叹不已。

香蕉不仅是福建"六大水果"之一，也是著名的园林观赏植物。"花木中以叶取胜者，芭蕉也"，香蕉也是如此。蕉叶碧绿宽阔，植一株于窗前，可绿映窗纱，清心明目。雨落蕉叶时，撑一把伞，伫立在硕大的蕉树下，听窗外夜阑，闻雨声滴答，洒落在芭蕉叶上，清脆的声音似"大珠小珠落玉盘"。无边的心事，也伴着雨声飘向那翠绿的蕉叶。

古往今来，香蕉和芭蕉成了文人墨客抒发喜怒哀乐情思的载体。"生涯自笑惟诗在，旋种芭蕉听雨声"，宋代诗人陆游在《忆黄》中的一句诗，使"芭蕉听雨"成为文人雅士中流传极广的一个典故。郑板桥在《咏芭蕉》中写道："芭蕉叶叶为多情，一叶才舒一叶生。自是相思抽不尽，却教风雨怨秋声。"在作者笔下，芭蕉叶堪称多情，一片叶子才舒展开、一片叶子又生长了，就像相思情一样绵绵不断。风雨吹来，芭蕉一片秋声，更使人惹动无限愁思。岁月芳华，也如缕缕淡香沉淀心扉。

香蕉果实长在同一根圆茎上，一挂一挂地紧挨在一起，被视为"团结一心""互助友爱"的象征。芭蕉冬死又复生，一岁一枯荣，也被看成是"起死回生"的象征。

春去秋来，"红了樱桃，绿了芭蕉"。大自然的季节仓促易逝，校园里的年青学子们，只有更加珍惜时光，才能做到气冲霄汉，水碧云天。

香蕉

芭蕉科芭蕉属。草本植物，植株挺拔，叶长圆形至椭圆形，簇生茎顶。穗状花序下垂，花多数淡黄色；果序弯垂，植株结果后枯死，由根状茎长出的吸根继续繁殖。果皮青绿色，果肉松软，味甜香味浓。
校园分布：厦大水库边、苗圃。

杧果一夜炙手热

杧果花开又一年。

那朴实无华、清香悠然的杧果花，淡黄的、偏绿的，一簇一簇地生长在绿叶葱郁的枝头，显得格外清新、秀丽。风儿轻轻吹来，杧果树下拂过淡淡的清香。渐渐地，这股清香弥漫到周边的每一寸空气里，弥漫到校园的各个角落。

杧果为著名热带水果之一，原产于印度。因果肉甜美多汁，芳香甜滑，营养丰富，含糖量和热量高，很受消费者喜爱。果实不仅可直接食用，还可制作加工成杧果汁、脱水杧果片以及果酱、罐头、杧果奶粉、蜜饯等。杧果叶和树皮可作黄色染料，是一种用途十分广泛的树木。

每年春天，当料峭的春寒刚刚过去，杧果花就开始竞相开放。虽然它的花蕊非常小，呈现出淡黄偏绿的色彩，看上去很不起眼，但却十分精致而温柔。整树花开时，像镀上了一层金黄的色彩，如云似锦，漫天铺开，灿烂至极，犹如一场流光溢彩的视觉盛宴。

到了夏天，杧果树上的叶子从紫红变成浅绿、翠绿，直至浓浓的深绿；浅黄色的杧果花也渐渐随风飘散，不知所踪。这时，暗绿色的树叶缝隙中垂下了一串串小杧果，形状如"逗号"般头大尾小。随着时间的推移，小杧果一天天长大，这边一串，那边一挂，从青涩逐渐变得透明，像绿珠子似的，十分诱人。

在被称为"花果之乡"的闽南，杧果在方言里被称为"璇仔"。杧果上市时，母亲通常也会买上几回，让孩子们尝尝新。但因为闽南夏季的水果太丰盛，因此杧果也就不显山不露水，乃至常常被人们遗忘。加之吃杧果的工序比较繁杂，又要削皮，又要切块，还要倒些酱油来浸泡，因此，大家吃的热情似乎不太高，即使整年没吃过，也并不觉得特别遗憾。

后来到厦大读书，发现校园里种植了许多杧果树。在果树中，除了龙眼树是当之无愧的"老大"，杧果树大概可以排"老二"了。每年看着杧果树花开花落，看着杧果一天天长大，变得越来越椭圆，看着一树杧果压弯了枝头，却从来没有从杧果树上摘过新鲜杧果，更不要说守着一盆鲜杧果吃得前仰后合了。

记忆中，从小到大，自己大多是杧果的看客。有时也动心起念过，今年一定要摘它几个品尝品尝。眼看着杧果快成熟了，可还没等到下手，突然一夜之间树上的杧果便不知所踪了。想来是承包杧果树的管理者，乘着"夜黑雁飞高"之际把杧果连夜采摘光了。因此，校园里的杧果树每年留给我的便只有遗憾。

有时看着满树的杧果花，私心想今年必定是杧果的"大生年"，一定要注意把握机会，等杧果成熟时好好品尝。没承想，左等右等，却"只闻楼梯响，不见人下来"。直到杧果成熟季，这树上都始终只有花，连杧果的影子都不见。后来才知道，杧果花有两种，一种是两性花，一种是雄花。两性花有发育正常的雄蕊和雌蕊，可进行正常的传粉受精和结实；雄花没有雌蕊，开花后不能结实。杧果树中，栽培品种的两性花约占15%左右。因此，校园里的许多杧果树只开花、不结果也就不奇怪了。

当然，作为行道树，杧果树还是很"称职"的。它树干粗壮，枝叶茂盛，生命力顽强，尽管外表较为普通，既不如伟岸挺拔的柠檬桉，也不如婀娜多姿的柳树，更无法跟冠盖如伞的榕树相比，在这个重视颜值的年代，似乎不太引人注目。但杧果树也有自身的性格特点和优秀品质，它一年到头总是默默无闻地生长着，从不跟人攀比，也从不自惭形秽，不卑不亢，不离不弃，而这正是它的可贵之处。

杧果不仅有着深厚的文化积淀，而且在中外文化交流中，还曾经扮演过重要的角色。在印度的佛教、印度教寺院里，通常都能见到杧果树的叶、花和果的图案。印度教徒认为杧果花的五瓣代表爱神卡马德瓦的五支箭，因此用杧果来供奉女神萨拉斯瓦蒂。1556年至1605年间，莫卧儿帝王阿克巴在德里附近，建立了一个种植了十万株杧果树的果园，如此大规模的杧果园在当时世界上无疑是罕见的。

我国唐朝著名高僧玄奘法师是第一个西行万里，到天竺（印度）取回"真经"的人，也是第一个把杧果介绍到中国的人。在《大唐西域记》中，就有"庵波罗果，见珍于世"的记载，而庵波罗果即"杧果"。后来杧果又传入泰国、马来西亚、菲律宾和印度尼西亚等东南亚国家，再传到地中海沿岸国家，直到十八世纪后才陆续传到巴西、西印度群岛和美国佛罗里达州等地，如今这些地方都有大片的杧果林。

杧果在当代中国人的生活中，曾留下一段不同寻常的记忆。1968年八月，毛泽东主席接见来华访问的巴基斯坦外交部长埃尔沙德·侯赛因。他向毛主席赠送了一篮杧果，毛主席当即表示："我要与中国人民分享"。随后，他把巴基斯坦朋友赠送的杧果转送给首都工人，以示对工人阶级的关怀。这在当时是一个特大的喜讯。

喜讯传来，神州沸腾，全国各地纷纷连夜举行庆祝活动，把毛主席的关怀传遍祖国大地。第二天《人民日报》还专门发表社论，指出它是对全国工人阶级和广大工农兵群众的"最大鼓舞、最大关怀、最大教育、最大鞭策"。于是，杧果被披上了神圣的光环，被当作"圣果"一样供奉着。许多地方还按原物大小仿制成金灿灿、黄澄澄的"杧果"实物，供当地群众参观学习。

杧果虽然被称为"热带水果之王"，但当时商店里几乎见不到杧果的身影，许多人甚至不知道有这样一种水果。改革开放后，随着人们生活水平的提高，这种原本珍稀的热带水果也为大家所熟悉，成为人们喜爱的夏季应季水果之一。

厦大校园里种植的许多杧果树，在历次台风中得以幸存下来，说明它们具有强大的生命力。如今这些杧果树都已长成两三层楼高的大树，岁岁年年为师生们遮阴蔽日，默默奉献。

杧果

漆树科杧果属。常绿大乔木，树冠球形，常绿；多花密集，黄色或淡黄色，核果大，肾形，成熟时黄色，中果皮肉质、肥厚，鲜黄色、味甜，果核坚硬。花期11月至次年2月，果期8~9月。
校园分布广泛。

『南国果王』番木瓜

厦大五老峰麓的凌峰宿舍区，有几株亭亭玉立、姿态优美的番木瓜。幅面宽阔、颜色翠绿的木瓜叶呈手掌状深裂，簇生于树干的顶端；每片大叶子都有一支细细长长的叶柄，浑然就是一把绿色的大阳伞，伸展在蓝色的天空下。

番木瓜是南方常见的一种水果，果实是椭圆的。因外形像木瓜，又是从墨西哥南部及邻近的中美洲地区引进的，故名。番木瓜果实硕大，浅黄深绿，色彩鲜艳，一个个紧贴着树干，上层的个头小一些，下层的个头大一些，层层叠叠地堆挤在一起。

番木瓜从十七世纪就开始引入中国栽培，是一种非常适合于热带、亚热带生长的常绿软木质小乔木，全年都能开花结果。花有雌雄之分，果实也有公母之别。生木瓜或半生的番木瓜是绿色的，成熟时则变成橙黄色或黄色。果肉柔软多汁，味道特别清甜，适合直接食用。

番木瓜用途广泛。未成熟的番木瓜汁可提取番木瓜素，用以制

造化妆品，具有美容增白的功效。番木瓜素还具有很强的蛋白质分解能力，可作为肉类的软化剂，和肉类放在一起煮很快就能把肉煮烂，吃起来特别鲜嫩。饭后吃木瓜还可以帮助消化。

小时候住的大院里，种了好几株番木瓜，因此经常和小伙伴们翘首仰望，看着树上已成熟的番木瓜指指点点；或一不做二不休，推举一个手脚麻利的小伙伴，爬到树上去摘瓜。等到开始享用那橘黄色的、芳香软糯的果肉时，那口舌生津的模样，就只有用"爽"字来表达了。印象中番木瓜的果实硕大，吃起来还颇有些费劲；叶子也十分奇特，碰到下小雨，躲在其宽展的绿叶下就不至于"湿身"了。

番木瓜不仅具有食用价值，而且具有可观的药用价值。维生素 C 和胡萝卜素含量很高，前者具有抗氧化、提高人体免疫力、预防心血管疾病等作用；后者则对长时间用眼的上班族有一定的视觉保护作用，并可滋润皮肤，避免皮肤干燥。其所含的木瓜酵素也是一种对人体健康有用的酶，可帮助维持人体酸碱平衡，促进肠胃运动，加强自身抵抗力，预防各类疾病。

尤其是，番木瓜对产妇产后催奶和女性丰胸都有帮助。例如，把木瓜洗净，去皮去籽切块，加入牛奶与适量大米一起熬煮，煮熟后选择适当的甜度食用，不仅对产妇有催奶作用，也可避免女性产后堵奶引起的胸部肿痛。番木瓜经过专业加工，可提取对人体有用的各种微量元素，生产木瓜洗面奶、沐浴露、香皂、醋、果汁等产品。当然，食用番木瓜应当适量，以避免过多摄入引起肠胃不适。木瓜储藏时间也不宜过长，若木瓜长出黑点，就意味着它已开始变质，最好不要食用。

《诗经》云："投我以木瓜，报之以琼琚。匪报也，永以为好也！"（《国风·卫风·木瓜》）意思是，你将木瓜投赠我，我拿琼琚回赠你。不是为了答谢，而是为了彼此珍重，永远相好。它开启了男女定情之物的先河，千百年来脍炙人口、流传至今。但《诗经》中的木瓜与作为亚热带常绿草本果树的番木瓜不同，不可混为一谈。

《诗经》中的木瓜是地地道道的中国原产植物，而番木瓜是外来物种，明代中晚期才传入中国闽粤台一带。木瓜系蔷薇科木瓜属植物，一般春末开花，果实成熟后如拳头大小，椭圆光滑，很像青黄色的鹅蛋；而番木瓜是木瓜科番木瓜属植物，果实硕大，为长圆球形，橙黄色或者黄色。木瓜味道酸涩，口感极像木屑，果实不适合生食，人们通常将它拿来蒸食，或腌渍之后再食用，更多的是用来制药，是舒筋活络、和胃化湿、滋脾益肺的一剂良药；而番木瓜的口感酸甜，通常只要将皮削掉、将果实里面的种子去除，就可以直接食用。

木瓜和番木瓜开的花都很美，娇若海棠，俏丽多姿，或热烈的醇红、或娇娆的粉白，撩拨得人心潮荡漾。历史上许多文人墨客，均歌咏过木瓜。杨万里诗云："天下宣城花木瓜，日华沾露绣成花。"王令在《木瓜花》中写道："簇簇红葩间绿荄，阳和闲暇不须催。天教尔艳呈奇绝，不与夭桃次第开。"刘言笔下的木瓜更是让人惊艳："浥露凝氛紫艳新，千般婉娜不胜春。年年此树花开日，出尽丹阳郭里人。"

无论是木瓜还是番木瓜，都寄托着人们对爱情的向往、对女性的尊重和对产妇的帮助。愿天下的有情人，永以为好也！

番木瓜

番木瓜科番木瓜属。常绿软木质小乔木，具乳汁。叶大，聚生于茎顶端，近盾形，浆果肉质，成熟时橙黄色或黄色，长圆球形，果肉柔软多汁，味香甜。不耐寒，忌积水。

校园分布：敬贤、凌峰、白城宿舍区。

柿子霜红满树鸦

落日西风卷白沙，关山万里客思家。

芦花雁断无来信，柿子霜红满树鸦。

柿子红时，深秋已到。关山万里，芦花飞尽，连鸿雁也断了消息。曾任监察御史、大理寺卿的何梦桂在《深秋有感》一诗中，借满树霜红的柿子，表达了羁旅人家对故乡和亲人的思念。

深秋时节，万物萧瑟，唯有红彤彤的柿果像一个个红色小灯笼似的，挂满了枝头，十分艳丽而诱人。此时，柿叶虽然也已凋零，但换来满树金灿灿的果实，给人一种绚烂、成熟和饱满的视觉刺激，让你体会到丰收的喜悦，感受到田园的炊烟和家园的温暖。

柿子上市时，时令已到霜降，昼夜温差骤然增大。空气干燥，喉咙发痒，嘴角起泡，人体内难免燥热，而红澄澄的柿子恰是清火润肺的佳果。柿子一般有两种口味，一种香脆，一种甜软。常言道，柿子要捡软的捏。轻轻掰开绵软的柿子，滋溜一口，那甜得像蜜一样的果肉便进了你的嘴里，那家乡的味道、深秋的味道也留在了你的记忆里。

柿子原产于我国长江流域，柿树栽培的历史至少已超过三千年，柿子加工成柿饼也有近千年的历史。柿子通常可分为甜柿和涩柿两大类；按柿果色泽又可分为红柿、青柿、黄柿、朱柿、白柿和乌柿；而以果实形状不同，可分为圆柿、方柿、长柿、葫芦柿及牛心柿等。陕西径阳、三原盛产的鸡心黄柿、富平的尖柿，浙江杭州古荡的方柿，华北的大磨盘柿，河北一带的莲花柿以及山东菏泽的镜面柿，均为我国较著名的柿子。

柿子的营养价值很高，含有丰富的蔗糖、葡萄糖、果糖，这也是大家感到柿子很甜的原因。柿子还含有各种蛋白质、胡萝卜素、维生素、瓜氨酸及碘、钙、磷、铁等，其中所含维生素和糖分比一般水果高一到两倍。

除食用外，柿子在医药上也有广泛用途。陶弘景在《名医别录》中说："柿果性味甘涩，微寒，无毒。有清热润肺化痰止咳之功效，主治咳嗽、热渴、吐血和口疮"。李时珍在《本草纲目》中也说："柿乃脾肺血分之果也，其味甘而气甲，性涩而能收，故有健脾、涩肠、治嗽、止血之功"。柿饼可以润脾补胃，润肺止血。新鲜柿子含碘很高，能够防治地方性甲状腺肿大。

柿子虽然美味，但食用时要注意，不可空腹吃柿子，也不可与含有大量蛋白质的水产品同食，尤其是糖尿病患者不宜多食用。因为柿子中含有大量鞣酸和果胶，空腹状态下它们易在胃酸作用下变成大小不等的硬块；蛋白质在鞣酸作用下也容易形成胃柿石。

厦大校园里柿树虽然不多，零星分布在集美楼等附近。但夏日里叶大荫浓，青翠欲滴。到了秋季，柿叶开始泛红，色彩鲜艳美丽。深秋时，柿子逐渐由黄变红，当一树挂满累累柿果，那景色确实十分喜人，为这萧疏的秋天增添了缤纷的色彩，也增添了许多喜气。

因此，画家都喜欢拿柿子作画。秋天的柿子树不仅有线条感，而且有很强的视觉感。秋冬果盘里，堆上几个红彤彤的柿子，谐音"事事如意"，

让人平添现世安稳富足的满足感。

在古代文人的笔下，无论是泛黄的柿叶，还是殷红的柿果，都十分诱人。在秋日的阳光照耀下，李商隐写下"院门昼锁回廊静，秋日当阶柿叶阴"的诗句。眼看枫叶红了，柿子叶也黄了，白玉蟾感叹："桂花已是上番香，枫叶飘红柿叶黄。" 叶茵看柿叶红得如同染了色一般，不禁吟道："柿叶红如染，横陈几席间。小题秋样句，客思满江山。"北宋诗人张舜民穿行在十里清溪，看着柿子由黄转红，兴高采烈地描绘道："屈曲清溪十里长，净涵天影与秋光。此行却在樊川尾，稻熟鱼肥柿子黄。"

"黄花烂漫无人折，柿叶翻红正好书。"漫山的黄花绚丽多彩，繁华落尽，柿子便红了。在萧瑟的深秋，这一抹红火，就像暗夜里的明灯，为你燃起生活的希望。

柿子

柿科柿属。落叶大乔木，树皮深灰色至灰黑色，树冠球形或长圆球形。枝开展，叶片大而厚，果有球形、扁球形等；花期5-6月，果期9-10月。果实可作水果，或加工制成柿饼。
校园分布：集美楼旁。

梨花一枝春带雨

梨花风起正清明，游子寻春半出城。

日暮笙歌收拾去，万株杨柳属流莺。

梨花风起时正是清明时节，西子湖畔春光明媚、和风徐徐，游人如织。傍晚时分，踏青游湖的人们已散，笙歌已歇，只有万树流莺，鸣声婉转，春色依旧。诗人把春日的西湖描绘得如同人间天堂般美不胜收。

被称为"江南佳丽地"的杭州，清明时令的梨花可谓"占断天下白，压尽人间花"。梨树系蔷薇科落叶乔木或灌木，梨花颜色多为白色，或略带黄色、粉红色。梨子颜色则有黄色、绿色、黄中带绿、绿中带黄及褐色等。

梨子不仅鲜嫩多汁、酸甜适口，而且营养丰富，是人们最常见的水果之一，既可生食，也可蒸煮后食用。因上呼吸道感染使咽喉干燥痒痛、干咳时生吃梨子，有助于清心润肺、化痰止咳；教师、播音员及歌唱演员经常吃梨，也有助于保护嗓子。因此，民间经常把梨子去核后，放入冰糖，蒸煮过后食用，有很好的止咳疗效。

梨树全身都是宝，梨皮、梨花、梨叶、梨根均可入药，有降火、退热、解疮毒、酒毒的功效。梨子除了作为水果食用外，还可以加工做成梨酒、梨膏、梨糖和罐头等。尤其是梨树开花时，雪白的花朵随风摇曳，虽然没有牡丹的雍容华贵，却洁白无瑕，一尘不染，因此备受大家的喜爱，常栽培作为观赏之用。

梨原产于中国，著名的安徽砀山酥梨、新疆库尔勒香梨、山东莱阳梨和辽宁铁岭鸭梨被誉为"中国四大名梨"。这与他们生产的区域环境、土壤气候有很大的关系。如库尔勒香梨产于天山南麓的肥沃绿洲，昼夜温差大，阳光充足，种出来的香梨皮薄肉脆，汁多味美，吃起来特别爽口。

可惜厦大校园里既没有酥梨，也没有香梨和鸭梨，而只有鳄梨。鳄梨原产于热带美洲，又称牛油果、油梨、樟梨。它是一种营养价值很高的水果，含多种维生素、矿物质和丰富的脂肪、蛋白质，果肉柔软、细腻，含糖量低，老幼皆宜，是糖尿病病人难得的高脂低糖食品。鳄梨除作为生果食用外，也可作菜肴和罐头；果仁含脂肪油，有温和的香气，可供食用及医药和化妆品工业用。

古时候，每逢梨花盛开时节，人们最喜欢在花荫下欢聚，或用梨花作头饰。据《唐余录》记载："洛阳梨花时，人多携酒其下，曰：'为梨花洗妆'"。时任汝阳侯穆清叔赋诗云："共饮梨树下，梨花插满头。清香来玉树，白议泛金瓯。"那时的梨花一定是平淡祥和、不施粉黛的。

唐代诗人白居易在《杭州春望》中写道："涛声夜入伍员庙，柳色春藏苏小家。红袖织绫夸柿蒂，青旗沽酒趁梨花。"描写了市民们赶在梨花开时饮梨花春酒的动人场景。清代文学家李渔也赞美梨花说："雪为天上之雪，梨花乃人间之雪；雪之所少者香，而梨花兼擅其美。"

记得小时候去春游,最喜欢看乡村里红的桃花、白的杏花和黄的油菜花,而梨花则常常羞涩地躲在农家的庭院里。梨花虽然不事张扬,但每到春天开放时,白色的梨花一棵连着一棵,枝干交错,花朵也攒在一起,雪球一样堆叠在枝头上,梨花的清香隔老远都能闻到。娇小可爱的梨花,花朵只有一个纽扣那么大,千万朵梨花连在一起便形成了一片花海。风吹来,洒下一阵梨花雨,花香更浓了。

闻着梨花的香味,我不禁想起苏联二战时期的那首经典名曲《喀秋莎》:"正当梨花开遍了天涯,河上飘着柔曼的轻纱;喀秋莎站在那峻峭的岸上,歌声好像明媚的春光。" 这首歌描绘了春回大地时的美丽景色和喀秋莎姑娘对离开故乡去保卫边疆的情人的思念。它没有一般情歌的委婉、缠绵,而是节奏明快、简捷,旋律朴实、流畅,因而多年来被广泛传唱,深受人们的喜爱。

苏联卫国战争时期,这首温婉动听的歌曲把美好的音乐和正义的战争融合起来,把姑娘们的情爱和士兵们的英勇报国联系在一起。饱含着少女纯情的歌声,使抱着冰冷武器、卧在寒冷战壕里的战士们,在硝烟与寂寞中获得了情感的温存和慰藉。

每当我听到这首脍炙人口的爱情歌曲,眼前就浮现起春天里盛开的梨花和站在岸上的喀秋莎的动人画面,心中也充满了激情和向往:"驻守边疆年轻的战士,心中怀念遥远的姑娘;勇敢战斗保卫祖国,喀秋莎爱情永远属于他……"

鳄 梨

樟科鳄梨属。乔木,树干通直,树冠呈椭圆伞形,叶互生,花淡黄绿色,有五瓣。果大,肉质可食,通常梨形,黄绿色或红棕色,花期2~3月,果期8~9月。
校园分布:成义楼旁、国光路、白城西区等。

摘尽枇杷一树金

细雨茸茸湿楝花，南风树树熟枇杷。

徐行不记山深浅，一路莺啼送到家。

细雨蒙蒙打湿了楝花，一株株枇杷树果熟色黄。明代诗人杨基在《天平山中》一诗中为人们描绘了一幅春风化雨、果熟莺啼的乡村春景图，让人赏心悦目，迫不及待要去把那熟透了的枇杷采摘下来。

枇杷原产于中国，因叶子大而长、厚、呈长椭圆形、状如琵琶而得名，各地均有广泛栽培。福建是枇杷的主产区之一，尤其是莆田枇杷和云霄枇杷，栽培历史悠久，以果大早熟、外观鲜艳、肉多味甜而闻名遐迩。莆田常太镇号称"中国枇杷第一乡"；而云霄枇杷风味和品质俱佳，甜酸适度，深受消费者喜爱。

枇杷花期正值风雪寒冬，到春季花谢结实，初夏果实成熟，与人们常见的春华秋实的成长规律形成了鲜明反差。冬天里开的枇杷花并不起眼，一簇簇毛茸茸的，花色白中带点灰和黄，花苞接近铁锈色。相比之下，枇杷叶似乎更招人待见，不仅叶色深、叶片厚，而且经霜后更显精神。枇杷晚翠，四季不凋，成为其品格象征。

五月枇杷黄。过了立夏，枇杷树的果实逐渐染黄，一颗颗枇杷黄灿灿的，珠圆玉润，色泽靓丽，像黄金果一般可爱，因此别称"黄金丸"。这是枇杷最光彩夺目的时候，也是孩童们在枇杷树下翘首以待，专等爬梯采摘或捡拾分享的时候。有些缺少耐心的大男孩，甚至直接拿竹竿钩枇杷，钩下多少算多少，塞进嘴里美滋滋的。

螳螂捕蝉，黄雀在后。周边的乌鸦、麻雀自然也不甘寂寞，"呼"地就落到枇杷树上，不仅东咬西啄，而且还专挑大的吃，吃相颇为难看。难怪陆放翁要说："枝头不怕风摇落，地上惟忧鸟啄残。清晓呼僮乘露摘，任教半熟杂甘酸。"

枇杷成熟、采摘的季节，正值初夏水果淡季，自然很受消费者欢迎。莆田枇杷、云霄枇杷等早熟优良品种，自然能卖出好价钱。这两种枇杷既容易剥皮，酸甜又适度，轻轻用舌头咬上一口，那酸甜的汁液顿时溢满口腔，酸甜可口，食之难忘。

"江南五月碧苍苍，蚕老枇杷黄。"古往今来，许多文人着墨成诗，歌咏枇杷，使枇杷的满树灿黄跃然纸上。杜甫称"杨柳枝枝弱，枇杷对对香"，白居易赞"淮山侧畔楚江明，五月枇杷正满林"，周必大则在《枇杷》中感叹："琉璃叶底黄金簇，纤手拈来嗅清馥。可人风味少人知，把尽春风夏作熟。"戴敏的观察和描写更为细致入微，在《初夏游张园》中他写道："乳鸭池塘水浅深，熟梅天气半阴晴。东园载酒西园醉，摘尽枇杷一树金。"在诗人笔下，园子里的枇杷果实累累，垂挂在树上，正好可以摘下来供大家酒后品尝。

睹物思人，唐代诗人王建在《寄蜀中薛涛校书》中，表达了对这位才女的关切和钦慕："万里桥边女校书，枇杷花里闭门居。扫眉才子于今少，管领春风总不如。"虽然闭门深居，但枇杷花环绕着她的住宅，难怪她才情兼具。

值得欣慰的是，厦大海滨东区也有许多株枇杷树环绕其间，在一片浓绿中点缀着几许金黄。每到枇杷成熟的季节，或青翠或橙黄的枇杷，你

挤着我，我挨着你，簇拥在枝头上，好不热闹。可惜我没口福，这些枇杷尚未完全成熟，大多已被承包者"一网打尽"了。

每年枇杷上市时，自然少不了从市场买几回新鲜枇杷，既是尝新，也是了却自幼对枇杷的钟爱。记得那时，宿舍院子里种着好多株枇杷。枇杷成熟时，邻居阿姨就走东家、串西家地分给大家一起品尝，那种邻里友爱的温馨场景至今仍留在记忆里。

枇杷作为福建"六大水果"之一，广受海内外消费者青睐。除鲜食外，还可制成罐头、蜜饯、果膏、果酒及饮料等，具有润肺、止咳、健胃、清热的功效。枇杷叶晒干后可供药用，有化痰止咳、和胃降气之疗效。自己小时候每次喉咙发炎，母亲总要将鲜枇杷洗净去皮，加点冰糖，熬冰糖枇杷水让我喝，对扁桃体发炎引起的咽喉红肿疼痛果然十分有效。

枇杷与樱桃、梅子并称为"初夏三友"。有一首关于枇杷的打油诗颇为有趣，主人对客人送枇杷后留下的附函"送上琵琶两筐云云"，用诗给予回复："枇杷不是这琵琶，只为当年识字差。若使琵琶能结果，满城箫管尽开花。"诗写得十分俏皮，让人们从轻松的揶揄和讥讽中得到教益。中国的文字那么丰富，写错个把字并不为奇，而关键就在于认真二字。

梅子成熟了，天气半晴半阴。在这宜人的季节，邀约一些朋友载酒宴游，品尝刚从树上采摘的鲜枇杷,浓郁的香气伴着书香往四周扩散，那是一件多么令人赏心的乐事啊！

枇杷

蔷薇科枇杷属。常绿小乔木，花瓣白色，梨果，黄色或橘黄色，花期10~12月，果期翌年5~6月。树形美观，叶大荫浓，常绿而有光泽。冬日白花盛开，初夏果实金黄。
校园分布：笃行区、国光区、华侨之家旁。

风味独特番石榴

在闽南，番石榴是常见的果树。路边道旁，屋前屋后，经常都可以看到树身光滑、枝干虬曲的番石榴树。厦大校园里也种过不少番石榴，给"厦大的孩子们"带来了许多童年的乐趣。

番石榴原产美洲热带地区，约十七世纪末传入中国，是一种适应性很强的热带果树，在福建、台湾、海南、广东、广西、云南等地均有栽培。它和番木瓜、番茄、洋葱等果蔬一样，一听就知道是从海外引进的。其外皮光滑且有小疙瘩，与石榴表皮及果实形状十分相似，因此称之为"番石榴"，野生番石榴因气味十分特别，别名"鸡屎果"，似乎可与榴梿相媲美。

番石榴有白心、红心之分，口感略有差异。白心番石榴爽脆，果肉乳白色，硬度较高，但甜度不高，略微有点发酸，咬起来像富士苹果；红心番石榴绵软，果肉粉红色，果汁较多，果香浓郁，吃起来口感较好，像西瓜瓤一样清爽

番石榴的营养价值很高，其维生素C含量比柑橘高八倍，比

香蕉、木瓜、番茄（西红柿）、西瓜、凤梨等高数十倍，并含有大量的膳食纤维，可减少油脂、促进消化道代谢。果实不但可鲜食，还可加工为果汁、果酱、果脯，树叶可泡茶，有清热解毒之功效。

小时候，我和小伙伴们经常爬到宿舍院子里的几株番石榴树上玩，还曾把枝条锯下来做弹弓。果实成熟时，也经常将那些手雷似的番石榴收入腹中。有时吃多了，少不了闹肚子，回到家被大人训斥一通。

上初中时，放暑假回福州老家，表哥便拉上我一起去看护番石榴。连续多个晚上，我和他一起住到简易窝棚里，半夜里拿着手电筒到果园巡视。我们踩着松软的泥土，穿行在飘着独特香味的果园里，心里一点也不觉得害怕。有时和松表哥钻出窝棚数星星，边讲故事边乘凉，在番石榴的香气中进入了香甜的梦乡。

那时候物质匮乏，北方运来的苹果都很贵，家门口的番石榴便成了平常吃的美味水果。番石榴成熟后十分绵软，果肉又比较香甜，颇受大家欢迎。两岸开放探亲后，经济文化交流日益密切，芭乐、火龙果等许多台湾水果被引进到大陆，而台湾的芭乐就是大陆的番石榴，只是经过品种改良，芭乐的果实更大，籽更少，果肉更柔软，味道也更好。

番石榴是实诚的，这不也是做人应有的品性吗？每当看到番石榴，我总会忆起少年时代的往事，对人生也多了一份感悟。

番石榴

桃金娘科番石榴属。乔木，树皮平滑，浆果球形、卵圆形或梨形，果肉白色及黄色；花期5~7月，果期7~8月。一年多次开花、结果，挂果期长；果肉细嫩、清脆香甜。

校园分布：国光路托儿所旁，南光五旁，大南路旁。

百香奇果西番莲

闽南有奇果，名实皆百香。

未启甜自溢，壳破甘汁淌。

入口酸先抑，倏尔贻味扬。

琼浆引人醉，余绕唇齿芳。

诗中所写的百香果，又名西番莲，因其果汁营养丰富，气味特别芳香，可散发出香蕉、菠萝、柠檬、草莓、番桃、石榴等多种水果复合的浓郁香味，因此被称为"百香果"，并有"果汁之王"的美誉。

百香果之所以又称为"西番莲"，是因为它原产于巴西，花大而奇特，与莲花颇为相像，人们既可观花，又可赏果。主要生长于巴西亚马逊河一带的热带雨林，别名"巴西果"西班牙探险家和传教士认为它就是《圣经》中提到的人类始祖亚当和夏娃吃过的"神秘果"，于是又把它称为"热情果"，即"热情、激情和爱情之果"。

热情也就罢了，亚当和夏娃吃过禁果，人类总算得以产生了。

可西方文化容易走极端，激情过后就要"受难"。相传十六世纪初期，西班牙传教士就发现了西番莲，认为这种花的构造特别像"耶稣受难图"：呈放射状的副花冠象征耶稣的荆棘，十枚花代表耶稣的十位门徒，三裂的柱头和五个花药象征耶稣的三根钉子和五道伤痕。于是，西番莲便被认为是耶稣受难的象征，而被称为"受难果"。西番莲被赋予宗教意义后，迅速流行于整个欧洲大陆，并随着欧洲殖民者的足迹，扬名于世界。

这种带有异域色彩和热带风情的植物，于明末清初传入我国。因花朵艳丽、花期又长，加之藤蔓细长柔软，善于缠绕攀爬，绿荫四布，被视为"天然锦屏"，成为中式院落篱笆、园林棚架的理想装饰，深受国人喜爱。清人屈大均的《广东新语》记载：此花"蔓细如丝，朱色，缭绕篱间"，"瓣为莲而蕊为菊……故又名西洋菊"。花朵随谢随开，经月不绝。"其种来自西洋，广人多杂以玉绣球、蔷薇、凌霄等花，环植庭除，开时诸色相间，谓之天然锦屏。"

西番莲还有其他几个别称，也颇有韵味：由于其整体如莲，花冠外围花丝密集，花药（雄蕊花柱顶端呈囊状的部分）又能转动，故又名"转心莲"（转枝莲）；因其圆形花盘中的雄蕊、雌蕊上下交叠，酷似钟表上转动的时针分针，可供玩赏，又被称为"时钟花"（时计草）；因其果实呈椭圆形状，与鸡蛋颇为相像，于是又被称为"鸡蛋果"。只是由海外引进的"鸡蛋花"闻名遐迩，"鸡蛋果"则鲜为人知。

西番莲虽然在明清之际就已引入中国，并具有生长快、开花期长、开花量大等特点。但由于它对气候的适应性要求高，喜温暖、高温和湿润的气候，不耐寒，加之品种等方面原因，后来便逐渐湮没无闻。

二十世纪八十年代，随着经济的发展和人们生活水平的提高，百香果逐渐为人们所重视，1987年被列为我国南亚热带地区重要开发作物。经过十余年的培育、改良，到二十一世纪初开始在南方各地广泛栽种，成为在我国极具发展潜力的一种水果。品种主要有黄果、紫果、绿果及黄果与紫果杂交种四大类，尤以黄果种的果实大，产量高，品质优，适应性也较强，种植较为广泛。

百香果成熟后气味芬芳，切开香气四溢、沁人肺腑。其果实内有大量果瓤和果汁，食之甜酸可口，止渴生津，提神醒脑。特别适合加工成果汁，或与其他水果（如杧果、菠萝、番石榴、柑橙和苹果等）加工配制成混合果汁，可以显著地提高这些果汁的口感与香味；也可以加工成果露、果酱、果冻等风味独特、营养丰富、滋补健身、有助消化的产品，或作为雪糕和其他食品的添加剂，以增进香味，改进品质。百香果除作为水果食用外，种子可供榨油、制皂、制油漆；根、茎、叶均可入药，有消炎止痛、活血强身、降脂、降压的疗效；果皮还是很好的饲料。

正是由于百香果的独特风味和广泛用途，尤其是对降血脂、降血压、防治动脉硬化和细胞老化、癌变等具有一定功效，因此成为很有发展前途的水果，西番莲饮料也成为国内外畅销的高级保健饮料，深受人们的喜爱。

校园里百香果虽然种得不多，但长得十分旺盛。一蓬蓬藤蔓攀缘在长方形棚架上，浓密的叶片翠色如春；形如鸡蛋的椭圆果子，深红、浅紫、淡绿。当果实熟透后，变成深紫，切开便能闻到一股浓烈的香味。

我期盼着家里种植的百香果早日成熟，期盼着和大家一起分享甜美果实和收获的快乐……

西番莲

又名百香果，西番莲科西番莲属。草质藤本植物，枝蔓细长；花大而奇特，淡绿色，花瓣五枚；果实成熟后橙黄色或黄色，气味芬芳，切开香气四溢、沁人肺腑，食之酸甜可口，生津止渴，提神醒脑。
校园分布：苗圃。

雨痕新染蒲桃绿

冷官门户日萧条，亲旧音书半寂寥。

惟有太原张县令，年年专遣送蒲桃。

宋代大文学家苏轼在《谢张太原送蒲桃》一诗中，描写了自己被外放山西凤翔任职时，时任太原县令年年给他送来蒲桃，让他在逆境中感到一丝慰藉的情景。

蒲桃是一种热带、亚热带水果，产于印度、马来群岛及我国海南岛，在我国南方分布较广。根系发达、生长迅速；周年常绿，树姿优美，枝叶婆娑，绿荫效果好；开花时绿叶白花，素洁淡雅，花形美丽；加之花期长，开花量大，花香浓郁，花粉和花蜜较多，因此成为优良的观赏植物和蜜源植物。

清代《岭南杂记》载，蒲桃"大如桃，高丈余，花开一簇如针，蕊长寸许，五月熟，色青黄，中虚有核如弹丸，摇之有声，肉松而甘"，形象地描述了蒲桃的基本特征。蒲桃的挂果期长，果实累累。成熟的蒲桃呈橄榄状或圆球状，有些像米黄色的小鸭梨，尾部像一朵花萼，果实可食用率高达80%以上。果味酸甜多汁，具有特殊的玫瑰香气，颇受消费者欢迎。果实除鲜食外，可制成果膏、蜜饯或果酱。果汁经过发酵后，可酿制高级饮料。

蒲桃具有很高的药用价值，因此又被称为"药葡萄"。其花、果、种子和根、叶、树皮均可入药，不仅可以生津液，强筋骨，止咳除烦，补益气血，还可以治疗糖尿病、肾病痢疾和其他疾病。花还可用以窨制花茶。此外，蒲桃树的木材也是上等的家具用材。

蒲桃通常生长于河边或河谷湿地，喜湿喜热，年均温度在20℃以上就可开花、结果，一般盛花期三四月，夏、秋季也有零星的花朵开放。果实于五六月成熟，大颗蒲桃的直径可达五六厘米大小，轻轻剥开，里面呈中空状态，含有深棕色的种子，轻轻扳开一瓣放进嘴里，那种独特的清香让你欲罢不能，故蒲桃又名"香果"。未剥开的蒲桃拿在手里，轻轻一摇，里面种子和果壁碰撞时可以发出声响，因此又有"响鼓"或"响果"之别称。

在物资匮乏的年代，蒲桃虽然口感偏脆，入口水分较少，但因为有股淡淡的玫瑰香味道，小孩子们仍喜欢把它拿来当零食吃，嚼起来甜甜脆脆的。如今，随着生活条件的改善和水果品种的增多，蒲桃作为水果渐渐淡出了人们的视野。

厦大校园里的蒲桃树，因其树冠丰满浓郁，花繁叶茂，花叶果均可观赏，因此也被作为行道树和庭荫树。每到蒲桃成熟的季节，碧绿的枝叶间挂满米黄色的果子，随风飘来的那种草木的味道和玫瑰的芳香，依然沁人心脾。

古时，蒲桃也是葡萄的一种别称。刘禹锡在《和令狐相公谢太原李侍中寄蒲桃》中写道："珍果出西域，移根到北方。昔年随汉使，今日寄梁王。……染指铅粉腻，满喉甘露香。酝成十日酒，味敌五云浆。"诗中所写的"蒲桃"就是从西域引进的葡萄，酿成的"十日酒"自然是名声远扬的葡萄酒。

据《汉书》记载，葡萄是"张骞使西域还，始得此种"，它是地道的舶来品，所以译名有多种，如蒲萄、蒲桃等。山西地区一直是葡萄栽种的重要产区，刘禹锡有诗云："自言我晋人，种此如种玉，酿之成美酒，令人饮不足"，印证了太原地区种植葡萄历史之悠久与驰名。依此类推，苏轼在《谢张太原送蒲桃》一诗中所说的"蒲桃"，十之八九也是葡萄。

南方的蒲桃和北方的葡萄不同，蒲桃是圆圆的果实、圆圆的桃核，淡黄色的肉质散发出阵阵香气。它不是长在藤上，而是长在高大的乔木上。一般每株树可收获数百斤至一千多斤，可谓"高产水果"。蒲桃是从东南亚引进的，而葡萄是从西域引进的，不可混同。

蒲桃和被称为"洋蒲桃""爪哇蒲桃"的莲雾也不相同。两者虽为同科同属植物，外形也较接近，但蒲桃是大乔木，可高达10米，莲雾是小乔木，高约3米；蒲桃花黄白色，呈阔卵形；莲雾花洁白色，花朵较大；蒲桃果实球形，呈黄色，莲雾果实梨形、圆锥形，呈鲜红色。yinci不可混为一谈。

有道是："葡桃产自东南亚，玫瑰香气落枝丫。此葡桃非洋蒲桃，满树繁花窨花茶。"

蒲 桃

别称香果、铃铛果，桃金娘科蒲桃属。常绿乔木，主干较短，广分枝；叶片披针形或长圆形，聚伞花序顶生，花瓣分离；果实球形，果皮肉质，成熟时黄色；花期3~4月，果期5~6月。
校园分布：法学院、芙蓉三后。

柠檬微酸醉红尘

"月儿像柠檬，淡淡的挂天空；我俩摇摇荡荡，散步在月色中。今夜的花儿也飘落纷纷，陪伴着柠檬月色迷迷蒙蒙……"这首抒情感人的歌曲，出自日本歌曲《レモン月夜の散歩道》，由慎芝作词、市川昭介作曲。经邓丽君演唱后，唱红了整个亚洲，月儿和柠檬也一起留在了青年男女的心中，成为他们柔情蜜意的见证和难以忘怀的记忆。

柠檬原产于东南亚，二十世纪二十年代初从国外引进，经过近百年的培植、驯化，已在南方许多省市广泛栽种。尤以四川安岳的柠檬最负盛名，那里的柠檬不仅个大，而且肉厚、汁多。由于柠檬有四季开花结果的习性，因此一年四季市面上都可以见到柠檬鲜果。

柠檬树虽然全年都可开花，但花期主要集中在春、夏两季，即四月至七月间，整体花期较长，十月到十二月间陆续成熟。果实呈长圆形或卵圆形，表皮淡黄色，表面粗糙，肉质极酸，皮厚且具有浓郁的芳香。

厦大校园里多处栽有柠檬树，叶色淡绿，嫩叶及花带紫红色。每年春天，几缕春风吹过，柠檬花就开了！它清纯而优雅，有的含苞待放，有的还是花骨朵儿，有的已开成一大朵，纯白色的花苞就像是白玉雕成的。花苞外侧，还带着点淡紫红色。细长的花瓣光滑柔嫩，淡黄色的花蕊上面满是花粉，轻轻一触碰，花粉就散落下来。既惹人喜爱，也让人怜惜。

望着那满树柠檬花散发的浓郁清香，我赶紧闭上眼睛，嗅一口芬芳，尽情地享受它那浓浓的香味，人的心情也随之舒畅起来。我贪婪地沉醉在这勾人魂魄的香气中……到果实成熟时，我也摘了几颗拿回家。一杯开水、几片柠檬，便有了一杯柠檬水，清香随之扑面而来。入口后的柠檬水，三分清甜，四分酸涩，让人回味无穷。

柠檬是一种味道特别酸的高营养水果，含有大量的维生素C，不仅能满足人体的正常代谢需要，增强人体免疫力，而且能化痰止咳、生津健胃、淡斑美白，用于支气管炎、百日咳、食欲不振、中暑烦渴等症状有一定疗效。因味道极酸，孕妇最喜食，故别称"益母果"。柠檬中含有丰富的柠檬酸，可作为上等调味料，用来调制饮料菜肴、化妆品和药品。

日常生活中，人们喜欢把柠檬切片后泡水喝。因柠檬果皮富含芳香挥发成分，可以生津解暑，开胃醒脾。夏季暑湿较重，容易疲劳乏力，长时间工作或学习之后往往胃口不佳，喝一杯柠檬泡水，清新酸爽的味道让人精神一振，胃口大增。

柠檬花也常被用来泡水喝。因为柠檬花带有新鲜、强劲、略带橘味的清香，这种香味有扩散性和穿透力，有助于提神醒脑，集中精力。柠檬花水还具有美白、抗氧化、促进细胞代谢、增强机体免疫力、清热解毒等作用。早晨空腹喝一杯柠檬花水有助于促进肠胃蠕动，帮助排毒。柠檬花茶是我国特种花茶之一，由柠檬鲜花与烘青绿茶坯窨制而成，香气清新、滋味鲜醇、茶汤清澈。

新鲜的柠檬花不易储存，且柠檬花中的挥发性成分受光和热的影响极易挥发，通常要对柠檬花进行干燥保存。柠檬也不能和海味、牛奶、胡萝卜一起吃，柠檬中果酸含量较多，而海虾、蟹、海参、海蜇等海产品含有丰富的蛋白质和钙，一起食用就会使柠檬中的果酸将海产中的蛋白质凝固，或与钙结合生成不容易消化的物质。

夏日的午后阳光和煦，柠檬在杯中散发着清香。那种淡淡的香四处飘散，甜中带着酸，给人一种微妙的感觉。生活如柠檬，有甜有酸有涩有清；酸酸甜甜的柠檬，写的是酸甜人生；酸酸甜甜的柠檬香，让我回味悠长。

柠檬树寓意着青涩、纯真的爱情，因为它的果实口感酸甜，就像爱情一样有酸有甜。月色朦胧中，飘来了邓丽君演唱的《月儿像柠檬》的动人歌声："月儿像柠檬，黄黄的挂天空；我俩摇摇荡荡，散步在月色中……"

柠檬

又称洋柠檬、益母果，芸香科柑橘属。小乔木，枝少刺或近于无刺，嫩叶及花芽暗紫红色，果椭圆形或卵形，果皮厚，粗糙，柠檬黄色，果汁酸，种子小。花期4~5月，果期9~11月。
校园分布：生物馆、白城。

占尽风情是椰枣

你在人群中如此耀眼，善良贞洁惹人爱怜；

如河边的椰枣树亭亭玉立，结出的果实又香又甜。

这是一首著名的阿拉伯古诗。在阿拉伯人眼里，椰枣树代表着吉祥，因此对椰枣树不吝赞美之词，甚至把它喻为自己心仪的女子。

椰枣原产西亚和北非，是干热地区重要的果树作物之一，也是世界上最古老的树种之一。因树叶像椰树叶、果实状似枣而得名。椰枣树枝干挺拔，表面长满褐色的菱形、三角形，呈螺旋式排列，像一片片鱼鳞。依附在"鱼鳞"上的青苔好像给大树戴上了一串翡翠项链。向外舒展的羽状树叶，像孔雀开屏；狭长的叶片如铁树般坚硬。穗状花从叶腋上长出来，每个花穗都有上千朵花蕊，白色花蕊播粉流香。生长在顶部的果实像一颗颗珍珠般的小黄豆，金灿灿的，那景象十分壮观，让人过目难忘。

椰枣树从开花到结果通常需六七个月。初生的椰枣呈青色，长大后变为黄色，成熟时则呈红褐色。每株椰枣树每年可产椰枣六七十公斤。伊拉克作为世界上种植椰枣树最多的国家，椰枣年产量与出口量均居世界第一，因此椰枣又称为"伊拉克蜜枣"。

椰枣是中东地区重要的农副特产，其果肉香甜，营养丰富，既可作粮食与果品，又是制糖和酿酒的重要原料。椰枣不仅含有糖、蛋白质、维生素、矿物质等多种人体必需的元素，而且脂肪与胆固醇含量极低，富含磷和钾，可促进人体骨骼和牙齿生长，并为大脑神经细胞提供营养。其含糖量虽然很高，但大部分为单纯的果糖，非常易于消化，可成为糖尿病人的代糖。

阿拉伯有句谚语，"每天吃椰枣，毒邪不上身"。到阿拉伯人家里做客，椰枣肯定是必备的果品。一年一度的麦加朝圣，许多阿拉伯人就是带着一袋椰枣、一个皮囊，徒步去圣城朝圣的。每年斋月晚上的开斋饭，椰枣更是餐桌上不可或缺的食物。

椰枣树一年四季郁郁葱葱，果实成熟时，树上挂满红红黄黄的椰枣，成为城市一大景观。椰枣树全身都是宝。果实可以食用，还可以制成各种糖果，高级糖浆、饼干和菜肴，以及制醋和酒精。枝条可以制作椅子、睡床以及用于包装、运输的箩筐，树叶可以用来编席子、捆扫帚、制托盘等，

还可以作燃料，在寒冷冬季用来烧火取暖；树干可作为建筑材料，用于建造农舍、棚屋、桥梁，在炎炎夏日为人们带来阴凉。

厦大校园里种植着许多椰枣树，有伊拉克蜜枣、加纳利海枣、中东海枣等，无一不是树姿挺拔，枝叶茂盛，就像一个个穿着盔甲的战士，守卫着一方校园的平安；又像一把把撑开的巨伞，为南来北往的师生们遮风挡雨，带来绿荫和清新的空气。

那拔地而起的椰枣树，从不苟求人们给它带来什么，却年复一年、竭尽全力结下累累果实奉献给人们。它为师生们带来了甜蜜，却给自己留下其貌不扬的表皮；它一年年长高，表皮也一层层开裂、剥离、脱落，直到被新的表皮、枝叶更新、代替；它无私无畏、一无所求，只知结果、只知奉献，给人以一种生命的勇气、生命的力量！

《牧羊人的奇幻之旅》中有这样一句话："也许上帝创造沙漠的目的，就在于使人能够面对美丽的椰枣树而微笑。"它告诉人们，人生在世，谁都会遇到困难；关键是如何去面对困难，战胜困难，生长在沙漠中的椰枣便是我们的榜样。

椰　枣

又名海枣、伊拉克蜜枣，棕榈科刺葵属。常绿大乔木，树形美观。羽状复叶丛生茎端，密集圆锥花序；浆果长圆形，形似枣，成熟时深橙黄色，果肉肥厚，味甘美，可鲜食或作蜜饯。花期3~4月，果期9~10月。校园分布：人类博物馆旁，嘉庚五后。

阳桃树下自悠然

"忆醉三山芳树下，几曾风韵忘怀。黄金颜色五花开，味如卢橘熟，贵似荔枝来。"辛弃疾在《临江仙·和叶仲洽赋羊桃》一词中，对风味独特的阳桃赞不绝口，是一首脍炙人口的咏物词。

阳桃是一种产于热带亚热带的水果，原产于马来西亚、印尼和斯里兰卡，后来广泛种植于世界各地。具有很高的营养价值。外形美观，颜色翠绿、鹅黄，果肉脆滑鲜嫩、酸甜可口。味道像是葡萄、杧果和柠檬的集合体，风味十分独特，颇受消费者青睐。

初春时节，沉睡了一个寒冬的阳桃树，开始掉落冬天的黑赭色，长出黄白色小嫩叶。几场春雨过后，小嫩叶从黄白色变成淡绿色，然后，从淡绿色变成绿油油的大叶子。

进入盛夏，阳桃树披上了华丽的绿装，在灿烂的阳光下，树枝上长满了蓝白色小花蕾，羞答答地绽放出诱人的芳香。成群的蜜蜂兴高采烈地围着小花蕾采集花粉，蜜蜂采集的花粉越多，这一年结出的阳桃就越多、越甜。

夏天雨水多，在雨水润泽下，阳桃的枝条长得又长又柔韧，结出的阳桃光滑丰满，一个个像鹅蛋似的吊挂在树枝上。孩子们放学归来，一放下书包，就跑到园子里，像猴子一样爬上树去采摘阳桃。然后一边吃着阳桃，一边哼着儿歌。这些又大又甜的阳桃，让孩子们吃得乐而忘返。

秋天来了，树上的阳桃都掉光了。树叶上出现淡黄色的斑点，斑点越来越多，最后扩展到所有叶子。随着阵阵西北风，树叶逐渐枯萎凋谢，一片片飘落到地上。阳桃树只剩下光秃秃的树身，在深秋的风雨中挺立。

阳桃是一种造型独特的水果，成熟以后外表多为浅黄或者绿色，把它横切成片状时，就像是漂亮的五角星。其味道微酸，略带甜味，口感脆嫩，吃起来滋味特别好。吃阳桃时粘上少许盐和辣椒，吃起来别有一番风味，且越吃越上瘾。三亚人常用酸阳桃和鲜鱼同煮，使鱼汤甜中带酸，又可以去除腥味。

小时候，常到泉州西街甲第巷附近的忠表哥家玩，他家庭院里就栽着几株高大的阳桃树。每到夏天，绿油油的叶子就包围了枝丫，远远看去像似一把绿色的巨伞。淡紫色的阳桃花一朵朵簇拥着，花朵虽小，却挂满了枝头，清淡的花香吸引着蜜蜂，在四周嗡嗡地叫着，像是在唱一首优美的夏日之歌。自然，忠表哥每回也不忘摘几个阳桃让我尝鲜，一口咬下去，清脆的果肉酸酸甜甜的，让人欲罢不能。

甲第巷在盛唐时期曾出过一位与著名文学家韩愈同榜的进士欧阳詹，开了闽中甲第之先河。宋代理学宗师朱熹盛赞欧阳詹："事业经邦，闽海贤才开气运；文章华国，温陵甲第破天荒。"自欧阳詹之后，泉州古城呈现出了"家诗书而户弦诵"的景象。

二十世纪七十年代末，借改革开放之春风，我和忠表哥先后来到厦大读书。然而，校园里却难觅阳桃树的芳容。每当我们在一起回忆起儿时的往事，眼前飘荡着的，依然是甲第巷里阳桃树那枝繁叶茂、果实累累的身影。

阳 桃

别名杨桃、洋桃，酢浆草科阳桃属。乔木，树皮暗灰色，花小，微香；浆果肉质，下垂，有五棱，淡绿色或蜡黄色。花期4~12月，果期7~12月。树形优美，叶色翠绿，果实多汁。
校园分布：芙蓉三后草地。

消食健胃是黄皮

俗话说："饥食荔枝，饱食黄皮"。因为黄皮果有生津止渴、消食健胃的作用，因此在民间很受欢迎，是著名的"岭南佳果"，素有"果中之宝"的称誉。

黄皮产于中国南方，距今已有一千五百多年的历史。《广东通志》记载："食荔枝太多，以黄皮解之。"清代广东学政李调元的《南越笔记》，对黄皮的形状、习性和功用做了更加详尽的描述："黄皮果，状如金弹，六月熟，其浆酸甘似葡萄，可消食，顺气解暑热，与荔枝同进。荔枝厌饫，以黄皮解之。"

黄皮果色泽金黄、光洁耀目，有些品种甜酸适口、汁液丰富而具香味，是色、香、味俱佳的水果，可与荔枝并称。除消食健胃的作用外，黄皮的叶、皮、根、核都是入药良材，有利尿消肿、行气止痛等功效。民间喜欢用"水煎黄皮叶"来防治感冒，或用黄皮树根来治气痛。

黄皮在我国多个地方均有种植，根据性味，可分为甜、酸、苦三类。甜黄皮是大部分人都比较喜欢的，但有的酸多于甜，有的甜多于酸。如白糖黄皮以清甜为重，鸡心黄皮则甜中带酸；广东云浮的无核黄皮，果大肉厚，味美甘甜，似乎更胜一筹。而酸黄皮因为酸味较重，多用来加工成果汁、果酱等；苦黄皮则多用于食疗。黄皮果比较娇气，每年七八月上市，皮薄汁多，酸甜生津，必须特别注意保藏。

初识黄皮果，是小时候回福州，在母亲娘家六凤洲遇到的。时值盛夏，松表哥不知从哪里弄来了一筐刚采摘下来的黄澄澄的果子。乍一看，和龙眼似乎没有什么差别，可吃起来味道却不一样。看着枝条上如同小枣一般大小的果子，我不禁有些狐疑。松表哥让我猜猜看是什么水果，我怎么也没猜出来。后来他告诉我"这是黄皮果"，我剥开果皮，将果肉连核一起挤进嘴里，只觉得酸酸甜甜的，既开胃又止渴。

后来他带我到村子里走家串户去辨认黄皮树。在许多农户的房前屋后或院墙边，果然都种着黄皮树，只是和龙眼树混杂在一起，一般人根本分不出来。松表哥告诉我，黄皮树很容易生长，果核掉到泥土里，沐浴着阳光雨露，很快就能萌发出新芽，一年年长大。几年后就都能结出丰硕的果实，是福州土特产之一。看着一串串金黄的果实压沉了枝丫，想着刚吃下的酸酸甜甜的黄皮果，把皮咬开时溢出的汁液，嘬一口含在嘴里再吸进喉咙的感觉，对松表哥说的话自然十分认同。

如果把黄皮、波罗蜜和杧果摆放在一起，便是三种截然不同的形象：波罗蜜憨厚粗犷，杧果土里土气，黄皮则是小家碧玉。颜值最好的当数黄皮，可惜如此佳品，古人却很少为之吟咏。明代诗人董传策有《啖黄皮果》一诗："碧树历历金弹垂，膏凝甘露嚼来奇。木奴秋色珍如许，那似香飘潴暑枝。"把黄皮味甘香重的特点描写得淋漓尽致，且将黄皮同柑橘类比，令

人颇感欣慰。

　　黄皮树的果实越多，表示这一年的雨水很充足。它的花为白色小花，果为黄褐色小果，黄澄澄、圆溜溜的，非常饱满。果肉与皮相连，每个果子里都有几个核。食用之时，必须连皮带核放入口中慢嚼，才能使黄皮生津止渴、顺气镇咳的功效和作用发挥到最大。苦味偏重的黄皮，效果尤其明显。

　　黄皮的采摘方法也很特别，即不能单摘，而要一串串地连枝折下来，这样来年的果子就会长得更多、更密、更好，反之则零零散散、大小不一。但果子只要离开树枝放上一夜，颗粒就没有那么饱满，味道就少了一份原始的清甜。特别是被雨水打过，果实会皮开肉绽，开始变酸。

　　厦大校园里的龙眼树很多，我没想到，校园里竟然也有黄皮树，并能结出如此丰硕的果实，真让我对它刮目相看了。黄皮熟了，端午吃粽子的时候也到了。吃完粽子，喝一碗加盐冲泡的黄皮汤，可以驱除热气、帮助消化。

　　感谢大自然的馈赠，让消食健胃的黄皮果为百姓带来"福音"，带来对健康生活的"希望"。

黄 皮

　　又称黄枇，芸香科黄皮属。小乔木。小叶卵形或卵状椭圆形，两侧不对称，圆锥花序顶生；花蕾圆球形，花瓣长圆形，花丝线状，果淡黄至暗黄色，果肉乳白色。4~5月开花，7~8月结果。
　　校园分布：生物馆旁。

清心润肺人心果

俗话说，"人心都是肉长的"。意思是人要懂得将心比心，推己及人，做到"己所不欲，勿施于人"。没想到，在自然界中，也有一种植物，以"人心"为名，让人时时记住"人心"，时时体察人心，时时深入人心，这就是"人心果"。

人心果是山榄科的一种热带水果，因为果实形状长得很像人的心脏，所以被称为人心果。又因其果形像柿子，别称"吴凤柿"。原产美洲热带地区，后引入海南种植，在广东、广西、福建、云南（西双版纳）等地均有栽培。

人心果树姿婆娑可爱，满树果实累累，既可观赏又可食用。通常在夏季成熟上市，果皮呈浅咖啡色，表面较为粗糙。未成熟的果含有很多单宁，味涩，摘下后需存放几天，将果肉催熟再吃。果肉黄褐色，甜度高，口感绵密，味极鲜美，芳香爽口。吃起来口感既像柿子又像释迦、猕猴桃。食用时要先剥皮，并把里面的囊去掉。

人心果营养价值很高，富含蛋白质、脂肪、糖、多种氨基酸和多种维生素以及磷、钙、铁等多种微量元素和矿物质。其葡萄糖含量特别高，而且易吸收；硒和钙的含量更是高居水果之首，被称为"富硒水果"。由于硒能激活人体细胞，增强活力，具有防癌、抑制心血管疾病的作用，钙能维持人体血钙平衡，防止由于缺钙而引起的骨质疏松、骨质增生、老年痴呆、动脉硬化等病症。，因此在市场上十分抢手。其树干还有一种白色胶汁，

是制造口香糖的上等原料。种仁含油率达 20%；树皮含植物碱，可治热症。人心果还可制成果浆，晒成果干或酿成果子酒。

在日常生活中，很多人喜欢吃人心果。因为食用之后，可以减少低糖症状的出现，起到及时补充人体所需能量的作用。人心果对因肺燥出现的多种疾病，也有一定的调理和保健作用，可用于肺炎和咳嗽的辅助性治疗。

人心果好吃树难栽。人心果树一般需种植八年至十年才开始结果，如果施肥和培育不当，时间可能还得更久。未成熟的果含有很多单宁，味涩，摘下后需存放几天，将果肉催熟再吃。人心果成熟后既可直接生吃，也可用来泡酒喝，人心果酒滋味诱人，保健功效出色。

人心果树难栽，爱情树就更难种了。据报载，城里有一位男孩曾先后二十次向女孩求爱，结果女孩拒绝了二十次。面对前从小一起长大、青梅竹马的男孩，看着他神色哀恸、伤心欲绝的模样，女孩依然无动于衷。为了

摆脱男孩的纠缠，她甚至将男孩拉到马路上，指着路边的豪宅和飞驰而过的豪车对他说"我想住在那里""我想要那样的车"；又指着路边高级餐厅里衣着光鲜的太太、小姐说："我想成为她们！"

男孩看着女孩指向远方颤抖的手，不言一发地走了。第二天，女孩在家门口收到满满一箱人心果。虽然外表其貌不扬，却让女孩瞬间泪流满面，她的思绪不禁飘回那童真的年代，稚嫩的少年手捧着人心果，仰着头对她说"只愿一人心，白首不相离。"

"虽然给不了你高楼大厦、锦衣玉食，却能给你——我的真心实意与永不放开的手。"这就是男孩送来人心果的寓意。女孩手捧着人心果，拨通了男孩的电话⋯⋯

古人云：日久见人心。人心果的故事给了你什么启示呢？

人心果

又名吴凤柿、赤铁果，山榄科铁线子属。乔木，叶互生，密聚于枝顶，长圆形或卵状椭圆形；花生于枝顶叶腋，花冠白色。浆果纺锤形、卵形或球形。花果期4~9月。
校园分布：老化学馆旁。

十月金橘色如丹

又到金橘飘香时。

每年腊月，家家户户忙着过新年。这时，被称为"金橘之乡"的福建尤溪、广西阳朔、江西遂川也浸泡在一片金橘的芳香中。满山遍野的金橘树挂满了金灿灿、黄澄澄的小橘子，就像千万盏红灯笼，把橘乡映照得辉煌靓丽。

金橘是芸香科常绿灌木，果实呈金黄色，味浓汁甜、皮脆，内含多种维生素及微量元素，具有润肺滋脾、定喘止咳、消肠化气等功效，是很好的天然保健果品，也是目前水果中含维生素最高的果品之一。除鲜食外，金橘还可加工成果汁、蜜饯、罐头、果脯、果酱、果酒等休闲食品，用途十分广泛。

金橘又称寿星橘，其独特之处在于：果肉虽少但可以带皮吃，而且以吃果皮为主。因为金橘果皮肉质厚、光滑，有许多油胞点（按压会产生有芳香性的气体），营养价值令人吃惊。有80%的维生素C都储存在果皮中，不仅对肝脏有解毒功能以及能养护眼睛、保护免疫系统等，还具有抗炎、抗溃疡、降低血压和增强心脏功能等功效，营养价值在柑橘类水果中名列前茅。

金橘的皮和肉不像其他柑橘类水果，可以掰开外皮、一瓣一瓣的吃，它的果肉是粘连在一起的，因此只能连皮带瓤一起吃，肉嫩汁多，酸甜适口，芳香怡人，那种独特的滋味让人久久回味。加之金橘有"金玉满堂""大吉大利"等寓意，因此广受民众喜爱，成为新春佳节送礼的佳品。

福建尤溪县是全国四大金橘产地之一，其种植历史已有千年，宋代即已闻名京师，成为贡品。尤溪金橘果实金黄、酸甜可口、营养丰富，是人见人爱的休闲食品，更是贺岁时不可缺少的上佳果品。全县金橘种植面积达 12 万亩，年产金橘鲜果 3800 万公斤，2001 年尤溪被农业部命名为"中国金橘之乡"。

金橘种子外有果皮包被，属于被子植物。金橘树开花时，吸引许多昆虫前来采蜜，完成授粉。花谢后雌蕊的子房发育形成金橘。果实虽小，形似鸽蛋，生时青卢色，熟时金黄色，但色彩鲜艳，金黄亮丽，十分诱人。

2014 年 7 月 15 日，中国邮政发行《水果（一）》邮票一套四枚，图案分别为苹果、桃、石榴、金橘。这是中国邮政首次发行《水果》主题系列邮票，金橘能在众多水果中脱颖而出，除了本身具备的特质外，与金橘象征吉祥和金玉满堂的寓意也有密切的关系。

每当看到金橘，我就会想起福州老家的福橘。福橘又称沙橘，是福建柑橘的传统品种，也是福州市的市果，主要分布在闽江下游两岸，早在明朝时就已闻名于世。明朝王世懋《果蔬》云："柑橘产于洞庭，然终于如浙温之乳柑，闽漳之朱橘。有一种红而大者，云传种自闽，而香味径庭矣！"这里所说的朱橘，就是福橘的别名，因为福橘的色泽朱红，故称。

福橘和金橘一样，上市期也在农历春节前后，由于色泽艳红、果美汁甜，又与"福、吉"谐音，备受群众喜爱。每到深秋初冬时节,闽江两岸层层绿树，枝头缀满红果，色彩斑斓绚丽，人们誉之为"闽江枯子红"。

由于盛产橘子，福州古时常制新颖

别致、小巧玲珑的橘灯，寓以吉利、高升之意。古人有不少咏橘灯诗，如"阿侬巧制赤球轻，到眼圆光分外明。记得看灯时节近，红丝高揭照人行。"著名女作家冰心还写过一篇题为《小橘灯》的散文，寄托对家乡的思念之情。

厦大校园里的金橘树，大多集中在情人湖边的苗圃和海滨东区。每到金橘飘香时节，推开门窗，一缕缕清香就扑鼻而来，那香味若隐若现，让你真切体会到"遥知不是雪，为有暗香来"的意境。金橘和其他种类的柑橘虽然同属芸香科植物，但金橘是金柑属，而其他柑橘包括橘子、橙子、柠檬、葡萄柚、柑、柚子等都是柑橘属，不可混为一谈。

早在宋代，欧阳修就在《归田录》中记载："金橘，以远难致，都人初不识，明道景祐初，始与竹子全优至京师，金橘香清味美联社，轩之樽俎间，光彩灼烁，如金弹丸诚真果也。都人初亦不甚贵，其后因温成皇后尤好食之，由是价重京师。"欧阳修赞美金橘为"珍果"，享有"橘中之珍"的盛名。

令人诧异的是，西方大文豪歌德在谈论莎士比亚的文学创作时，曾做过这样的比喻："莎士比亚给我们的是银盘装着金橘。"更令人匪夷所思的是，英国著名诗人托尼·哈里森竟然写过一首关于金橘的诗歌，而且写得十分通俗易懂，寓意深远：

> 不是橙子，不是青柠，也不是蜜橘，
>
> 这种来自东方的柑橘，大小只能与樱桃相比；
>
> 从树上摘下，整个吃下去，
>
> 甜的果肉，酸的皮——抑或是酸的果肉，甜的皮？
>
> 不管吃过多少我仍无法分清，
>
> 人过中年的我依旧不惑于世……

金橘

又称金枣、金柑，芸香科金柑属。枝有刺，叶质厚，浓绿，花期3~5月，多次开花；果椭圆形或卵状椭圆形，橙黄至橙红色，果皮味甜，果肉味酸，果期10~12月。
校园分布：海滨东区、苗圃。

莲雾不愧『果中王』

一听"莲雾"这名字，就有点让人如坠"五里雾中"。从小吃着龙眼、荔枝、香蕉、枇杷长大，对菠萝、杧果、阳桃也都"耳熟能详"，更不要说苹果、桃子、梨子等等了，可偏偏就是没吃过、甚至没听说过这种名叫"莲雾"的水果。后来从几个读园艺的朋友口中，才知道它是一种高营养价值的水果，且价格不菲，但许多人仍趋之如鹜。

莲雾系桃金娘科热带常绿乔木，周年常绿，树姿优美；花期长、花浓香、花形美丽；挂果期长，果实累累，确实讨人喜爱。其果实呈钟形，果色鲜艳夺目，果肉海绵质，略有苹果香气，味道清甜，清凉爽口。

莲雾树原产马来西亚和印度，十七世纪初被荷兰人引入我国台湾，后来不断繁育种植，成为台湾岛的知名水果，被誉为"水果皇帝"，畅销于水果市场，深受消费者青睐。除用作水果外，其优美的树形还被广泛应用于园林绿化，已然成为美化环境的一道亮丽风

景线。后来莲雾被引进到大陆，在广东、广西、海南、福建等地多有种植。

莲雾在用药方面也有不少功效，可治疗多种疾病。其性味甘平，功能润肺、止咳、除痰、凉血、收敛，在民间有"吃洋蒲桃清肺火"之说。莲雾还可以用作菜肴，因其淡淡的甜味中带有苹果般的清香，食后齿颊留芳，著名的传统小吃"四海同心"就是以莲雾作为主要食材；莲雾在宴会上还被用作冷盘，颇受食客青睐。

莲雾果在马来西亚被称为"水翁"，是著名的补水神器，有"树上矿泉水"之美誉。因为其含水多、单果重，从树上掉下来会扑通一声响。莲雾果含粗蛋白、粗脂肪、碳水化合物，粗纤维、膳食纤维、多种维生素，富含钾钠钙、镁磷锌等微量元素，有清热利尿、宁心安神、润肺止咳、凉血收敛等功效。主治肺燥咳嗽、呃逆不止、痔疮出血、胃腹胀满、肠炎痢疾、糖尿等病症。

不知从何时起，莲雾树也在厦大校园里扎下了根。它虽然没有椰子树的高大和张扬，没有炮弹树的挺拔和雄壮，也没有槟榔树的玉立和窈窕，但生性泼辣，适应性好，路边地角，楼头房尾，甚至椰子、槟郎树下都能较好地生长。通常每年有两次开花、结果，那葱茏的树木、青绿的枝叶，丰硕的果实，让人赏心悦目。

莲雾树开花很奇特，它的花呈乳白色，花蕾与茉莉花颇为相似。花朵生长在树枝、叶腋、老枝侧面或树干顶端。每个花小枝有三至十朵花，萼筒呈倒圆锥形。花的雄蕊众多，花柱细长。开花的时候，远看好像一个个绒球，近看就是根根银丝编织的美妙乐章。实际上，莲雾树能不能坐果，全靠着它们。

暮春时节，莲雾的花朵便纷纷扬扬地凋落，树头、院子里满眼白色，就像天上飘落的雪花。花落之后，整棵树的枝头便结满了小青果，成串成串地聚在一起，你推我挤，互不相让。那果子一天变一个模样，没几天就由青变红，像无数个小灯笼挂在树上，沉甸甸地压弯了枝头，令人馋得直咽口水。莲雾果的形象很富态，一个个像寺庙里黄铜铸成的古钟，或像屋檐下随风摇动的风铃，既古朴又活泼。颜色有乳白、青绿、粉红、深红、大红等等，鲜艳多彩，夺人眼球。

第一次吃莲雾是什么时候似乎早已忘记。只记得从同学手中接过莲雾果放到嘴里，轻咬一口，那果汁凉凉的，味道甜甜的，如山涧清泉刹那涌入你的口腔，留下齿颊芬芳。莲雾不但是水果中的佼佼者，还可以作宴会冷拼、水果沙拉和其他美味佳肴。药食两用更是它的独特专长和独有魅力！

海峡两岸潮正平，莲雾不愧"果中王"。如今，种植莲雾的已越来越多，既美化了乡村，又可以创收。成片大规模种植成了脱贫致富的一条门路。一位对莲雾情有独钟的科技工作者在精心栽培莲雾的同时，留下了歌咏莲雾的诗词：

夏初莲雾果熟期，红艳清姿惹众迷。

粒粒晶莹枝上挂，丝丝香味地头弥。

安神镇静消疲惫，润肺除痰治痢疾。

有道时珍推荐过，功能保健赛秋梨。

莲 雾

又名洋蒲桃、水蒲桃，桃金娘科蒲桃属。乔木，叶片薄革质，聚伞花序顶生或腋生，花纯白色；果实梨形或圆锥形，肉质，洋红色，鲜艳夺目，花期3~4月，果期5~6月。挂果期长。校园分布：芙蓉湖旁。

"南国果王" 番木瓜

第五辑

扶桑正是春光好

桃花春色暖先开　　　　红叶石楠透帘春
杜鹃花发鹧鸪啼　　　　秋来含笑再芬芳
雨过园林桑叶新　　　　乌桕树红霜落早
桐花烂漫洗清明　　　　柏树岁老根弥壮
等闲识得腊肠树　　　　天风摇曳凌霄花
映日荷花别样红　　　　秋雨初晴鸡冠花
扶桑正是春光好　　　　带雨红妆美人蕉
绿肥红瘦秋海棠　　　　孔雀开屏旅人蕉
一片枫叶一片情　　　　为何花中偏爱菊
一路槐花沁脾香　　　　唯有蜡梅香如故

湖畔风中摇曳的美人蕉

桃花春色暖先开

　　"桃之夭夭，灼灼其华"。乘着三月的春风，桃花翩然而至。一朵朵深红、粉红、纯白及红白混合的桃花，有复瓣的、重瓣的，簇拥着，挤压着，如海似潮，如梦似幻，染红了天际，映红了晚霞，好一副春天的画卷。

　　桃树是中国传统的园林花木，树姿优美，枝干扶疏，花朵丰腴，色彩艳丽，是早春最重要的观花树种之一。原产于中国，现已在世界温带及亚热带地区广泛种植，主要有果桃和花桃两大类，前者作为果树栽培，如油桃和蟠桃；后者主要供观赏。如寿星桃和碧桃。

　　厦大校园里的桃树主要是碧桃，思源谷周边及敬贤宿舍区等处多有分布。碧桃有众多的品种花色，如小花白碧桃、大花白碧桃、五色碧桃、红碧桃、垂枝碧桃等；花瓣有圆形、椭圆形、长圆形等，可谓多姿多彩。

　　阳春三月，桃花吐妍。古人常用"人面桃花相映红"来赞美少女娇艳的姿容，桃花的娇美让人联想到生命的丰润。而桃花确实也

有美颜作用，据《国经本草》记载，采新鲜桃花浸酒，每日喝一些，可使容颜红润，艳美如桃花。

春天的雨水特别多，正待开放的花苞，在雨水滋润下，湿漉漉的，显得更加粉嫩。桃树的叶和花是一起生长的，有的花下托着绿叶，有的花却独自开放。落在眼帘，泛出的绿意和桃红，让人心生欢喜。

桃花不仅具有很高的观赏价值，而且是文学创作的常用素材。《诗经》用"桃之夭夭，灼灼其华"来形容桃花的美丽和女子的贤惠；唐代大诗人杜甫则用"桃花一簇开无主，可爱深红爱浅红"表达自己对桃花的喜爱；北宋著名文学家苏轼用"竹外桃花三两枝，春江水暖鸭先知"为人们描绘出一幅春天的盛景，东晋"田园诗人"陶渊明更是将自己的理想生活寄托于美丽的桃花，创作出脍炙人口的《桃花源记》。

孔尚任在那部著名的历史剧《桃花扇》中，借桃花意象刻画人物，描写了侯方域和李香君凄美的爱情故事。桃花是美的符号、美的化身，也是李香君这位追求个性自由、对爱情忠贞不渝的美丽女子的象征。她比同时代人都更有见识，更懂得"亡国之恨"，在国破家亡之后看破红尘，循道而去。正因此，她打动了无数人。

"夹道朱楼一径斜，王孙初御富平车。青溪尽是辛夷树，不及东风桃李花。"这是侯方域给李香君的"定情诗"。在他眼里，青溪边的辛夷花，远不及娇嫩的桃花，而李香君就是他心中的桃花。她不仅貌美如花，而且有着坚贞不屈的精神和"宁为玉碎不为瓦全"的气节。

读《桃花扇》时，年方十七，刚到农村插队。田间休息时，躲在龙眼树下看《桃花扇》，为秦淮河畔李香君和侯方域坎坷的爱情经历而心潮起伏。有道是"少年不识愁滋味"，虽然当时并不理解《桃花扇》蕴含的深意，但从此，桃花和《桃花扇》一起留在了我的记忆深处。

春有桃花次第开，似是佳人带笑来。早春时节，厦大校园里的碧桃一枝枝，一丛丛，开得生机盎然，开得妖娆妩媚。站在桃树下，看着娇艳的花瓣，呼吸着淡淡的清香，让人不忍离去。连当年在这里任教、惯于"横眉冷对"的鲁迅先生，也情不自禁地写了一首以《桃花》为题的温情打油诗：

春雨过了，太阳又很好，随便走到园中。

桃花开在园西，李花开在园东。

我说，好极了！桃花红，李花白。

"二月春归风雨天，碧桃花下感流年。残红尚有三千树，不及初开一朵鲜。"清代文学家袁枚在《题桃树》一诗中，赞美初开的碧桃。花如此，情何尝不是如此，文学创作和科技创新又何尝不是如此呢？

1984年，一首名为《在那桃花盛开的地方》的通俗歌曲首次登上央视春晚，并迅速在大江南北传唱开来。这首充满蒙古族民歌风格的歌曲，是由邬大为、魏宝贵填词，石铁源谱曲，蒋大为演唱的。蒋大为前后六次带着它登上央视春晚、感动了几代人，也创造了一首歌的奇迹。"在那桃花盛开的地方，有我可爱的故乡，桃树倒映在明净的水面，桃林环抱着秀丽的村庄。啊，故乡生我养我的地方，无论我在哪里放哨站岗，总是把你深情地向往"，那泉水般清澈的歌声随着轻柔的海风在校园上空飘荡着……

桃 花

蔷薇科李属。落叶小乔木，树皮暗红褐色，老时粗糙呈鳞片状。花单生，先叶开放，淡粉红或白色；萼筒钟形，花瓣五枚，果肉多汁有香味；种仁味苦。花期3~4月，果期6~9月。

校园分布：敬贤宿舍区、思源谷。

杜鹃花发鹧鸪啼

"杜鹃花里杜鹃啼，浅紫深红更傍溪。" 每年清明节前后，漫山遍野的杜鹃花都开得特别热闹。校园里的杜鹃花也不甘寂寞，在湖边道旁，房前屋后，开得热情奔放，开得灿若云霞。那种赏心悦目、令人陶醉的感觉，至今让人回味无穷……

杜鹃花原产于东亚，至少已有一千多年的栽培历史，在我国分布极其广泛。多生长于山坡丘陵，有很强的生命力，即使在海拔五千米的地区也有其妩媚的身影。从唐代起，杜鹃花开始移入庭园栽培，主要有五大品系，包括春鹃、夏鹃、西鹃、东鹃及高山杜鹃。花色繁茂艳丽，有红、淡红、杏红、雪青、白色等，绮丽多姿。

杜鹃花来自一个凄美的传说。相传远古时蜀国国王杜宇，热爱他的百姓，禅位后隐居修道，死后化为子规鸟，又称杜鹃鸟。每当春季，杜鹃鸟就飞到村庄唤醒百姓："快快布谷！快快布谷！"杜鹃鸟因日夜啼鸣，嘴巴都咯出了血，并染红了漫山的花朵，杜鹃花因此得名。

美丽的杜鹃花绽放于山野，妆点于园林，受到人们的格外宠爱。从唐宋至明清，文人墨客皆多题咏，名篇佳作精彩纷呈。被称为"诗仙"的李白看见杜鹃花就想起家乡的杜鹃鸟，触景生情，写出了《宣城见杜鹃花》一诗："蜀国曾闻子规鸟，宣城还见杜鹃花。一叫一回肠一断，三春三月忆三巴。"那子规鸟的啼叫声，声声呼唤着他归去。

唐代诗人白居易对杜鹃花情有独钟，不但亲自种植杜鹃，而且写了许多赞美杜鹃花的诗："九江三月杜鹃来，一声摧得万花开。闲折二枝持在手，细看不似人间有。花中此物是西施，芙蓉芍药皆嫫母。"在他眼里，杜鹃是"花中西施"，人间少有；而芙蓉、芍药则不值一提，"回看桃李都无色，映得芙蓉不是花。"与杜鹃相比，不仅桃李无颜，芙蓉失色，他还嫌不够，还要把杜鹃封作"百花王"。

唐代诗人施肩吾，则为杜鹃花抱不平："杜鹃花时夭艳然，所恨帝城人不识。叮咛莫遣春风吹，留与佳人比颜色。"杜鹃开花时妖艳无比，就像燃烧的火一样，可惜京城里的人们不识其"真面目"，他叮嘱春风留住杜鹃花，好让它与佳人一比高低。诗写得自然风趣，表现了诗人赏花、爱花、惜花的情怀。

宋代诗人杨万里采用素描手法，写出了杜鹃花的秀美："何须名苑看春风，一路山花不负侬。日日锦江呈锦样，清溪倒照映山缸。" 在诗人眼里，真正的美景在山中，一路山花烂漫，锦江清流辉映着杜鹃花的倒影，那是多么让人惊叹的山光水色！"杜鹃花发映山红。韶光觉正浓。水流红紫各西东。绿肥春已空。" 宋代诗人赵师侠在《醉桃源/阮郎归》一词中，表达了和杨万里同样的感受。

明代诗人苏世让在《初见杜鹃花》中赞美杜鹃花红似海霞："际晓红蒸海上霞，石崖沙岸任欹斜。杜鹃也报春消息，先放东风一树花。"他赞美杜鹃花红像海上升起的朝霞，迎着东风，满树开花，向人们报道着春天的消息，为春天增添绚丽的色彩。

大家不仅赞美杜鹃花，也赞美同样在春天啼叫的杜鹃鸟。白居易写道："杜鹃花落子规啼，送春何处西江西。" 晏几道称："陌上蒙蒙残絮飞，杜鹃花里杜鹃啼。"宋代民族英雄文天祥借杜鹃鸟表达了自己的爱国情怀："草合离宫转夕晖，孤云飘泊复何依？山河风景元无异，城郭人民半已非。满地芦花和我老，旧家燕子傍谁飞？从今别却江南路，化作啼鹃带血归。"（《金陵驿》）。

漫山遍野的杜鹃花，开在清泉溪流旁，开在云天相接处。如火焰般热烈，像红绸舞动，似朝霞燃烧。泣血的杜鹃花，是千千万万烈士的鲜血染成的。小时候，一部名为《杜鹃山》的京剧，让青年京剧演员杨春霞扮演的柯湘出了名，也让湘赣边界的杜鹃山出了名。

作为《杜鹃山》的女主角，柯湘在剧中扮演党组织派来的党代表，她清秀而坚毅的脸庞，苗条的身材，一双清澈的明眸，还有那略带弯曲的短发……堪称"英姿飒爽"，成为当时的"万人迷"。大街小巷，到处都张贴着有她"大头像"的海报。她的发型也被追求时尚的女生们集体模仿，号称"柯湘头"，风靡了好些年。

后来那部脍炙人口的电影《闪闪的红星》，让扮演"潘冬子"的儿童演员祝新运成为家喻户晓的人物，也让那首著名的红色歌曲《映山红》唱遍大半个中国："夜半三更哟盼天明，寒冬腊月哟盼春风。若要盼得哟红军来，岭上开遍哟映山红……"

歌曲中唱的映山红正是杜鹃花。这首由陆柱国作词、傅庚辰谱曲，女高音歌唱家邓玉华演唱的电影插曲，旋律优美，歌词深入浅出、通俗易懂。歌唱家用柔美细腻、悦耳动听的嗓音，向人们诠释了根据地人民对红军的不舍之情以及对美好未来的憧憬，打动了无数人，成为那个时代的经典歌曲，一直传唱至今。

1979 年春天，上大学后的第二年，我到万石植物园参观了杜鹃花展。这是我第一次近距离地观察杜鹃花。那一朵朵盛开怒放的花朵，舒展着自己美丽的身姿，显得格外潇洒迷人；那色彩艳丽的花瓣，犹如仙女的裙子般撒开。在阳光衬托下，杜鹃花就像彩蝶在空中翩翩起舞，耀眼多姿，似乎把人们带入一个美妙的境界，让人魂牵梦绕。

杜鹃花的美是有目共睹的，或娇艳妩媚，热情如火，或风情万种，洁白如雪。浪漫的花魂撩人心魄，引人遐思。

杜　鹃

又名映山红，杜鹃花科杜鹃花属。半常绿灌木，春发叶椭圆状长圆形，夏发叶较小，叶柄也较短。伞形花序顶生，花冠阔漏斗形，粉红色或玫瑰紫色，花期2~4月，果期9~10月。
校园分布：芙蓉楼群，鲁迅广场。

雨过园林桑叶新

陌头不见花开处，城中城外多桑树。

桑树连天绿叶浓，落花尽在春泥中。

初夏时节，正值桑葚成熟的时候，一颗颗紫红色的桑葚，在阳光雨露的滋润下，是那么清新透亮，饱满诱人！

我国是世界上种桑养蚕最早的国家，迄今已有七千多年的栽培历史。早在商代，甲骨文中就已出现桑、蚕、丝、帛等字形。到了周代，采桑养蚕已成为日常的农活。春秋战国时期，桑树开始成片大规模栽植。孟子曾提出："五亩之宅，树之以桑，五十者可以衣帛矣。"到三国时代，诸葛亮更为重视蚕桑，在病危时仍念念不忘向刘后主交代："臣家有桑八百棵，子孙衣食，自可足用。"由此可见，自古人们就把种桑养蚕作为丰衣足食和发家致富之道

全世界桑属植物约有六十种，我国有其中九种。由于栽培历史悠久，人们在长期生产实践中培育出了数百个优良品种，如两广的荆桑，江浙的湖桑，山东、河北的鲁桑，新疆的白桑等都是著名的

良种。而野生桑树则有黑桑、山桑和川桑等。

桑树的果子即桑椹，又名桑果、桑泡儿，乌椹等，是人们日常食用的水果之一。味甜汁多，口感较好且富有营养价值，不但可以食用或充饥，还可以用来酿桑子酒及加工为果汁等。成熟的桑葚酸甜适口，以个大、肉厚、色紫红、糖分足者为佳。

桑葚中所含的桑葚多糖具有一定的抗氧化及防衰老作用，可延缓记忆力衰退。桑葚多糖具有明显的降糖作用，可使血糖维持在正常范围内。桑葚花青素可增强体内的抗氧化酶活性，抑制脂质过氧化反应，具有明显的抗衰老作用。

熟透的桑葚呈暗紫色，软软的晶莹透亮，充满了水分。摘的时候也只能轻轻摘，稍不小心就会把它捏破，挤出汁水来。放到嘴里嚼去，汁水顿时流出，一股清甜顿时在舌尖蔓延开来，那种惬意流遍了全身。

古往今来，歌咏、赞美桑树的诗词多如牛毛。欧阳修说："黄栗留鸣桑葚美，紫樱桃熟麦风凉。" 王迈云："桑椹熟时鸠唤雨，麦花黄后燕翻风。" 此外还有"深树鸣鸠桑葚紫，午风团蝶菜花黄""蜜蜂出户樱桃发，桑葚连村布谷啼"等等，都写出了种植蚕桑的节令特征。

宋代大诗人陆游隐居家乡时，曾写下《湖塘夜归》一词："渔翁江上佩笭箵，一卷新传范蠡经。郁郁林间桑椹紫，芒芒水面稻苗青。深树鸣鸠桑葚紫，午风团蝶菜花黄。石桥逦迤村西路，时有人家煮茧香。"宋人徐照在《春日曲》中表达了和陆游同样的感受："中妇扫蚕蚁，挈篮桑树间。小姑摘新茶，日斜下前山。"

宋璂细致描述了乡村人家早晚采桑的情景："桑芽露春微似粟，小姑把蚕试新裕，素翎频扫细于蚁，嫩叶纤纤初上指。朝采桑，暮采桑，采桑不得盈顷筐。羞将辛苦向姑语，妾命自知桑叶比。家中蚕早未成眠，大姑已卖新丝钱。岸上何人紫花马，却欲抛金桑树下？"

人们称赞桑树并非没有道理，它看似平凡，貌不惊人，却宽厚朴实。养育蚕宝，丝织绫罗，不花枝招展，不垂枝献媚。"织为云外秋雁行，染作江南春水色"（白居易《缭绫篇》），把美留给人间。据统计，用桑叶养蚕，一千条蚕从出生到吐丝作茧，需要吃20公斤桑叶，才能吐半公斤蚕丝。

桑树树冠宽阔，树叶茂密，秋季叶色变黄，颇为美观，且能抗烟尘及有毒气体，适于城市、工矿区及农村四旁绿化。适应性强，为良好的绿化及经济树种。而且寿命很长，迄今全国各地存留的古桑中，有几株树龄超过千年。虽老枝纵横，仍然春来荣发新叶，显示出它那老而不衰的生机。

"佛国名传久，桑莲独擅声。"泉州开元寺大殿的西廊，有一棵唐代雄性古桑，树皮黑褐色，又粗又厚，基部周围6.3米，长有两枝巨大主干，每枝粗约3米。中枝被雷劈成两半，心材已经腐朽，但边材新嫩，枝繁叶茂，生长旺盛。

据《晋江县志》记载：开元寺建于唐垂拱二年（公元686年），"寺址本是黄守恭的桑园，因园主曾梦见桑树开白莲花，就舍地建寺，以求降福。"由此可见，古桑在建寺前就已栽植，屈指计算，树龄至少有一千三百余年了。

每逢春末夏初，暖风吹拂，初生的桑叶翠绿欲滴，随风摇曳，桑叶下那一颗颗三五成群的桑葚，在微风中微微颤动，青色的桑葚被阳光涂上了鲜艳的胭脂，经过雨露滋润，变成紫红色珍珠般的果子，挂满了桑树的枝头，诱惑着路人的味蕾。有的桑葚落到地上，地上也变得鲜亮起来。正如一位诗人所写："殷红莫问何因染，桑果铺成满地诗。"

桑树最茂盛时是夏季，桑果由红变紫，

小伙伴们一人摘一片桐叶，卷成漏斗状。然后，摘满一漏斗桑葚，用力挤压，一股红紫的甜水就顺着桐叶流进嘴里。那种趣味，是如今孩子们感受不到的。

中国古代先民有在房前屋后栽种桑树和梓树的传统，《诗经》中"唯桑与梓，必恭必敬"两句，形象说明了华夏祖先见前人种的桑树与梓树，即生崇敬和怀念之情。因此"桑梓"便成了家乡、故土的代名词。

又到了桑葚成熟的季节，那些系在桑树枝条上的欢声笑语，飘荡在小路边上的诗句，有关桑树的故事，还有那封存在舌尖上的丝丝甘甜，一直萦绕在记忆深处。

桑 树

桑科桑属。乔木或灌木，树皮厚，黄褐色；春季花叶同出，花淡绿色，聚花果卵状椭圆形，成熟时红色或暗紫色，花期4~5月，果期5~8月。果期果实累累，满树通红，其桑叶可养蚕。

校园分布：敬贤区、国光路、成义楼旁。

桐花烂漫洗清明

　　"桐花万里丹山路，雏凤清于老凤声。"唐代诗人李商隐在诗中回忆起十岁才子韩偓即席赋诗、才惊四座的往事，他仿佛看到：在那迢迢万里的丹山路上，桐花盛开，花丛中传来雏凤的鸣声，他相信这一定会比那老凤的鸣声更为清亮、更为动听，表达了对年青一代寄予的希望。

　　桐树花开时，绚丽烂漫，尤其是疏雨刚过，郊外一片晴明，空气清新，桐树的花和叶如同洗过一般。因此柳永有"拆桐花烂漫，乍疏雨、洗清明"之说。中国的各种桐树可谓多矣，如梧桐、泡桐、油桐、木油桐等等，虽然都带有一个"桐"字，但彼此并非一族，如梧桐是梧桐科的，泡桐是玄参科的，而油桐是大戟科的。即使油桐和木油桐都是大戟科油桐属的，彼此有一定亲缘关系，也仍有不少差别。如油桐生长快，结果早，产量高，盛果期可达二十至三十年，又名"三年桐"；而木油桐从种植到收获果实，时间远比油桐长，因此有"千年桐"之称。

木油桐原产于中国南部，其树形优美，桐花洁白，春季满树白花，秋季果实累累，是风景园林和道路绿化的优良树种；而树体高大，叶片宽阔，根系发达，又使它成为水土保持的优良树种。因果皮有皱纹，又称龟背桐，寓意长命百岁。

木油桐和油桐一样都是油料树，都能够从采摘的果实中提取树油，称为木油。其色泽金黄或棕黄，属良性的干性油，有光泽，但不能食用，一般只作工业用途。用油桐树的果实加工提炼制成的桐油，具有一系列特殊性能，是最佳干性油之一，在工业和国防上有广泛的用途。而用木油桐提炼的桐油，质量远不及油桐制取的桐油。不过，木油桐是优良的生物能源树种，其果实种子的胚乳油经工艺技术加工后，可直接生产出生物柴油，具有替代石化柴油的功能和良好的开发利用前景。

桐油和木油具有不透水、不透气、不传电、抗酸碱、防腐蚀、耐冷热等特点，广泛用于制漆、塑料、电器、人造橡胶、人造皮革、人造汽油、油墨等制造业，经济价值特别高。除提取工业用植物油外，木油桐还有其他工业用途，如果壳可制成活性炭，果皮可提取桐碱和碳酸钾。此外，木油桐对二氧化硫污染极为敏感，可作为大气中二氧化硫污染的监测植物。

木油桐和油桐相比，在植物形态上也有一些区别。木油桐树干高大，而油桐树比较矮小；木油桐的叶基部心形或截平，全缘或呈四至七裂，而油桐的叶基部心形，全缘或三浅裂；木油桐开花早，花期为三至五月，而且开花量大，最多达二三百朵，而油桐花开较迟，花期为四至七月，花先于叶开放，花瓣白，有淡红色条纹。

油桐是我国特有经济林木，与油茶、核桃、乌桕并称我国"四大木本油料植物"。桐油可以防蛀防锈，保养枪支的枪油就需要它；打家具上油漆时的底漆，也需要它。桐油本身是重要的军事战略物质。二战时，中国曾大量出口桐油到美国，换取极宝贵的军事物资。

每年四五月，是木油桐

和油桐开花的时节。油桐树下，落花洁白，花絮飘飞，宛如飘雪。因此有"五月桐花飞如雪"之说。诗人陈鬷有一首咏桐诗："吾有西山桐，桐盛茂其花。香心自蝶恋，缥缈带无涯。白者含秀色，粲如凝瑶华。紫者吐芳英，烂若舒朝霞。"把油桐花描写得美轮美奂，令人遐思无限。

厦大校园里虽然没有油桐，却有木油桐。生物馆前那株高大的木油桐树，开满了洁白如雪的油桐花，走在林荫小径上，看着油桐花在轻风中飘摇、飞舞，同样令人沉醉。

木油桐

又称千年桐、木油树，大戟科油桐属。落叶乔木，叶互生，心形或阔卵形，花白色或有红色脉纹，雌雄异株，花期3~5月，果期8~9月。桐油是我国重要的工业油料作物和出口商品。

校园分布：生物一馆前。

等闲识得腊肠树

满城尽下黄金雨。

初夏时节，腊肠树开花了。那满树金黄的花朵，尽情地开放，尽情地燃烧，金灿灿的一片，美不胜收。迎风摇曳的花瓣像雨一般洒落，因此别名"黄金雨"。它开得那么灿烂、那么奔放，犹如风姿绰约的美人随风轻舞，令人目不暇给。

腊肠树原产于南亚地区，喜高温多湿气候，现分布在印度、缅甸、斯里兰卡、中国等地。早在唐朝，我国的古文献里就有对腊肠树的描绘。在《酉阳杂俎》中它被称作波斯皂荚，腊肠树就是因果荚外形长得像腊肠而得名。它的花也因此被称为"腊肠花"。

腊肠花是一种很特别的花，开花时节，满树金黄，树上挂满一串串黄色的花朵，远远看去，一树的花团锦簇，悬垂下来的一长串花朵，像悬在空中的风铃，随风摇曳。民歌中就有"风吹落下黄金雨，仿佛置身于仙境"的描述。

腊肠树是南方常见的庭园观赏树木，适于在公园、水滨 、庭园等处与红色花木配置种植，也常被作为行道树栽植。秋日里，花落后结出的长长的果荚，像一根根浑圆饱满的腊肠吊在树上，形态逼真，让人垂涎欲滴。

腊肠树木材坚硬，光泽美丽，耐腐力强，可作为支柱、桥梁、车辆、农具等用材。树皮含有单宁，可做红色染料。根、树皮、果瓤和种子均可入药，作缓泻剂。腊肠果能够增强肠道的蠕动能力，促进食物的消化吸收，对治疗便秘有非常出色的功效。腊肠果泡水饮用，能促使体内多余脂肪和垃圾的排泄，特别适合单纯性肥胖的人服用，也能够保护肝脏，对酒后有很好的解酒效果。

当年在厦大读书时，似乎并没有见过这种外形像腊肠的植物，更没想到腊肠花会开得如此艳丽。因此，当我在芙蓉湖边看到那满树的金黄色花朵在风中摇曳时，不禁大为惊叹。虽然腊肠树长得并不高大，也不粗壮，但那枝条上的一簇簇黄花，疏疏密密，芬芳扑鼻，可谓"叶密千层绿，花开万点黄"。

寒来暑往，腊肠树花开花落几春秋，依然矗立在校园里。每到开花时节，纷纷扬扬洒落一树的芬芳，一树的灿烂，置身于那缀满枝条的明亮鲜艳的花丛中，让人恍若到了仙境，不仅惊艳不已，而且忘乎所以，仿佛觉得"那朵朵黄花都是自己前世的盼望"。

年复一年，腊肠花把美丽的花姿，四溢的清香，恬静的气息留给大地，留给在校园里勤奋读书的莘莘学子，绚丽而不张扬，壮观而又质朴。一株开花的树，年年能有一次真正的绽放，就能不辜负生命的美好，生命的旅程就会充满活力。花如此，人又何尝不是如此呢？

正是由于腊肠花的黄色花瓣特别集中、特别耀眼、特别美丽，因此腊肠花在泰国被奉为国花，其黄色的花瓣被视为泰国皇室尊贵的象征。2006年在泰国清迈举办的"世界园艺博览会"，即以"腊肠树"为主题。腊肠花在印度同样备享尊荣，被印度喀拉拉邦省定为省花，并成为他们迎接新年的典礼花卉。

夏日的鹭岛，满城尽带黄金甲；夏日的芙蓉园，满园尽是腊肠花。串串细碎的金色花朵，满枝满树，在微风吹拂下，花瓣纷纷飘落，如下一场金色的雪……

腊肠树

又名金链花、黄金雨、波斯皂荚，豆科决明属。落叶乔木，偶数羽状复叶，总状花序长达一尺或更长，疏散、下垂；花叶同放，花瓣黄色，倒卵形；荚果圆柱形，长约一二尺，黑褐色，不开裂，极似腊肠。泰国国花。

校园分布：芙蓉湖旁草地。

映日荷花别样红

毕竟西湖六月中，风光不与四时同。

接天莲叶无穷碧，映日荷花别样红。

宋代诗人杨万里在《晓出净慈寺送林子方》一诗中，生动描绘了杭州西湖夏季时荷花盛开的美景，表达了作者送别友人的欢快心情。莲叶无边无际，仿佛与天宇相接，气象宏大；荷花在阳光映照下，显得格外鲜红艳丽。整幅画面绚烂生动，给人带来强烈的视觉冲击力。

荷花是多年生水生草本植物，原产于亚洲热带和温带地区，中国早在周朝就有荷花栽培的记载。不仅花型多样，有单瓣、复瓣、重瓣及重台等花型；而且花色丰富，有白、粉、深红、淡紫色、黄色或间色等品种。荷花的叶片大，单生于花梗顶端、高托于水面之上，叶面深绿色，满布短小钝刺。刺间有一层蜡质白粉，故能使雨水凝成滚动的水珠。

荷花的地下根状茎就是藕。它是荷花储藏养分和供繁殖的器官，横生于淤泥中，节间膨大，内有许多大小不一的纵行通气孔道，实际上是荷花为适应水中生活形成的气腔。藕的大小、形态、色泽、生藕的迟早、入泥深浅、品质风味等，均因品种而异，又受栽培和条件的影响。由于莲藕能吸收水中的好氧微生物分解污染物后的产物，因此，可作为工业废水污染水域的"过滤器

　　荷花全身皆是宝，不仅藕和莲子能食用，而且莲子、根茎、藕节、荷叶、花及种子的胚芽等都可入药。作为水生植物，荷花性喜相对稳定的平静浅水、湖沼、泽地、池塘。它的许多别名都和"水"有关，如水芙蓉、水芝、水花、水芸、水旦、泽芝等，三国文学家曹植在他的《芙蓉赋》中，更是把荷花比喻为水中的灵芝。

　　每逢仲夏，采莲的男女驾着几叶扁舟，穿梭于荷花丛中。飘飘荡荡的荷叶铺满了整个湖面，一朵朵带着晨露的荷花亭亭玉立，显得愈发娇艳。一阵微风过后，荷花的清香扑面而来。那种"乱入池中看不见，闻歌始觉有人来"的情景是多么美妙！

　　过雨荷花满院香。雨后的荷花散发出沁人的芬芳，使得满院都是荷花的香味。荷叶上残留的雨珠在晨光中晶莹剔透，像珍珠似地在碧绿的叶片上滚来滚去，忽而东，忽而西，忽而又滚落进水里，让人目不暇接。在水边栖息的白鹭受到雨声惊动，双双向天空飞去。此情此景，不正是"雨荷惊起双飞鹭，鹭飞双起惊荷雨"的精彩写照吗？

　　荷花出淤泥而不染的品格，历来为世人所称颂。周敦颐在《爱莲说》中称荷花"中通外直，不蔓不枝，出淤泥而不染，濯清涟而不妖"。从此，荷花便成为"君子之花"，被赋予圣洁高雅的气质。古往今来，许多诗人墨客都写过歌咏荷花的作品。

　　唐代诗人白居易在《采莲曲》中写道："菱叶萦波荷飐风，荷花深处小船通。逢郎欲语低头笑，碧玉搔头落水中。" 诗中写采莲少女的初恋情态，喜悦而娇羞，如闻纸上有人，呼之欲出。尤其是后两句的细节描写，生动而传神。

　　另一位唐代诗人王昌龄也有《采莲曲二首》，描写了采莲女子的美貌，颇有诗情画意。其一是"吴姬越艳楚王妃，争弄莲舟水湿衣。来时浦口花迎入，

采罢江头月送归。"主要写水乡姑娘的采莲活动，以花、月、舟、水来衬托女子的容貌；其二是"荷叶罗裙一色裁，芙蓉向脸两边开。乱入池中看不见，闻歌始觉有人来。"以写意方法表现采莲女子的整体印象，将采莲少女置于荷花丛中，若隐若现，若有若无，使少女与大自

然融为一体，使全诗别具一种优美的意境。

　　宋代文学家欧阳修在《采桑子·荷花开后西湖好》一词中，也描绘出载酒游湖时船中丝竹齐奏、酒杯频传的热闹气氛和游人赏荷的真切感受："荷花开后西湖好，载酒来时，不用旌旗，前后红幢绿盖随。画船撑入花深处，香泛金卮，烟雨微微，一片笙歌醉里归。"诗人完全沉醉在这大自然的美景之中，官场上的失意和烦闷都被这荷香和微雨所冲散，带回的是一颗超尘脱俗的心境。

　　每次看到荷花，耳旁不禁就响起"洪湖水浪打浪"的动人歌声，眼前也浮现出电影《洪湖赤卫队》里女主人公韩英坐在小船上，一边采收莲藕、一边唱着"洪湖水浪打浪"的动人画面。清晨的阳光洒满湖面，盛开的荷花扑面而来，著名女歌唱家王玉珍的演唱更

是如泣如诉："四处野鸭和菱藕啊，秋收满畈稻谷香，人人都说天堂美，怎比我洪湖鱼米乡。"歌词简洁明了，生动形象，配合曲折的剧情，深深打动了每一位观众。

　　当年在厦大读书时，校园里的荷花似乎不多，除了一个被称为"半月湖"的小池塘零星栽种过荷花，其他地方就十分罕见了。夏日里看荷花，同学们大都往南普陀寺跑。在南普陀

门前的放生池外，栽种着许多荷花。夏秋时节，人乏蝉鸣，桃李无言，亭亭荷莲在一汪碧水中散发出淡淡的清香，使人心迷痴醉。

而今校园里的荷花，大多种植在情人湖中。每到荷花盛开时节，荷香阵阵沁人心脾，令人神清气爽，思绪飞扬。望着这生机勃勃的荷花，大家对未来更加充满了信心……

荷 花

又名莲花、芙蕖、水芙蓉，莲科莲属。多年生水生草本花卉，地下茎长而肥厚，有长节，叶盾圆形。花期6至9月，单生于花梗顶端，花瓣多数，嵌生在花托穴内，有红、粉红、白、紫等色。
校园分布：厦大水库。

扶桑正是春光好

瘴烟长暖无霜雪，槿艳繁花满树红。

每叹芳菲四时厌，不知开落有春风。

唐代诗人李绅在《朱槿花》诗中，借用扶桑的别名朱槿来赞美扶桑花的与众不同，把扶桑花的娇艳栩栩如生地展现在人们面前。

扶桑是锦葵科常绿灌木，原产于中国，在热带及亚热带地区多有栽培。因和朱槿、蔷薇十分相像，又称为朱槿及"中国蔷薇"。由于其花大色艳，四季常开，又有"大红花""状元红"的别名。

扶桑花大形美，花色品种繁多，包括深红、粉红、橙黄、黄、白、粉边红心等。花期很长，在光照充足条件下，四季开花不绝，多栽植于池畔、亭前、道旁、墙边和庭园，为美丽的观赏花木。清人吴震方《岭南杂记》卷下记载："扶桑花，粤中处处有之，叶似桑而略小，有大红、浅红、黄三色，大者开骇如芍药，朝开暮落，落已复开，自三月至十月不绝。"扶桑花从中国传至日本及欧美后，经杂交培育出了三千多个品种。

厦大校园里种植着不少扶桑花。刚入学时，因其盛开的花朵和芙蓉花一样色彩鲜艳，外观也很相像，一度还把它当作芙蓉花，直到后来才把它分辨清楚。每到春天，扶桑花竞相开放，娇艳欲滴。六片鲜红的花瓣簇拥着一条细长的淡红长萼和黄色花蕊，仪态万千，惹人怜爱，把校园装点得妩媚动人。

扶桑花开时十分耀眼，各种深红、浅红、鲜红的扶桑花，争先恐后地挤在一起，确实极为可观。满树红花，长蕊吐焰，给人以热情奔放的感觉。其花心由多数小花蕊联结起来包在大花蕊外面而形成，结构相当细致，如李商隐所说："殷鲜一相杂，啼笑两难分"。

古往今来，许多诗人都写过赞美扶桑的诗词。晋代杨方在《扶桑》中写道："丰翘被长条，绿叶蔽朱华。因风吐微音，芳气入紫霞。我心羡此木，愿徙著吾家。夕得游其下，朝得弄其花。"从不同角度描写了扶桑花的姿容和风采，表达了自己对扶桑的喜爱、羡慕之心。

明代桑悦的《咏扶桑》曰："南无艳卉斗猩红，净土门传到此中。欲供如来嫌色重，谓藏宣圣讶枝同。叶深似有慈云拥，蕊坼偏惊慧日烘。赏玩何妨三宿恋，只愁烧破太虚空。"把扶桑的美与佛门净土结合起来，使人对扶桑更增添了几分喜爱。

清代诗僧成鹫在《扶桑花》中，对来自岭南故乡的扶桑花充满深情："日出枝头啼画眉，日高亭午转丹葵。东窗剩有扶桑在，南陆多凭若木推。色比薝英纷苒苒，花兼榴火总累累。静中悟得循环理，独抱阳戈不用挥。"这位出身书香仕宦世家的诗人，虽已遁入空门，却始终难忘故乡终年开放的扶桑花。

扶桑花是木槿花的姊妹花。两者同样朝开暮落，花叶枝条和性能也很相像。但扶桑花要比木槿花更为娇艳、美丽。明代李时珍的《本草纲目·木三·扶桑》记载："扶桑产南方，乃木槿别种。其枝柯柔弱，叶深绿，微涩如桑。其花有红黄白三色，红者尤贵，呼为朱槿。"

在古代神话传说中，扶桑是一种带有神性的树木，它生长在太阳升起的地方，即"东极"。汉代《海内十洲记》称其为"多生林木，叶如桑。又有椹，树长者二千丈，大二千余围。树两两同根偶生，更相依倚，是以名为扶桑也。"

后来人们便用"扶桑"代指中国以
东的地方，如日本。《梁书·诸夷传·扶
桑国》记载："扶桑在大汉国东二万余
里，地在中国之东，其土多扶桑木，故
以为名。"唐朝诗人韦庄在《送日本国
僧敬龙归》一诗中也写道："扶桑已在
渺茫中，家在扶桑东更东。此去与师谁
共到，一船明月一帆风。"

1931年十二月，日本留学生增田涉在来华向鲁迅先生请教翻译《中国小说史略》
的有关问题、与鲁迅先生朝夕相处数月后归国，鲁迅在送别时写了一首感人的七绝
诗——《送增田君归国》："扶桑正是秋光好，枫叶如丹照嫩寒。却折垂杨送归客，心随
东棹忆年华。"全诗短短四句，情深意长，十分感人。诗中的"扶桑"即代指日本。

浪漫的斐济人每年八月都举行传统的"扶桑节"，历时七天。节日期间，人们用红
色的扶桑花装饰大街小巷、牌楼彩车，张灯结彩，盛装游行。节日的高潮是评选出三名
"扶桑皇后"，并为她们戴上插满红色扶桑花的美丽皇冠，节日十分隆重。

扶桑花是马来西亚的国花，马来语中叫"班加拉亚"，即"大红花"的意思。他们
把扶桑当作马来民族热情和爽朗的象征，比喻为烈火般热爱祖国的激情。扶桑花还是苏
丹、斐济的国花和美国夏威夷的州花。

夏威夷大面积栽种扶桑花，看到扶桑花就会让人想起碧海蓝天的沙滩和腰挂草裙、
耳插扶桑的土著美女。而在非洲一些热带地区，扶桑花是生命、和平的象征。

"忆别汤江五十霜，蛮花长忆烂扶桑。"扶桑花朝开暮落，时间十分短暂，但是，
前花落了后花开，绵延一整年，既美丽又耐看，而且文化底蕴很深，在校园里多种些扶
桑花，应当是很好的选择。

扶 桑

又名朱槿、桑槿、赤槿，锦葵科木槿属。常绿灌木，小枝
圆柱形。叶阔卵形或狭卵形，花单生于上部叶腋间，常下垂，
花冠漏斗形，玫瑰红色或淡红、淡黄色，花期全年。
校园分布：芙蓉湖旁，东苑排球场旁，情人谷等。

绿肥红瘦秋海棠

昨夜雨疏风骤，浓睡不消残酒。

试问卷帘人，却道海棠依旧。

在《如梦令·昨夜雨疏风骤》一词中，李清照借宿酒醒后询问花事的描写，曲折委婉地表达了自己对海棠的爱怜和惜花伤春之情，语言清新，词意隽永。

海棠是蔷薇科和秋海棠科冠名海棠、开花娇艳的一类植物的统称，主要有木本和草本两大类：木本海棠都是蔷薇科的，包括苹果属和木瓜属的海棠，其中西府海棠、垂丝海棠归于苹果属；贴梗海棠和木瓜海棠归于木瓜属，这四种海棠习称"海棠四品"。草本海棠则是秋海棠科的，如秋海棠、四季秋海棠等，均为多年生草本植物，归于秋海棠属。

海棠树姿优美，花姿潇洒，若云似锦，芳香袭人，自古以来就是雅俗共赏的名花，素有"花仙子""花贵妃"之称。常与玉兰、牡丹、桂花相配植，栽种在皇家园林中，构成"玉棠富贵"的意境。

海棠花五彩缤纷。那淡淡的花苞白里透粉，粉里透白。花骨朵的颜色则是紫红色的，和绽开的花朵形成了鲜明的对比。陆游称"猩红鹦绿极天巧，叠萼重跗眩朝日。"形容海棠花叶繁茂，色彩缤纷，可与朝日争辉。其绿色小叶片托起粉红的花朵，不论远看近看，都显得十分可爱，正如季羡林所赞美的，"那一树繁花的尖顶，绚烂得像是西天的晚霞"。

海棠花雍容华贵。她花朵饱满，叶色柔媚，虽然花期不长，却透着华丽脱俗的内涵和女王般典雅的气质。如陆游诗云："虽艳无俗姿，太皇真富贵。"海棠的花瓣落下时，白里透粉的花瓣洒落一地，海棠的花香也四处飘逸。

海棠花天真烂漫。在阳光照射下，初开的海棠合着花瓣儿，就像一个美丽的小姑娘羞红了脸，紧紧依偎在粗糙的树干上；盛开的海棠大胆张开圆形的花瓣和金黄色的花蕊，如阳光般温暖。

海棠有"解语花"之称，历代文人赞美之声不绝于耳。苏东坡在《海棠》一诗中写道："东风袅袅泛崇光，香雾空蒙月转廊。只恐夜深花睡去，故烧高烛照红妆。" 表达了诗人对海棠的特殊情感。宋代刘子翚诗云："幽姿淑态弄春晴，梅借风流柳借轻……几经夜雨香犹在，染尽胭脂画不成。"把海棠比喻为娴静的淑女，集梅、柳之优点于一身，即使历经风雨，依然清香犹存，妩媚动人。

元好问在《同儿辈赋未开海棠》一诗中说："枝间新绿一重重，小蕾深藏数点红。爱惜芳心莫轻吐，且教桃李闹春风。"对含苞待放的海棠情有独钟。到了近代，"鉴湖女侠"秋瑾在《秋海棠》一诗中，从全新角度表达了对秋海棠的赞美："栽植恩深雨露同，一丛浅淡一丛浓。平生不借春光力，几度开来斗晚风？" 显示出她顽强不屈、独自奋斗的气概。

历代以海棠为题材的名画也不胜枚举，譬如宋代佚名的《海棠蛱蝶图》、现代艺术大师张大千晚年画的《海棠春睡图》等，无不脍炙人口，受到广泛赞誉。

秋海棠不仅花形多姿，花色多样，有白、粉、红等颜色；一年四季均可开花，但以春秋二季为盛。秋海棠类有四百种以上，分为球根、根茎及须根秋海棠三

大类。叶色有纯绿、红绿、紫红、深褐及白色斑纹等，其花、叶、茎、根均可入药。

厦大校园里栽种的海棠主要是四季秋海棠，有红绿色和红铜色两种；树姿秀美，叶片油绿光洁，花朵玲珑娇艳，广为大众所喜闻乐见。秋海棠花有红、桃、白、复色等，花形有重瓣、单瓣之分，重瓣品种较难栽种。海棠花含蜜汁，是很好的蜜源植物。作为糖制酱的作料，风味也很美。

海棠果营养价值丰富，可与猕猴桃相媲美，有"百益之果"的美誉。它还是药食兼用食品，具有利尿、消渴、健胃等功能和祛风、顺气、舒筋、止痛的功效，并能解酒去痰，煨食止痢。果实蒸煮后做成蜜饯，也可供药用；在民间药方中，海棠是治疗泌尿系统疾病的主要药物之一。

在各种海棠中，西府海棠树态峭立，既香且艳，花姿明媚动人，楚楚有致，是海棠中的上品。花未开时，花蕾红艳，似胭脂点点，开后则渐变粉红，有如晓天明霞。它的花瓣很多，里面的花蕊是黄色的，也略带一种白色，非常符合她那清秀典雅的气质。它的花瓣叶很薄，指尖滑过，像碰着丝绸一样，让人感觉非常柔滑，非常舒服。

清明时节，海棠花开，让我想起敬爱的周恩来总理，想起他抱病在第四届全国人大所做的政府工作报告，想起他逝世时"十里长街送总理"的悲恸场景。海棠依旧，而周总理已离开我们将近半个世纪了。西花厅庭院里的海棠花是总理生前最喜爱的花。每当花开时节，微风送来芳香满院，清香便飘溢在总理的办公室里。

岁月无声，海棠依旧。敬爱的周总理，"这盛世，如你所愿。"您永远留在我们心中，留在亿万中国人民的心中。

四季秋海棠

又名四季海棠，秋海棠科秋海棠属。多年生草本或木本植物，姿态优美，叶色娇嫩光亮，花朵成簇，四季开放，多数为粉红色，带有清香，艳而不俗，华美端庄。通常7月开花，8月开始结果。
校园分布：苗圃。

一片枫叶一片情

秋风吹红丹枫树。

秋天来了，山坡上那些黄栌、紫丁子和五角枫开始变红了，它们先是一小片一小片的变红，然后再向周边逐渐弥漫开来。待你发现时，仿佛一夜之间，满山都是红叶了。这些红叶红得那么赤诚、那么热烈，红得像一团团燃烧的生命。

随着人们生活水平的提高，秋季赏枫已成为许多人秋天出游的必备项目。人们俗称的"枫树"实际上包含两种不同科属的植物：一种是槭树科槭树属的"枫树"，也叫槭树，包括秋叶红艳的鸡爪槭、三角枫、五角枫、秀丽槭、五裂槭、三峡槭、关东槭、三花槭；秋叶黄色的梓叶槭、元宝槭、青榨槭；春叶红艳的红槭等。还有一种是金缕梅科枫香树属的"枫树"，如枫香树。

这两种不同科属的植物虽然十分相像，到了秋天都是满树红叶，但在植物形态特征上仍有一些差别。俗话说"三枫五槭"，"三枫"意指枫香树的叶片是三裂的，"五槭"意指槭树的叶片是五裂的，

这是它们之间的一个不同特征。同时，枫香树有香味，而槭树没有香味；枫香树的果实是刺球状的圆形蒴果，而槭树的果实是翅果；枫香树变色后迅速掉落，颜色相对较浅，而槭树变色后持续时间长，颜色也较深；枫香树多生长在温暖、湿润的地区，而槭树多生长在寒冷或湿度较大的地方。

虽然花非花，雾非雾，此枫非彼枫，但在宽泛的意义上，人们都把它们通称为枫树。《花经》云："枫叶一经秋霜，酡然而红，灿似朝霞，艳如鲜花，杂厝常绿树种间，与绿叶相称，色彩明媚，秋色满林，大有铺锦列秀之致。"

枫树一到秋天，树叶就变红，色泽绚烂，层林尽染，这与枫叶中叶绿素和花青素的变化有直接的关系。植物树叶中通常含有大量叶绿素，所以颜色是绿色的。到秋天时天气变冷，树木生长减慢，树叶里的叶绿素也逐渐减少，最后只剩下叶黄素，树叶也就变成了黄色。而枫叶里含有一种特殊物质，即花青素，它和叶绿素恰好相反，随着天气转凉数量逐渐增多，从而使枫树叶变成了红色。

枫树为著名的秋季红叶树种，古今文人墨客吟颂颇多。"数树丹枫映苍桧"，这是陆游的描写；"马嘶红叶萧萧晚，日照长江滟滟秋"，这是赵碬的观察；"明朝挂帆席，枫叶落纷纷"则是李白的慨叹。他们都从不同角度写出了枫树的季相变化，表达了面对丹枫落叶的深切感受。

"停车坐爱枫林晚，霜叶红于二月花。"杜牧在《山行》一诗中盛赞枫树，绚丽的晚霞和红艳的枫叶交相辉映，让他流连忘返，不舍离去。通过这一片层林如染的红色，他看到了秋天像春天一样的生命力，看到了秋天山林呈现出的生机勃勃的景象。

"月落乌啼霜满天，江枫渔火对愁眠。"这是张继在《枫桥夜泊》中的描写。在他眼里，江枫和渔火交织在一起，让人泛起缕缕轻愁，凸显了他在旅途中的孤单寂寞，使江南水乡秋夜的景色显得更加幽美，更加意味深长。

"日暮秋烟起，萧萧枫树林。" 面对日暮的秋烟和萧瑟的枫林，戴叔伦发出历史的感慨："沅湘流不尽，屈宋怨何深。"他为屈大夫抱不平，可是，三湘大地的沅水、湘水尚且流不尽三闾大夫的冤屈，自己又能怎么样呢? 他只能留下沉重的叹息。

最让人痛彻心扉的，当属那位写过"恰似一江春水向东流"的"亡国之君"李后主。在《长相思》中他写道："一重山，两重山，山远天高烟水寒，相思枫叶丹。鞠花开，鞠花残，塞雁高飞人未还，一帘风月闲。"在塞外苦寒之地，思念故国满山云锦、枫叶流丹的景色，他的那种痛、那种悔该算是极致了。

"染得千秋林一色，还家只当是春天。" 在众多的红叶树种中，枫香树树干高大，独树一帜。春秋佳日，红叶满园，其艳丽不减妖娆群芳，极具魅力。厦大校园里种植的"枫树"便是枫香树，因全树含有芳香的挥发油而得名。

枫香树的花、叶、果形态都很特别。它的花为单性花，雌雄异株；它的叶自芽苞中萌发后，从嫩绿到碧绿再到金黄和红色，在枝梢报告着季节的变化；它的果在落叶之后，仍会挂在枝上，一个个犹如蜷缩的小刺猬般的果子，在秋风中轻轻摇曳，十分可爱。

一片落叶渲染了秋色，一季落花沧桑了流年。"我爱美丽的秋天，我更爱枫叶一片片；要在片片的枫叶上，写下我俩的心愿……"这是林青霞主演的电影《枫叶情》的主题歌，也是一首怀旧的爱情老歌。自古就有枫叶传情一说，因为枫叶的火红象征着热恋的激情，而作为落叶的血色残红，又象征着爱情的悲壮。

在这个秋风撩人的季节，何不赏枫去?

枫香树

金缕梅科枫香树属。落叶乔木，大树参天；单叶互生，叶掌状三裂，花期3~4月，果期8~9月；深根性，主根粗长，抗风力强；秋季日夜温差大后叶变红、紫、橙红等，增添园中秋色。

校园分布：生物一馆前草地。

一路槐花沁脾香

　　美丽的红五月来临了。芙蓉楼前的黄花槐开得金灿灿的，那一树的美丽娇艳，让人如入桃花源里，不知今夕何夕。

　　黄花槐原产于南亚、东南亚和大洋洲等地，世界各地均有栽培。树姿优美，枝叶茂盛，花期长，开花时满树金黄，花色灿烂，富热带特色，为美丽的观花树、庭园树和行道树，有很高的观赏价值。

　　黄花槐全年均能开花，因此人们可以看到待放的花苞、盛开的花朵、扁平的荚果同时出现在枝头上。一季黄槐花盛开，枝头上缀满了一朵朵黄色的小花，有的花朵盛开，有的含苞待放，盛开的黄色花朵似乎把绿色的叶子也染成了黄色。仔细观察，还能发现蜜蜂在漂亮的花间飞来飞去，显得十分快乐。在一片葱茏翠绿的树木中，花开满树的黄花槐显得特立独行，格外娇艳美丽，也格外惹人喜爱。

　　遥想当年，黄槐花开的绚烂时光，我就住在芙蓉楼里。槐花的香味随着微风从摇摆的窗帘里飘然入屋，满屋子都弥漫着扑鼻而来的花香气息。沁人的花香和书本的墨香交织在一起，让人对未来充满了憧憬。晨光中我走向窗台，推开窗感受风的活力，肌肤的每一个毛孔似乎都轻轻呼吸着风的畅快、花的清香……

从此，在每一个黄槐花开的季节，每一个云淡风轻的日子里，每当嗅到一缕槐花的香味，我都会特别怀念那一抹黄槐花的娇艳妩媚。即使在炎热的夏季，在雷雨比较多的台风季，只要想到黄花槐盛开的清凉夏日，心里就充满了快意，充满了力量。

黄花槐与人们熟知的槐树虽然都是"槐"字当头，也都是豆科植物，但黄花槐是豆科合欢属的，而槐树是豆科槐属的。槐树又称国槐，其树型高大，羽状复叶和刺槐相似。花为淡黄色，花期在夏末，是一种重要的蜜源植物，可烹调食用，也可作中药或染料。未开的槐花俗称"槐米"，是一种中药。槐树的叶和根皮、荚果也均可入药，有清凉收敛、止血降压、清热解毒作用；木材可供建筑用，种仁含淀粉，可供酿酒或作糊料、饲料。皮、枝叶、花蕾、花及种子用。

古代赞美槐树的诗歌有很多，魏晋诗人繁钦在《槐树诗》中写道："嘉树吐翠叶，列在双阙涯。旖旎随风动，柔色纷陆离。"描写了槐树随风飘动的翠叶和旖旎的姿态。唐代诗人李频在《述怀》一诗中，借季节的变化和槐花的开落抒发了心中的愁苦："望月疑无得桂缘，春天又待到秋天。杏花开与槐花落，愁去愁来过几年。"苏东坡也有"槐街绿暗雨初匀，瑞雾香风满后尘"的诗句，赞赏满街槐花夹道，清香徐来。

唐代大诗人白居易对槐花"情有独钟"，写过不少关于槐花的诗。如《暮立》："黄昏独立佛堂前，满地槐花满树蝉。大抵四时心总苦，就中肠断是秋天。"虽然满地槐花，诗人却心中愁苦，只好独立佛堂，祈求佛祖的保佑；在《秘省后厅》中他写道："槐花雨润新秋地，桐叶风翻欲夜天。尽日后厅无一事，白头老监枕书眠。"官署外的槐树，枝叶参差错综，绚丽繁茂，风雨来时，婀娜多姿，充满了飘忽动态之美，诗人无所事事，便枕着书安然入眠了；而在《夏夜宿直》中

他说："人少庭宇旷，夜凉风露清。槐花满院气，松子落阶声。寂寞挑灯坐，沉吟蹋月行。年衰自无趣，不是厌承明。"院子里成片的槐树像撑开的绿伞，让人感到无比清爽凉快，然而这枯燥乏味的工作却让人感到寂寞、感到无趣，何时才能摆脱这种境遇、回归自然呢？诗人借槐树表达了对自由闲适生活的向往。

台湾作家张晓风在散文《遇》中写道："铁刀木的黄花平常老是簇成一团，密不通风，有点滞人，但那种树开的花却松疏有致，成串的垂挂下来，是阳光中薄金的风铃。这一树黄花在这里进行说法究竟有多少夏天了？花的美，可以美到令人恢复无知，恢复无识，美到令人一无依恃，而光裸如赤子。我敬畏地望着那花，哈，好个对手，总算让我遇上了，我服了。"

"明朝骑马摇鞭去，秋雨槐花子午关。"黄槐花开，花香满径。让我们在黄槐花香中自由地呼吸，自由地放歌吧！

黄 槐

又名黄花槐、黄槐决明，豆科合欢属。灌木或小乔木，分枝多，小枝有肋条；叶轴及叶柄呈扁四方形，总状花序生于枝条上部叶腋内；花瓣鲜黄至深黄色，荚果扁平、带状、开裂，花果期几近全年。
校园分布：芙蓉二、高尔夫练习场周边。

石楠红叶透帘春

石楠红叶透帘春，忆得妆成下锦茵。

试折一枝含万恨，分明说向梦中人。

春天是红叶石楠发红的季节，长出来的新枝嫩叶，都透着鲜红；然而到了夏天，这些树叶却不声不响地转变成亮绿色，给人清新凉爽的感觉；进入秋、冬，石楠树叶重新变回红色，且色彩艳丽持久，极具生机，可谓"霜重色逾浓，天寒叶更艳"。

石楠枝繁叶茂，枝条能自然伸展成圆形树冠，终年常绿。其叶片翠绿色，具光泽，早春幼枝嫩叶为紫红色，枝叶浓密，老叶经过秋季后部分出现赤红色。夏季密生白色花朵，秋后鲜红果实缀满枝头，白花红果，既可观叶观花，又可观果，是极具观赏价值的常绿树种。

石楠通常作为庭荫树或进行绿篱栽植，可根据园林绿化布局需要，修剪成球形或圆锥形等不同的造型。在园林中孤植或丛栽均可，使其形成低矮的灌木丛，并与金叶女贞、红叶小檗、扶芳藤、俏黄

芦等组成美丽的图案。

石楠木材坚密，可制车轮及器具柄；种子榨油供制油漆、肥皂或润滑油用；可作枇杷的砧木，用石楠嫁接的枇杷寿命长，耐瘠薄土壤，生长强壮。叶和根供药用为强壮剂、利尿剂，有镇静解热等作用；又可作土农药防治蚜虫，对马铃薯病菌孢子发芽有抑制作用。萌芽力强，耐修剪，对烟尘和有毒气体有一定的抗性。

石楠的主要品种有光叶石楠、毛叶石楠和红叶石楠。红叶石楠又名火焰红、千年红，是石楠杂交种的统称，常见的有红罗宾和红唇两种，其中红罗宾的叶色鲜艳夺目，观赏性更佳。红叶石楠就是因其鲜红色的新梢和嫩叶而得名的。

红叶石楠虽然是石楠的变种，但彼此在品种、植物形态等方面仍存在一些差别：石楠别名红树叶、石岩树叶、水红树、山官木等，属蔷薇科、石楠属、石楠种；而红叶石楠别名红罗宾、红唇、酸叶石楠等，为蔷薇科、石楠属的杂交种。石楠是常绿灌木或中型乔木，株型较大，通常高3~6米，最高可达12米；而红叶石楠是常绿小乔木或灌木，株型较小，一般高度在2~5米左右。石楠的叶片是椭圆形状的，比较光滑；而红叶石楠的叶片呈现长圆形状，比较厚，边缘长有齿轮状。石楠的果实颜色为艳红色或褐紫色，果期在十到十一月份；而红叶石楠的果实颜色为黄红色，果期在九十月份开始结果，果实小巧玲珑。石楠主产于中国、日本和印度尼西亚；而红叶石楠的分布范围更广，除东亚、东南亚外，还包括北美洲的亚热带和温带地区。

在这春寒料峭的时节，石楠的"红"红得十分特别，既不是桃花似的粉红，也不是玫瑰般的深红，而是一种宝石红，红

得有质感，亮得有光泽，红得
热烈，红得醉人……

古代诗人对石楠多有赞美
之词。宋代一位诗人在《和中
丞晏尚书西园石楠红叶可爱》
一诗中描写道："几岁江南树，
高秋洛涘园。碧姿先雨润，红
意后霜繁。影叠光风动，梢迷
夕照翻。一陪幽兴赏，容易到
黄昏。"把石楠经过雨水冲洗
后越发滋润、越发碧绿，经过
多次霜打后逾益鲜红、逾有生机的特点描写得淋漓尽致。

另一位诗人在《和宣州钱判官使院厅前石楠树》一诗中也有精彩的描述："生长如
自惜，雪霜无凋渝。笼笼抱灵秀，簇簇抽芳肤。寒日吐丹艳，赪子流细珠。鸳鸯花数重，
翡翠叶四铺。雨洗新妆色，一枝如一姝。"在诗人笔下，石楠如同出浴的美人般活泼灵
秀，肌肤芳香，风情万种。

厦大校园里的石楠和红叶石楠均分布较广，为校园绿化、美化、香化发挥了重要作
用。尤其是花匠们精心培植的红叶石楠球，上半球是火红的，下半球是碧绿的，红绿相
间，格外吸引人们的眼球。

宋代诗人高似孙在《石楠》一诗中咏道："自随野意订山行，香学楠花白水生。借
得风来帆便饱，隔溪新度一声莺。"从春夏到秋冬，看着石楠由红变绿，再由绿变红，
似乎使人们悟到，事物是不断变化的，物极必反。一种植物是如此，为人处世又何尝不
是如此呢？

石 楠

又名红树叶，蔷薇科、石楠属。常绿灌木或小乔木，枝褐
灰色，叶柄粗壮，花密生，花瓣白色，近圆形；花药带紫色；
果实球形，红色，后成褐紫色；花期4~5月，果期10月。
校园分布：化学楼旁。

秋来含笑再芬芳

　　"只有此花偷不得，无人知处忽然香。"南宋才子杨万里在《二含笑俱作秋花》一诗中描写的含笑花，是一种著名的芳香花木，苞润如玉，香幽若兰。即使在无人知晓的地方，也一样会发出自然甘美的芳香。

　　含笑原产岭南地区，多生于阴坡杂木林中，溪谷沿岸尤为茂盛。花开放时，含蕾不尽开，含蓄腼腆，如美人含笑，故称"含笑花"。杨万里形容它"半开微吐长怀宝，欲说还休竟俯眉"，可以说十分贴切。由于其香味如熟透的香蕉，又称"香蕉花"。现广植于全国各地，在长江流域各地栽培时通常需在温室越冬。

　　含笑花开在仲春，花瓣像手掌托物微微张开，花色如掺有奶白般温润柔和，加之饱满富有光泽的旁叶，衬得花朵极为娇俏，令人赏心悦目。将欢笑花置于家中，既可以增添生机，也能舒缓眼部疲劳，驱散心中郁结。

　　含笑是以香气和姿态制胜的，其香入骨，其姿含蓄。香气到了无法隐藏的地步，自然是淳厚的。当盛花时，陈列室内，香味四溢，是花叶兼美的观赏性植物。含笑花自古就是人们所悉喜爱的观花型植物，古时女子的发髻边，每到阳春三月是少不了一朵含笑花的。她们借了含笑的香气，把自己的日月过得美了。直到今天仍有人摘了含笑，用纳鞋底的粗线，串成一条花带，戴在项间。

含笑通常被作为庭园观赏植物，向日嫣然，临风莞尔，绿叶素荣，树枝端雅。当花苞膨大而外苞行将裂解脱落时，所采摘下的含笑花气味最为香浓。含笑除供观赏外，花有水果甜香，花瓣可拌入茶叶制成花茶，亦可提取芳香油和供药用。其花香清雅迷人，散发在居室内给人的舒适感很强烈，对室内的空气改善效果很明显。同时，含笑和其他植物一样，具有一定的清新空气功能。

含笑多半生长于山坡地杂林中，具有一定的药用价值。它可以帮助人体更快进行新陈代谢，将其制成花茶饮用，不仅可利尿，促进体内毒素及时排除，帮助降血脂和减肥；而且具有安神减压、活血调筋、养肤养颜、纤身美体、强身健体、祛病延年等的神奇功效；经常饮用可使皮肤细嫩红润、光洁亮丽、富有光泽和弹性，对身体健康有很大好处。

含笑花生于叶腋，花梗不长，花朵也不大，花开而不放，似笑而不语，不仅含蓄，而且低调矜持，有隐逸之风，再加上其贞洁高雅，芳香宜人，完全符合古代中国人的审美观和价值观，

含笑开花时不张扬，不把花蕾全部打开，等于给其他春花留下了空间。一个人好处用尽必不长久，"花开半时，酒至半酣"，也许是人生最好的状态。所谓"微醺"，其魅力就在

举手投足间的浅然一笑，欣然同往；其动人心处，就在那朦胧中的诗意，暗香处的诱惑。它在含笑花身上得到了完美的演绎。

从惊蛰开始含苞，到春分时零落，含笑开了十七八天。它不愿颓废地落下，而在花开尚好的状态下，就随风把花瓣一瓣一瓣地撒落。满身的幽香，一生的端庄、含蓄和宁静，正是含笑的真性情。北宋诗人郑润甫所写："自有嫣然态，风前欲笑人。涓涓朝泣露，盎盎夜生春"。

"南方花木之美者，莫若含笑。" 含笑花含蓄的外形、独特而浓郁的香味、贞洁高雅的神韵，赢得了宋代文人雅士的赞赏。最先接触含笑花的，是被贬岭南的士大夫、曾任北宋宰相的丁谓，被罢相贬为崖州（今海南三亚）司户参军期间，他写过一首《山居》诗："峒口清香彻海滨，四时芬馥四时春。山多绿桂怜同气，谷有幽兰让出尘。草解忘忧忧底事，花能含笑笑何人？争如彼美钦天圹，长荐芳香奉百神。" 在诗人笔下，中原虽好，怎比得上自己置身于美丽的旷野上，可以经常用鲜花奉献给天地百神呢？欧阳修对诗中"草解忘忧忧底事，花能含笑笑何人"一联十分欣赏，后被人们广为传颂。

同样曾被贬岭南的苏东坡，也在广州白云山目睹了含笑的芳容，并挥笔写下《广州蒲涧寺》一诗："不用山僧导我前，自寻云外出山泉。千章古木临无地，百尺飞涛泻漏天。昔日菖蒲方士宅，后来薝卜祖师禅。而今只有花含笑，笑道秦皇欲学仙。"并作注曰："山中多含笑花。"他对传说中能益寿延年的菖蒲不感兴趣，却看中了含笑，并借含笑花之口，讥笑那些痴迷于服食学仙的人。

苏东坡这首诗使含笑花知名度大增，以致中原许多文人雅士，都想见识一下这种产自岭南的奇花异草，并慕名前去寻访。为弥补居地无含笑花的缺陷，爱花心切的蔡襄写诗向岭南友人索取，诗题为《寄南海李龙图求素馨含笑花》。其诗云："二草曾观岭外图，开时尝与暑风俱。使君已自怜清福，分得新条过海无？"

宋室南迁之后，因首都临安（今杭州）离岭南更近，含笑花的移植栽培就更容易了。南宋初与岳飞等力主抗金的宰相李纲，在《含笑花赋》中，记载了含笑花被移植到杭州皇家园林一事，赞扬含笑花是"南方花木之最美者"，称含笑花"国香无敌，秀色可餐……抱贞洁之雅志，舒婉娈之欢颜……苞温润以如玉，吐芬芳其若兰……嗅之弥馨，察之愈妍，信色香之俱美，何崑芷而握荃。"将含笑花的形、色、香、韵都描绘得细致入微。

含笑花有多种花色和品种，杨万里称："秋来二笑再芬芳，紫笑何如白笑强"，诗中"二笑"指大含笑花和小含笑花；紫笑指花边有紫晕的紫含笑，白笑指白色的茉莉含笑。秋天到来时，不仅大含笑和小含笑会再次弥散出幽幽芳香，而且紫含笑和白含笑一样芬芳。

"庄严自己，就是尊重别人"。含笑的花语是"含蓄，美丽，庄严，纯洁，高贵"。能把这么多美好词语一并拥有的花，委实不多，因此应当倍加珍惜。

含 笑

又名含笑梅、香蕉花，木兰科含笑属。常绿灌木，分枝多而紧密组成圆形树冠，芽及嫩枝、叶柄、花梗均密被黄褐色绒毛。花腋生，黄色至淡黄色，具芳香气味；花被片椭圆形，肉质，花期5~7月；果熟期9~10月。

校园分布：白城居民区、国光路等。

乌桕树红霜落早

"杜鹃花发杜鹃叫，乌桕花生乌桕啼。"当杜鹃鸟在杜鹃树上深情啼叫的时候，乌桕鸟也在乌桕枝上欢快地鸣叫，这真是一幅花鸟互动、植物与动物和谐相生的生动画面。

乌桕树是大戟科落叶乔木，俗名木梓树，在乡间田野、村口河畔几乎随处可见。乌桕树因乌臼鸟而得名，在古代有很多植物的名字与鸟的名字是一样的。南北朝时期有一首名为《乌夜啼》的民歌唱道："可怜乌臼鸟，强言知天曙，无故三更啼，欢子冒暗去。"

乌桕是一种色叶树种，五月开细黄白花。春秋季叶色红艳夺目，不亚于丹枫。尤其是深秋，叶子由绿变紫、变红。叶落籽出，露出串串"珍珠"，这就是木籽。籽实初青，成熟时变黑，外壳自行炸裂剥落，露出葡萄大的白色籽实。

宋代著名诗人杨万里的《秋山》写道："乌桕平生老染工，错将铁皂作猩红。小枫一叶偷天酒，却倩孤松掩醉容。"诗人将乌桕与枫叶进行比，从中可以看出，乌桕的颜色经历了从暗黑变成猩红的过程，就像是枫树醉酒的颜色一般，叶子的颜色也一下子转成了绯红。这里采用拟人化的手法，将乌桕与枫叶交织起来，动态地展现了秋景的美妙。

乌桕也是速生的经济林木，生长快，栽后一般三至四年开花结实，嫁接可提前一两年开花结实，十年以后进入盛果期，可延续至五十年，经济寿命在七十年左右。

乌桕是中国特有的经济树种，也是一种重要的工业用木本油料树种，已有一千四百多年的栽培历史。其种子外被之蜡质称为桕蜡，可提制皮油，是制造高级香皂、雪花膏、蜡纸、蜡烛、甘油、润滑油和棕榈酸的重要工业原料，又可以提取硬脂酸；种仁榨取的油称桕油或青油，可供油漆、油墨、涂料等用，适于涂油纸、油伞、涂饰机器、制造油墨等；还可供中医熬制膏药，作生发油、擦亮金属、作机轮防锈剂等。乌桕叶含有单宁，可以做黑色染料，用于染衣物等。桕仁饼可做肥料，也可用来做洗衣服用的土碱。但是，桕籽饼不能做肥料，只能做燃料。乌桕树根还可做治疗晚期血吸虫病药物的原料。此外，乌桕树干的材质坚韧，不翘不裂，纹理细致，可做车辆、家具，或做雕刻原料。

乌桕对有毒氟化氢气体有较强的抗性。但自身有微毒，其木材、树汁、树叶及果实均有一定毒性。乌桕以根皮、树皮、叶入药。根皮及树皮四季可采，切片晒干；叶多鲜用，可杀虫、解毒、利尿、通便。

乌桕树冠整齐，叶形秀丽，秋叶经霜时如火如荼，十分美观，有"乌桕赤于枫，园林二月中"之赞美。若与亭廊、花墙、山石等相配，更显协调。冬日白色乌桕子挂满枝头，经久不凋，也颇美观，古人就有"巾子峰头乌桕树，微霜未落已先红""偶看桕树梢头白，疑是江海小着花"的诗句。

乌桕花开别有春。每年春暖花开、百花竞放的时节，乌桕树却甘于寂寞，从容地冒出几片红叶，而不急于开花。它迎着春风，淋着春雨，一股劲地向上生长。嫩叶由红变紫、变绿，细枝由紫变青、变粗。一整个春天能长出几尺高，枝叶扶疏，树冠整齐，树姿优美。

"日暮伯劳飞，风吹乌

柏树"。晚风顿起，红霞满天，伯劳翻飞，树摇影动，摇曳出一幅美丽的乡村春景画。"独木桥边乌桕树，鹁鸠飞上枝头啼"，鹁鸠营巢桕树，小桥流水人家，活脱脱一张诱人的"乌桕文禽图"。

初夏时节，乌桕花开。那翠嫩的枝头上，生出一串串花穗，像北方的小米穗，又像本地的狗尾巴草。上面缀满了数不清的黄绿色细密小花，透着勃勃生气。花香四溢，蜂鸣蝶舞。这花粉可是上乘的蜜源，每串花穗旁都有两丛红叶，像卫兵在守望着花开。桕花的花期足有两三个月长，可以好好观赏。

寒露霜降，天气骤凉。乌桕的叶子由绿变黄、变红。有道是"红叶秋山乌桕树，回风折却小蛮腰"，风中的乌桕好像一名红衣少女，扭动细腰，迎风起舞，舞出一树红花。"凭栏高看复低看，半在石池波影中"。山头的乌桕，秀色更迷人，高看低看反复看，

影映池中也成花。清代戏剧家李渔说："木以叶为花者，枫与桕是也。枫之丹，桕之赤，皆为秋色之最浓。"确实，"枫桕姊妹花，结成一对红"，用满腔的激情，将浓浓的秋色绘成了火红的春天。

寒风乍起，落叶缤纷。乌桕树虬曲的枝丫印在蔚蓝的天空，犹如一幅简笔画。树枝上头，桕籽已经裂开，露出雪白的蜡层，恰似梅花万朵。

我从小就和乌桕打过交道。那时常到百源清池边的同学家去，而他家门口就种着几株乌桕树。课后，我们经常坐在乌桕树下一边聊天，一边看过往的行人和池中的鱼儿，从夏天看到秋天，看到寒霜降、桕籽裂。正应前人所说"偶看桕籽梢头白，疑似江梅小着花""千林乌

柏都离壳，但作梅花一路看"。

　　"乌桕微丹菊渐开，天高风送雁声哀。诗情也似并快刀，剪得秋光入卷来。"陆游在《秋思》中描绘了乌桕和菊花在秋风中渐次变红和开放的景象，隐含着一丝"悲秋"的伤怀。也许换一种心境，诗人就能跨越时空，和我们一起"从今日日增幽兴，水际先丹数叶枫"。

乌桕

　　又名腊子树、木梓树，大戟科乌桕属。落叶乔木，树皮暗灰色，单叶互生，叶柄细长。4~8月开花，穗状花序顶生，黄绿色。蒴果三棱状球形，10~11月成熟，种子黑色，外被白蜡，经冬不落。校园分布：亦玄馆旁。

柏树岁老根弥壮

丞相祠堂何处寻？锦官城外柏森森。

映阶碧草自春色，隔叶黄鹂空好音。

三顾频烦天下计，两朝开济老臣心。

出师未捷身先死，长使英雄泪满襟。

　　唐代诗人杜甫在这首脍炙人口的七律《蜀相》中，抒发了自己对诸葛亮才智品德的崇敬和功业未遂的感慨。全诗熔情、景、议于一炉，既有对历史的评说，又有现实的寓托，在历代咏赞诸葛亮的诗篇中，堪称绝唱。

　　诗中的锦官城指成都，而柏树为柏类植物的统称，包含侧柏、圆柏、扁柏、花柏等多个属，在中国分布极广。柏树庄重肃穆，四季长青，历严冬而不衰，常栽植于古寺名刹或公园、陵园、名胜古迹等地。

　　柏树是一种常见的温带植物，树形优美，枝繁叶茂，苍翠欲滴，加之材质坚硬、耐腐蚀，自古就为人们所喜爱。尤其是柏树具有特殊的香气，不易受病虫危害，而且耐旱，几百年乃至千年以上的老树仍苍劲挺拔，被誉为"百木之长"。

早在《诗经》中就有关于柏木的记载"泛彼柏舟，亦泛其流"，意为驾着柏木船儿荡悠悠，河中的水波漫漫流；《礼记》中把柏木称为"栝"；杜甫写有《古柏行》："孔明庙前有老柏，柯如青铜根如石。霜皮溜雨四十围，黛色参天二千尺。"赞美了久经风霜、挺立寒空的古柏，并借以称赞雄才大略、耿耿忠心的诸葛亮。

在中国，柏树是长寿不朽的象征。如在死者的坟地栽柏，便是寄托一种让死者"长眠不朽"的愿望。而在西方，柏树的名称也颇为传奇。据希腊神话记载，有一名叫赛帕里西亚斯（Zyparissias）的少年，爱好骑马和狩猎，一次狩猎时误将神鹿射死，悲痛欲绝。于是爱神厄洛斯建议总神将赛帕里西亚斯变成柏树，即不让他死，而让他终身陪伴神鹿。柏科植物的学名"Cupressaceae"即从赛帕里西亚斯的名字演变而来，柏树也因此成为悲痛、哀悼的象征。古罗马的棺木也是用柏木制成，希腊人和罗马人习惯将柏枝放入死者的灵柩中。

柏树品种众多，全世界柏科植物共有二十二属约一百五十种，分布于南北半球。中国国产有八属二十九种七变种，另引入栽培一属十五种，分布几乎遍及全中国，主要有侧柏、圆柏、龙柏等。

侧柏别名香柏、黄柏、扁柏、扁桧等，为中国特产树种。树干苍劲，幼树树冠尖塔形，成年树则呈椭圆形，树姿优美，为优良的景观树种，多栽植于公园、陵园、庙宇，给人以庄严肃穆的感觉。叶扁平呈鳞片状，交叉对生，排成一个平面列于小枝上。因"叶扁而侧生，故曰侧柏"。其枝叶含有特殊的清香，王维赞之曰："柏叶初齐养麝香。"

其木材淡黄褐色，富树脂，材质细密，纹理斜行，耐腐力强，坚实耐用。可供建筑、器具、家具、农具及文具等用材。种子与生鳞叶

的小枝可入药，前者为强壮滋补药，后者为健胃药、清凉收敛药及淋疾的利尿药。

圆柏是常绿乔木，古人称为刺柏、桧，树冠尖塔形或圆锥形，老树则成广卵形，叶深绿色。枝叶浓密，小枝下垂，树冠优美，在庭园中用途极广，通常作绿篱、行道树，还可以作桩景、盆景材料。与侧柏不同的是，圆柏同一树上既有刺叶也有鳞叶，一般幼株上是刺叶，老株上则二者兼有。侧柏的球果呈卵圆形，有疙疙瘩瘩的凸起，成熟后开裂，红褐色；而圆柏的球果呈球形，不开裂，青褐色。

龙柏是圆柏的变种，主枝延伸性强，侧枝排列紧密，全树宛如双龙抱柱。树形除自然生长成圆锥形外，有的将其攀揉盘扎成龙、马、狮、象等动物形象，或修剪成圆球形、鼓形、半球形，有的栽植成绿篱，经整形修剪成平直的圆脊形。龙柏侧枝扭曲螺旋状抱干而生，别具一格，观赏价值很高。

松柏经常被人们相提并论，两者虽然同属针叶植物，也同属裸子植物松柏纲（球果纲），一年四季皆常绿，但松和柏仍有所不同：松树的树干笔直，树叶尖，像一根针一样；而柏树的树干长得直，树叶小，呈鳞片状。常见的雪松、落叶松都是松科，侧柏、圆柏则是柏科。

松柏历来是古人赞美的对象。《论语·子罕》有"岁寒，然后知松柏之后凋也"，指在秋冬最寒冷的时节，只有松柏不改本色。唐代岑参有《使院中新栽柏树子，呈李十五栖筠》一诗："爱尔青青色，移根此地来。不曾台上种，留向碛中栽。脆叶欺门柳，狂花笑院梅。不须愁岁晚，霜露岂能摧。"王安石也有"岁老根弥壮，阳骄叶更阴"之句，

表示岁月越久根越壮实，太阳越炽烈枝叶越浓密，越显得茂盛葱郁。

柏树斗寒傲雪、坚毅挺拔，素为正气、高尚的象征。宋祁在《柏树》中写道："翠柏童然杂花间，簿书余暇独来看。不须更共春葩竞，留取青青待岁寒。"宋人陈郁在《昔人贵松柏》中也写道："昔人贵松柏，为有霜雪姿。折以赠远别，岁寒心不移。"古人赞美松柏，也是对自己坚定志向的表达。

记得十几年前到曲阜孔庙、孔林参观时，曾深为其中栽植的上千株参天古柏所震撼，这些古柏中侧柏和圆柏大约各有五百株，绝大部分古柏苍老遒劲、巍峨挺拔。

在厦大校园里，柏树也几乎随处可见，不少树干的下端还挂着"侧柏""圆柏""龙柏"等小巧的植物标识牌。如建南大会堂两侧和鲁迅广场，就栽植着不少圆柏。罗扬才烈士雕塑旁则种植着一些侧柏。更让人惊叹的是，在厦大抗战期间西迁长汀的旧址，即原长汀县孔庙的大成殿前，栽植着两株苍翠挺拔的千年古柏，历经千年风雨依然枝繁叶茂，郁郁葱葱，昂然挺立，令人肃然起敬。

古柏是历史的见证，它勾起了人们许多遥远的回忆。这所在抗战烽火中淬炼出来、被誉为"南方之强"的东南名学府，不就像这千年古柏一样，历春夏秋冬而常青、经严寒酷暑而不衰吗？

柏 树

柏科柏属。常绿乔木，分枝稠密，小枝细弱众多，枝叶浓密，树冠被枝叶包围，多为墨绿色的圆锥体。树皮红褐色，纵裂，小枝扁平，叶鳞片状。球花单生枝顶，球果近卵形，种子长卵形，是优良的园林绿化树种。

校园广为分布。

天风摇曳凌霄花

披云似有凌霄志，向日宁无捧日心。

珍重青松好依托，直从平地起千寻。

古往今来，凌霄花一直被视为志存高远的象征。在《咏凌霄花》一诗中，曾任宋朝宰相的文学家贾昌朝借描写凌霄花表达了自己高洁远大的志趣。

凌霄花是紫葳科的攀缘藤本植物，坚硬的树干连着嫩绿的枝条，老树新枝相互缠绕在一起，新枝条攀缘向上，不断向四处伸展。树叶每支都是五对左右，花冠每朵都是五瓣，呈漏斗形，像小喇叭口朝向太阳。花冠外部为橙黄色，内部为鲜红色。远远看去，大红、橘红或金黄色的花朵鲜艳欲滴，花开时枝梢仍继续蔓延生长，新梢次第开花，因此花期较长。

每到六月初，凌霄花蓓蕾绽放，一簇簇橘红色的花朵，远看像一簇簇小喇叭缀于枝头，迎风舞动，红绿相映，娇艳之极，给人以别样的美感，格外绚烂，也格外逗人喜爱。从夏初到晚秋，凌霄花日复一日花开花落，把俊美、淡雅和娇艳留给人间。酷热的夏日，它不惧热风热浪，群芳斗艳，晶莹璀璨。

凌霄老干扭曲盘旋、苍劲古朴，花色鲜艳，芳香味浓，是庭院绿化和室内盆栽的优良植物。生性强健的凌霄，借助于自身的气生根，攀缠于山石墙面树干之上，根沾土即活，茎沾土即长，默默无言，用自己的行动，展现一个决不妥协的攀登者顽强攀缘的风采。

凌霄花在我国有着悠久的栽培历史。早在春秋时期，《诗经》里就有关于凌霄的记载，当时人们称之为"陵苕"，"苕之华，芸其贵矣"说的就是凌霄。凌霄花之名始见于《唐本草》，在紫葳项下曰："此即凌霄花也，及茎、叶具用。"明末清初戏剧家李渔在《闲情偶记》中称"藤花之可敬者，莫若凌霄"，认为凌霄花是藤花里最具观赏价值的。

在传统文化中，凌霄还经常被作为天宫宝殿的名字，仿佛带有不落凡尘的脱俗之感和极为浪漫的神话想象空间。宋代诗人范成大在诗中写道："天风摇曳宝花垂，花下仙人住翠微。一夜新枝香焙暖，旋薰金缕绿罗衣。山容花意各翔空，题作凌霄第一峰。门外轮蹄尘扑地，呼来借与一枝筇。"把凌霄花视为"宝花"。

历代诗人们对于凌霄花的歌咏篇章众多且流传甚广。唐朝欧阳炯诗云："凌霄多半绕棕榈，深染栀黄色不如。满对微风吹细叶，一条龙甲入清虚。"描绘了凌霄的具龙之姿及花叶在微风下的动势。宋人杨绘诗赞："直绕枝干凌霄去，犹有根源与地平。不道花依他树发，强攀红日斗修明。"敢与太阳比鲜妍的花，必是血气方刚之花。宁愿攀缘生长，也不匍匐在地，这就是凌霄花的执拗与血性。

著名诗人陆游写有《凌霄花》一诗："庭中青松四无邻，凌霄百尺依松身。高花风堕赤玉盏，老蔓烟湿苍龙鳞。"凌霄花虬曲而多姿的枝干常常依附于其他支撑树木，攀缘其上，状若喇叭的橘红色花朵点缀在葱郁浓绿的叶片间，抬头望去，花朵如同凌驾于云霄间，惊艳夺目。这也使得无数诗人画家愿意为它而停驻目光。

宋代诗人陈造写道："高花笑

属赋花人，花自鲜明笔有神。可惜人间两清绝，不教媚妩对闲身。"对凌霄花的气节给予了充分肯定。凌霄花虽然没有牡丹的富贵，没有月季的娇艳与芬芳，但它却美而不扬，艳而不娇，与紫藤、忍冬及葡萄并称"四大传统藤花"，并经常与冬青、樱草一起，扎成花束赠送给母亲，以表达对母亲的热爱之情。

清末民初的著名海派画家王震，以画凌霄花而出名。他笔下的凌霄花墨色淋漓，花朵用色明丽，层次分明，笔法写实精细却不刻意呆板，将凌霄花风中摇曳之姿化然纸上，参差错落而不显杂乱，生动和谐地留下了凌霄花长久开放之美。

在千年古凤凰城——连云港市南城镇，凌霄花开遍原野，素有"凌霄之乡"的美誉。但由于凌霄借气生根攀缘它物向上生长的习性，加之现代诗人舒婷在《致橡树》中"绝不学攀缘的凌霄花，借你的高枝炫耀自己"的诗句，从而使人们对凌霄留下某些负面形象。想来凌霄花是无辜的。

"古来豪杰少人知，昂霄耸壑宁自期"，在陆游看来，真正的豪杰不求天下出名，却要有凌霄的志向和对自我的期待，像凌霄花一样低调而不凡。

凌霄花

别名紫葳、五爪龙、藤萝花，紫葳科凌霄属。攀缘藤本植物，借气生根攀缘生长，羽状复叶，小叶卵形，边缘有锯齿，花鲜红色，花冠漏斗形，结蒴果。花期5~7月。
校园分布：厦大水库边。

秋雨初晴鸡冠花

鸡冠本是胭脂染，今日如何浅淡妆？

只为五更贪报晓，至今戴却满头霜。

明代才子解缙在《咏鸡冠花》一诗中，对红、白两色鸡冠花进行了细致的描绘，比喻巧妙，构思奇特，字里行间，不难领略诗人敏捷的才思和出色的艺术造诣。

相传这首咏物诗还有一段趣话。据《花史》记载：有一次解缙与永乐皇帝在花园游玩，皇帝突然命解缙以鸡冠花作诗，解缙略一思索，起句道："鸡冠本是胭脂染"，一语刚落，永乐皇帝却从身后取出所执白鸡冠花，逗趣说："不是胭脂红，是白的。"解缙一愣，马上随机应变，紧接着赋出以下三句。虽是游戏笔墨，却不失为一首佳作。

作者开篇即点题："鸡冠本是胭脂染"，喻其颜色鲜红。然而，眼前出现的鸡冠花却是白的，诗人不免一惊："今日为何成淡妆？"一句发问，承上而启下，引出下面两句妙对——"只为五更贪报晓，至今戴却满头霜。"诗人从花名触发灵感，以鸡喻花，移物换形。鸡冠花成了公鸡头顶之冠，巧妙地把首句吟咏的红鸡冠花换成白鸡冠，令人击节赞叹！

鸡冠花为苋科一年生草本植物，原产非洲、美洲热带地区和印度，唐代随佛教被引进我国。鸡冠花夏秋季开花，花为穗状花序，多扁平、肥厚，那个顶戴看似只有一朵的花冠，其实是由众多小花组成的。这些小花错落折叠，合为一体，酷似雄鸡头顶上的扁平肉冠，显得傲然挺立，器宇轩昂，鸡冠花故而得名。鸡冠花的颜色鲜艳，有火红、紫红、棕红、橙红，金黄、淡黄或白色，以深红色最为常见。

鸡冠花品种众多，有扫帚鸡冠、扇面鸡冠、鸳鸯鸡冠以及大花冠周围环抱着许多小花冠的"百鸟朝凤"等等，仪容典雅、端庄贤淑。其形状像鸡冠，像手掌，像扇子。有的一簇簇堆在一起，像一个个大绣球，十分美丽。每朵花都长着细小的白色绒毛，衬托着火红的花朵，煞是好看！鸡冠花的种子比小米粒要小一点，紫红色的外壳光洁明亮，像一粒粒闪亮的小珍珠。

鸡冠花的生命力十分旺盛，随便种在盆里或地里，它都能茁壮成长。鸡冠花开起来虽然没有醉人的芳香，然而它那粉红的茎、茂盛的叶、艳丽的花，都体现出一种奔放的热情和旺盛的生命力。"秋光及物眼犹迷，着叶婆娑拟碧鸡。精彩十分伴欲动，五更只欠一声啼。"这首古诗生动地描写了鸡冠花的形、色，而且指明鸡冠花在秋季盛开。

唐朝诗人罗邺在咏《鸡冠花》一诗中写道："一枝浓艳对秋光，露滴风摇倚砌旁。晓景乍看何处似？谢家新染紫罗裳。" 诗人采用拟人手法，以人喻花，用著名舞女谢阿蛮的娇姿比喻鸡冠花的翩翩风采。借助丰富的想象和生动的描述，写出鸡冠花浓艳浪漫的色彩带给人绵延不绝的美感。

鸡冠花有"花中之禽"的美誉，一直都为历代文人墨客所倾倒。宋人钱熙曾把鸡冠花比作京城妇女时髦的头饰："亭亭高出竹篱间，露滴风吹血未干。学得京城梳洗样，染罗包却绿云鬟。"元人姚文奂又想象它刚从五陵相斗回来："何处一声天下白，霜华晚拂绛云冠。五陵斗罢归来后，独立秋亭血未干。"清代诗人傅于天在《鸡冠花》中这样歌赞它："霜雪频经过岁华，芬芳浓艳胜诸花。娇红谁说无多子，似汝娇红子倍加。"

中医认为，鸡冠花味甘、涩、凉，归肝、大肠经，有收敛止血、止带、止痢之功效。作为一种美食，鸡冠花营养全面，风味独特，堪称食苑中的一朵奇葩。鸡冠花对二氧化硫、氯化氢具丰富良好的抗性，称得上是一种抗污染环境的大众观赏花卉。

小时候在泉州城里走街串巷，就经常看到火红的鸡冠花，形似大公鸡鸡冠的花朵随风摇曳，十分好看。后来在厦大读书时，每逢节日，也经常看到鸡冠花被布置于花坛或道路旁。鸡冠花的花形奇特，花色艳丽，花序经久不凋，作大面积密植，极为美观。从七月中旬开始绽放，十月经风霜洗礼，照样红红火火不褪色。

人们喜欢鸡冠花，不仅欣赏它端庄典雅的仪容，更是颂扬它器宇轩昂，引颈高歌，激励人们闻鸡起舞、奋发向上的精神。

鸡冠花

又名鸡髻花、老来红，苋科青葙属。一年生草本植物，茎直立，叶披针形，花有红、黄、橙、紫或杂色，顶生穗状花序。分枝呈阔扁的鸡冠状或羽毛状，有时为圆锥状；种子扁球形，黑色，有光泽。花期全年，果期7~9月。

校园分布：白城宿舍区。

带雨红妆美人蕉

　　"带雨红妆湿，迎风翠袖翻。"梅雨季节，撑一把伞，漫步情人谷，在细雨中观赏美人蕉，真是一件令人赏心悦目、心旷神怡的美事。

　　沿着海滨东区的上坡小路，穿过隧道，情人谷的一汪碧水就展现在眼前。湖边美人蕉的华丽身影若隐若现，那美人蕉淋着雨水像上了红妆一样，水面上微风吹来，叶子像翠绿的衣袖翻转过来。湖边水湄处青青细草，翠绿荷叶，然而夺人眼球的无疑是一棵棵鲜美动人的美人蕉，宽大的绿叶如错落有致的裙裾，在风中摇曳，在雨中潇洒，一弧绿色之茎托出多姿斑斓的花蕾，格外引人举目。

　　美人蕉原产美洲、印度、马来半岛等热带地区，人工引种后全国各地均可栽培。其植株姿态妖娆，花色美丽，花形巨大，色彩鲜艳，如兰花美人蕉、大花美人蕉等。周年生长开花，适应性强，但不耐寒，霜冻后花朵及叶片凋零。根茎在长江以南地区可露地越冬，长江以北必须人工保护越冬。

美人蕉是多年生宿根草本植物，也是亚热带和热带常见的观花植物。通常春季四五月霜后栽种，萌发后茎顶形成花芽，小花自下而上开放，生长季里根茎的芽陆续萌发形成新茎开花，自六月至霜降前开花不断，总花期长。品种颜色多样，有红花美人蕉、黄花美人蕉、双色鸳鸯美人蕉等。

红花美人蕉花花朵较小，主要赏叶；黄花美人蕉花大而柔软，向下反曲，下部呈筒状；而双色鸳鸯美人蕉是美人蕉中少见的稀世珍品，因在同一枝花茎上开出大红与五星艳黄两种颜色的花而得名。更具观赏价值的是，其花瓣红黄各半，同株异彩，争奇斗艳，红花瓣上还点缀着鲜黄星点，黄花瓣上则装点着鲜红光斑，令人称奇叫绝。其叶节密生，叶片大而浓绿，四片叶时即可现蕾开花。

美人蕉的名字很有美感，犹如美人一样娇艳。不仅念起来朗朗上口，而且就像是在呼唤一个活生生的美人，不由让人心生欢喜。它的叶片肥大，颜色青翠如滴，花骨朵叶特别大，特别艳丽，开花时间又特别长。绽开时红得有如一团火，燃烧在盛夏炙热的空气中；橘黄和嫩黄色的美人蕉，色彩明亮，让人感觉格外娇艳，远远就能看见其恣意绽放的样子。

依照佛教说法，美人蕉是由佛祖脚趾所流出的血变成的，在阳光下盛开的美人蕉，让人感受到它强烈存在的意志。美人蕉性甘、淡、凉，其根茎清热利湿，舒筋活络，可治黄疸肝炎、风湿麻木及外伤出血、跌打、子宫下垂、心气痛等症。美人蕉花可止血，用于金疮及其他外伤出血。茎叶纤维可制人造棉、织麻袋、搓绳，其叶提取芳香油后的残渣还可做造纸原料。此外，它还能吸收二氧化硫、氯化氢、二氧化碳等有害气体，具有净化空气、保护环境的作用，是绿化、美化环境的理想花卉。

每当盛夏来临，情人谷湖边那一从丛金黄的美人蕉就开出了鲜艳的金黄色花朵，那种黄特别纯净，没有丝毫的杂色和斑点，是

一种明艳、灿烂的黄，因此也格外温暖人心。环绕着情人谷走一圈，湖岸边色彩斑斓的美人蕉不时扑面而来：玫瑰红的热情奔放，桃红色的妩媚迷人，粉白色的纯真高雅，胭脂红的似火如霞，橙色的鲜艳夺目，还有那鹅黄色的带着黑斑的大朵美人蕉，仿佛在向着灿烂的阳光热情微笑，让人流连忘返。

"亭亭清影绿天居，扇暑招凉好读书。"清代张湄在《美人蕉》一诗中盛赞美人蕉千姿百态、五彩斑斓。在情人谷如诗如画、美人蕉盛开怒放的地方读书，该是多大的造化呀！

美人蕉

又名兰蕉、昙华，多年生草本植物。地上枝丛生。单叶互生，具鞘状的叶柄，叶片卵状长圆形。总状花序，花单生或对生，绿白色，先端带红色；花冠大多红色、鲜红色；蒴果长卵形，绿色，花、果期3~12月。
校园分布：情人谷。

孔雀开屏旅人蕉

旅人蕉头上的光环可真不少：它是沙漠旅行者的"守护神"，是行走的水树，是世界上最大的草本植物，也是马达加斯加的国花。它的树干像棕榈一样，高大挺拔，犹如鹤立鸡群，独领风骚；叶片整齐排列在同一个平面上，形成一个巨大的扇形，像绿色的孔雀在开屏，极为美观。

旅人蕉是多年生的乔木状草本植物，原产于非洲马达加斯加，二十世纪八十年代中期在引入中国，在广东、福建以及台湾等地均有栽培。旅人蕉叶柄内藏有许多清水，旅行者口渴时，可用小刀戳穿其叶柄基部而得水解渴，故有此名。

据说很久前，非洲内陆有一只骆驼商队，在干旱炎热的沙漠中行走了几天几夜，由于迷失了方向，他们的干粮吃完了，水也喝尽了。正当他们奄奄一息、坐以待毙时，突然发现了沙漠中的一种植物。他们想折些叶片喂骆驼，没想到在叶片折断处竟流出大量清水，使他们得到解救。庆幸之余，他们便将它称为"旅人蕉"，誉之为

"沙漠旅行者的救护神"。

地处热带的非洲沙漠，气候非常干燥，而旅人蕉的叶鞘内可以贮存雨水，这确实非常难得。下雨时，巨大的叶片承接的雨水顺着叶柄流入叶柄槽内，而下部宽大、排列紧密的叶柄严丝无缝，使得雨水只进不出，滴水不漏，再加上叶柄自身光滑的表皮和包被一层蜡质皮粉，不仅能有效地防止水分蒸发，还能提高自身的抗旱能力。

因此，旅人蕉又被形象地称之为"水树"，或"天然的饮水站"。旅行者口渴时，只需用小刀在叶柄底部划开一个小口子，贮存的清水立刻奔涌而出。旅人蕉的叶柄能储存好几斤水，而且划开的小口子会自动闭合，一天后又可为旅行者提供饮水。

旅人蕉不仅具有特殊储水功能，而且叶片硕大奇异，像芭蕉树叶一样姿态优美，飘逸别致，具有浓郁的热带风情。无论作为大型庭园观赏植物，用于公园、校园绿化，还是作为小型观赏植物，用于私家庭院、商场、亭廊的造景；无论是地栽孤植、丛植或列植，还是作为室内盆栽观赏，其装饰效果都非常好，广受各方面好评。

旅人蕉的外形，虽然和其他芭蕉很像，又带有"蕉"字，但和其他芭蕉明显不同。其树形高大奇特，又厚又硬的叶片呈两列整齐排列在粗壮的树杆上，比其他芭蕉叶片更加坚韧、形状也更加规整，不似其他芭蕉叶柔软，可以在风中轻柔地摆动。可以说是棕榈树和芭蕉的结合体。它来自环境更为艰苦的非洲，没有大量雨水来浇灌它，只能靠自己来求得生存，因此生长得十分健壮而顽强。

尤其可贵的是，旅人蕉不仅是沙漠中的储水器，而且是行走中的"储水站"。它的根部极长，会不断向土壤深处延伸，自动寻找水分更多、更适合生存的地方。一旦找到就会在根部重新长出一颗新芽，破土而出，成长为一棵新的旅人蕉。旧的旅人蕉会源源不断为新的旅人蕉幼苗提供营养和水分，使之开启新的生命，自己再慢慢枯竭、"死去"。

人们称赞旅人蕉"绿天原野望遥遥，道是旅人原是蕉。习习凉风真惬意，千张羽叶向人摇。"作家爱莉也写过一部名叫《旅人蕉》的书，借以抒发了其思乡之情与孤独感："在侧风的路口，望见了旅人蕉，沦落天涯的影，春天的炫彩已褪去。"在诗中旅人蕉化作一个孤独的游子。来自非洲的旅人蕉，经过漂泊来到中国，被赋予了更多的人文内涵。

旅人蕉的叶片舒展、翠绿，就像开屏的孔雀，具有飘逸的柔美；同时它的树干高大，叶柄粗壮有力，具有阳刚的健美，象征着大无畏精神和顽强的生命力。对于马达加斯加人来说，旅人蕉可以为无数沙漠旅人保驾护航，成为他们的象征自在情理之中。

旅人蕉

又名扇芭蕉、孔雀树，旅人蕉科旅人蕉属。树干像棕榈，叶两行排列于茎顶，像一把大折扇，叶片长圆形，似蕉叶。花序腋生，佛焰苞内有花五到十二朵，排成蝎尾状聚伞花序；萼片、花瓣披针形。

校园分布：芙蓉三前。

为何花中偏爱菊

秋丛绕舍似陶家，遍绕篱边日渐斜。

不是花中偏爱菊，此花开尽更无花。

唐代诗人元稹在《菊花》一诗中，表达了对菊花的由衷喜爱，赞美了菊花历尽风霜而后凋的坚贞品格。尽管金秋已过，霜降来临，但菊花却顶风傲霜，依然叶正绿、花正浓，让原本有点肃杀的的季节多了几分浪漫和温情。

菊花虽不像牡丹那样富丽，也没有兰花那样名贵，但作为傲霜之花，它一直受到偏爱。有人赞美它坚强的品格，有人欣赏它高洁的气质，而元稹的咏菊诗，从菊花在四季中谢得最晚这一自然现象，引出了深刻的道理，道出了他爱菊的原因。

菊花是经过长期人工选择培育的名贵观赏花卉。中国栽培菊花的历史已有三千多年，在《诗经》和《离骚》中都有关于菊花的记载。《离骚》曰"朝饮木兰之坠露兮，夕餐秋菊之落英"，说明菊花与华夏文化早已结下了不解之缘。到唐朝时菊花的栽培已很普遍，栽培技术也进一步提高，采用嫁接法繁殖菊花，并出现了紫色和白色的品种。宋朝栽培菊花更盛，随着培养及选择技术的提高，菊花品种也大量增加，可以说是从药用转为园林观赏的重要时期。公元八世纪前后，作为观赏的菊花由中国传至日本；十七世纪末荷兰商人将中国菊花引入欧洲；十九世纪中期引入北美，此后中国菊花遍及全球。

菊花的花色众多，有红、黄、白、橙、紫、粉红、暗红等；培育的品种也很多，有单瓣、平瓣、匙瓣等多种类型，菊花喜温暖湿润气候，但也能耐寒，严冬季节根茎能在地下越冬，花能经受微霜。

菊花能入药治病，汉朝《神农本草经》记载"菊花久服能轻身延年"。宋代诗人苏辙称："南阳白菊有奇功，潭上居人多老翁。"《西京杂记》记载："菊花舒时，并采茎叶，杂黍米酿之，至来年九月九日始熟，就饮焉，故谓之菊花酒。"当时帝宫后妃皆称之为"长寿酒"，把它当作滋补药品，相互馈赠。这种习俗一直流行到三国时代。"蜀人多

种菊，以苗可入莱，花可入药，园圃悉植之，郊野火采野菊供药肆。"

菊花还可以烹饪精美佳肴，如菊花肉，用蔗糖熬浆炮制的白嫩猪肉加工制成，玲珑剔透，犹如白玉。黏上几丝菊瓣，观其金黄色泽，吃到口里香甜不腻。还有菊花鱼球、油炸菊叶、菊花鱼片粥、菊花羹、菊酒、菊茶等，不但色香味俱佳，而且营养丰富。

中国人有重阳节赏菊和饮菊花酒的习俗，从古代京都的帝王宫廷、官宦门第和庶民百姓，到边远城乡的百姓，几乎每年秋天都会举行菊花会、菊花展等各种形式的赏菊活动。唐代诗人孟浩然在《过故人庄》中写道："待到重阳日，还来就菊花。"

菊花具有清寒傲雪的品格，在古神话传说中菊花还被赋予了吉祥、长寿的含义。晋朝陶渊明爱菊成癖，并写过不少咏菊诗句，如"采菊东篱下，悠然见南山""秋菊有佳色，更露摄其英"等，至今仍脍炙人口。当时上大夫慕其高风亮节，赞其"芳熏百草，色艳群英"，不仅多种菊自赏，而且常为之吟诵，留下许多美好的诗句。如杜甫的"寒

花开已尽，菊蕊独盈枝"；李商隐的"暗暗淡淡紫，融融冶冶黄"；白居易的"满园花菊郁金黄，中有孤丛色似霜""耐寒唯有东篱菊，金粟初开晓更清"；刘禹锡的"家家菊尽黄，梁园独如霜"等。

在苏轼笔下，"荷尽已无擎雨盖，残菊犹有傲霜枝"，展现出荷花随夏天离去而逝时，菊花却迎霜怒放的情景。而朱淑贞笔下的秋菊，"宁可抱香枝上老，不随黄叶舞秋风"，表现了"菊如君子"的品行，不慕荣华、安于清贫、坚贞执着、铁骨铮铮。

菊花是中国十大名花之一，并于梅、兰、竹并称"花中四君子"，和月季、康乃馨、唐菖蒲并列世界"四大切花"之列，产量居首位。走进厦大苗圃，一盆盆菊花红得似火，粉得如霞，黄得赛金，白得像雪，在阳光照耀下傲然挺立，在秋风瑟瑟中翩翩起舞。

菊开九月，满园菊香。五彩缤纷的菊花把校园装扮得如诗如画，淡淡的清香飘向四方。虽然不事张扬，却有着让人无法忽视的美；虽然淡泊名利，却给人带来安详平和与快乐；看似超凡脱俗，却甘愿为秋天做无私无畏的奉献。

菊 花

菊科菊属。多年生宿根草本植物。茎色嫩绿或褐色，多为直立分枝，单叶互生，卵圆至长圆形，头状花序顶生或腋生，一朵或数朵簇生。舌状花为雌花，筒状花为两性花。色彩丰富，有红、黄、白、橙等。
校园分布：苗圃、教工宿舍区、校园花坛。

唯有梅花香如故

墙角数枝梅，凌寒独自开。

遥知不是雪，为有暗香来。

宋代大诗人王安石在《梅花》一诗中，以梅花不惧严寒、傲然独放，描写了梅花的坚强和高洁品格，比喻那些处于艰难环境中依然能坚持操守、主张正义的人。全诗语言朴素，平实内敛，却自有深意。

寒冬时节，校园里的梅花却已悄然绽放。走在通往白城的路上，不时有暗香袭来。那娇嫩的花瓣，在阳光下熠熠生辉；更多的花蕾，在枝头上密密麻麻的繁盛着。采撷几枝插入花瓶中，供于书案上，其清香弥漫室内，令人感到幽香彻骨，心旷神怡。

梅花原产于中国南方，已有三千多年的栽培历史，既可作观赏，亦可为果树。早在《诗经·周南》中，就有"摽有梅，其实七兮"的描述。观赏梅花的兴起则始于汉初，《西京杂记》载："汉初修上林苑，远方各献名果异树，有朱梅，胭脂梅。"

梅花的颜色、品种多样。花色有紫红、粉红、淡黄、淡墨、纯白等多种颜色。"红梅"花形极美，花香浓郁；"绿萼"花白色，萼片绿色，重瓣雪白，香味袭人；"紫梅"重瓣紫色，淡香；"骨里红"颜色深红，凋谢时色亦不淡，树质似红木；"玉蝶"花白略带轻红，有单重瓣之分，轻柔素雅。成片栽植的梅花，疏枝缀玉，缤纷怒放，有的艳如朝霞，有的白似瑞雪，有的绿如碧玉，云蒸霞蔚，十分壮观。

梅花的香味十分清幽。疏影横斜，暗香浮动。那种"着意寻香不肯香，香在无寻处"的意境，让人难以捕捉却又时时沁人肺腑、催人欲醉。探梅时节，徜徉在花丛之中，微风轻轻掠过梅林，犹如浸身香海，通体蕴香。

梅花的枝干苍劲嶙峋，形若游龙，给人一种饱经沧桑、威武不屈的阳刚之美；缀以数朵凌寒傲放的淡梅，俨然一幅天然的水墨大写意。古人云"梅以形势为第一"，形态多变的梅枝呈现出很强的力度和线条的韵律感，让人叹为观止。

冬天是万物萧肃、寒风凛冽的季节，世界万物似乎都在冬眠，梅花却在风雪严寒中，开百花之先，独天下而春。一枝一枝的梅花相依相偎，撑起了一树梅景，在寒冬里散发出淡淡的幽香，让单调的冬天不再那么乏味。

在中国传统文化中，梅以其高洁、坚强、谦虚的品格，给人以立志奋发的激励。"宝剑锋从磨砺出，梅花香自苦寒来""不经一番寒彻骨，怎得梅花扑鼻香""小屋数盈风料峭，古梅一树雪精神"这些诗句，都是点赞梅花傲视冰雪的品质。

梅花的香气清幽淡远，与其他浓烈的花香相比较，显得与众不同，卓尔不群，它体现出一种清气、正气、静气，一种独具的精神品质。即使身陷污浊也要洁身自好，哪怕身处乱世也不同流合污，这也是梅花备受人们推崇、赞誉的地方。正如元代画家、诗人

王冕在《墨梅》一诗中所写："吾家洗砚池头树，朵朵花开淡墨痕。不要人夸好颜色，只留清气满乾坤。"

无锡、南京的梅园，真是梅花的世界，梅花的海洋。梅花丛中，花媚人娇，花不醉人人自醉。那白梅似雪，粉梅如彩霞，绿萼梅白中隐青，晶莹淡雅；最引人注目的则是朱砂梅，老树新枝，坚硬挺拔，绽放朵朵褐丝、金蕊的红花，

宛如无数美丽的红蝴蝶在嫩绿的枝头飞舞……

梅花有如此风韵，又有如此节操，难怪被称为中国"十大名花"之首，与兰花、竹子、菊花一起列为"四君子"，与松、竹并称为"岁寒三友"。宋代诗人范成大在《梅谱》中说："梅以韵胜，以格高，故以横斜疏瘦与老枝怪石者为贵。"在许多诗人、画家的笔下，梅花的形态总离不开"横、斜、疏、瘦"四个字。人们赏梅品韵的标准，则是"贵稀不贵密，贵老不贵嫩，贵瘦不贵肥，贵含不贵开"，谓之"梅韵四贵"。

古往今来，许多文人墨客留下了无数咏梅的诗句。早在南北朝时，诗人陆凯就有折梅赠友、报春传情的咏梅诗："折梅逢驿使，寄与陇头人。江南无所有，聊寄一枝春。"到了唐代，诗人王维在《杂诗三首》中，同样借梅讯表达了一位久在异乡的人对故乡的殷切思念："君自故乡来，应知故乡事。来日绮窗前，寒梅著花未？"唐代张谓的七绝《早梅》，把梅和雪的意象联系在一起，使之相互衬托，相映生辉："一树寒梅白玉条，迥临村路傍溪桥。不知近水花先发，疑是经冬雪未销。"大诗人李白的"黄鹤楼中吹玉笛，江城五月落梅花"则为人们描绘出一幅听黄鹤楼上吹笛、看满园梅花飘落的景象。

到了宋代，赏梅成了文人们的赏心乐事。北宋的苏轼、秦观、王安石，南宋的陆游、陈亮、范成大，皆有梅花诗词传世。据称《全宋诗》中，梅花题材的诗有四千七百多首，《全宋词》中咏梅词也多达一千一百二十多首。仅陆游以梅为题的诗就有二百多首，从寻梅、探梅到观梅、折梅……其中最为人们熟知的，就是那首《卜算子·咏梅》："无意苦争春，一任群芳妒。零落成泥辗作尘，只有香如故。"表达了诗人那种高洁的精神，不愧是"一树梅花一放翁"！

宋人卢梅坡的两首七言绝句《雪梅》也写得妙趣横生，富有韵味："梅雪争春未肯降，骚人搁笔费评章。梅须逊雪三分白，雪却输梅一段香。""有梅无雪不精神，有雪无梅俗了人。日暮诗成天又雪，与梅并作十分春。"从中可以看出诗人对赏雪、赏梅、吟诗的痴迷和高雅的审美情趣。

"寻常一样窗前月，才有梅花便不同。"古今文人骚客对梅花的赞叹，大多数歌咏的是红梅、白梅或绿梅，实际上，还有一种和梅花颇为相像的蜡梅，也很受人们的喜爱。蜡梅通常开黄花，金黄似蜡，岁首冲寒而开，有"轻黄缀雪，冻莓含霜"之称。它和梅花不同种，属于蜡梅科蜡梅属植物，花期很长，从十一月中旬开花直到次年三月；含苞的花蕾以花心黄色、完整饱满而未开放者为佳。两者在植物形态、花期、香味等方面也有一些区别，如梅花是乔木，而蜡梅是灌木；蜡梅多在农历腊月前后开放，比梅花的花期约早两个月；梅花香味清新淡雅，透着一股暗香，而蜡梅香味比梅花要更浓郁一些。

"岁穷压霜雪，春至喜风露。一枝蜡花梅，清香美无度。"无论是梅花还是蜡梅，都是傲霜斗雪、色香俱佳的著名观赏花卉。难得的是，厦大校园里既有梅花，也有蜡梅，且梅花有白、粉、紫红、深红等各种不同颜色；她们在风雪中蕴育着美，在严寒中积蓄着力量；她们是报春的使者，是祥和的象征，也是坚贞纯洁的代表。

愿借天风吹得远，芙蓉园里尽成春！

梅 花

蔷薇科杏属。小乔木或稀灌木，树皮浅灰色或带绿色，叶片卵形或椭圆形，叶边常具小锐锯齿；花先于叶开放，香味浓，果实近球形；花期冬春季，果期5~6月。

校园分布：白城、海滨宿舍区、亦玄馆旁。

凤凰花开会有时

那一年，凤凰花开了。

我走进鹭岛，走进厦大，走进东海之滨这座美丽的校园。

时值春末夏初，校园里的凤凰花从一开始的星星点点，悄然绽放，一片绿肥红瘦，到猛然间一簇簇红艳艳的花瓣展露于绿叶之上，像赶集似的你推我搡，开得兴高采烈，开得热情奔放。校园处处沉浸在花海中，风光烂漫，气象非凡。

虽然从小生活在闽南，每天上学路上都要穿行凤凰树下，对凤凰花并不陌生，但凤凰花开得如此殷红、如此艳丽，却是到厦大之后才深切体会到的。这时，我也才知道，凤凰木就是因"叶如飞凰之羽，花若丹凤之冠"而得名的。每当夏日，凤凰花开时，青翠的羽状复叶衬托着一树红花，恰似那色彩斑斓、热烈奔放的火凤凰。

早在二十世纪六十年代初，著名诗人郭小川来到厦门，就曾为火红的凤凰花所深深感染，在那首脍炙人口的长诗——《厦门风姿》中，他写下"凤凰树开花红了一城"的名句，不经意间成了这座英雄城市的"代言人"。

那时，厦门是海防前线，只有很少几路公交车。而1路公交、2路公交的终点站都是厦大。1路车是火车站到厦大，2路车是轮渡到厦大。因此，所有到厦大读书的学生，无论是坐汽车、火车或是轮船来的，转公交车到厦大时，在校门口的公交站一下车，映入眼帘的便是几株硕大的凤凰木。

在年轻学子的眼里，这几株高大挺拔、葱茏翠绿的凤凰木，还有鲁迅先生题写的"厦门大学"四个龙飞凤舞的校名，不就象征着自己朝气蓬勃的青春和光明灿烂的未来吗？在凤凰树下留张影吧，给家人，给朋友，给中学的老师和同学，告诉他们：自己今后四年就要在这凤凰花开的校园里度过，一定会好好读书，决不辜负大家的期望，决不辜负这美丽的凤凰花和大好的春光，决不辜负人生中最宝贵的四年大学时光！

从校门口到三家村是一条长长的柏油路，路两旁的行道树多是凤凰木。那挺拔的树干、交叉的枝丫、淡绿的枝叶，仿佛架起一条绿色的长廊。花开时节，凤凰花如火焰般绽放，在半空中铺展开来的红花绿叶，层层叠叠，洒下遍地浓荫。一幢幢雕梁画栋、红砖绿瓦的学生宿舍楼，从芙蓉三、芙蓉二，到芙蓉四、芙蓉一，全部笼罩在凤凰木的绿荫里，洒下斑斑点点的日影和花影。

入学时，中国刚开始改革开放，厦门也在改革开放大潮中由海防前线变成了经济特区。被称为"天之骄子"的77、78级大学生们，一个个铆足了劲，读书不甘人后，工作不甘人后，体育锻炼和歌咏比赛同样不甘人后。就像那满树的凤凰花，比比谁更火红，比比谁更灿烂！

经济系的学生住在芙蓉二，楼前林荫道两旁那一株株高大的凤凰木，成了同学们最钟情的

"伴侣"。每天睁开眼是她，闭上眼还是她。每天上课下课，都要经过她身旁。大家在她身边穿梭、休憩，交流、探讨，从报刊上关于真理标准问题的大讨论，到张志新冤案的平反和雷抒雁的《小草在歌唱》；从国民经

济的"调整、改革、整顿、提高"，到《中国青年》发起的人生观讨论……那是一个思想解放的年代，也是忧国忧民的岁月。无论是男、女同学，无论老三届或应届生，大家都一样关心国家大事，关注社会民生。

多亏了陈嘉庚先生，在芙蓉楼里修建了宽大的走廊，让同学们晨昏月夕可以坐在走廊上，伴着近在咫尺的凤凰木，和三两知己促膝谈心，从老师的课堂讲授到学英语、背单词的技巧；从《伤痕》《于无声处》《庐山恋》等引发社会关注的小说、戏剧、电影；到马克思的《1844年经济学哲学手稿》和萨特存在主义的合理性……大家兴趣广泛，无所不谈，唯恐消息闭塞，唯恐孤陋寡闻。

到了秋冬，当繁花谢尽、落英满地，凤凰木只剩下光秃秃的树权和低垂的果荚。那弯弯的果荚，形似"关刀"，凤凰木也因此被称为"关刀树"。此时大家交流的地点自然也从户外转移到户内。南方的冬天没有暖气，夜晚的气候仍相当寒冷，但大家在宿舍里依然谈得热火朝天，争得面红耳赤。

就这样，同学们在这座凤凰花开的校园里度过了四年难忘的时光。虽然校园里花草繁茂、绿树成荫，但火红的凤凰花对于同学们来说，却有着非同寻常的意义。它映射着南强学子火一般的炽热青春，折射出厦大师生追求知识、追求真理的热情和勇气。今天人们已很难想象，没有凤凰花的厦门大学还是不是厦门大学。

2005年，一首《凤凰花开的路口》在华语乐坛不胫而走。这首歌是专门写给大学

离别学子的，歌曲的旋律十分优美，带着些浓郁的沧桑感："又到凤凰花朵开放的时候，想起某个好久不见老朋友。青春带走了什么留下了什么，剩一片感动在心窝……"它描述了一个人在人生的不同阶段，与不同的同学、朋友并肩共度青春时光，在分别时的不舍和留恋。

2006年，在厦大校庆八十五周年举办的《同一首歌》大型演唱会现场，歌手林志炫以这曲《凤凰花开的路口》让所有厦大人的情感找到了一个抒发和寄托之处："时光的河入海流，终于我们分头走。没有哪个港口，是永远的停留；脑海之中有一个凤凰花开的路口，有我最珍惜的朋友……"多年的同窗、好友之间有如家人般温暖而彼此了解，但任何情感都要懂得珍惜，珍惜彼此留在心中的感动及美好的记忆。

原本以为这首被誉为"21世纪新千年毕业歌代表"的歌曲已是歌咏凤凰花的巅峰之作，可谁能想到，2019年，由韩红作曲并演唱的《凤凰花季》首发，瞬间刷爆了厦大学子的朋友圈。"那一年，风儿吹过七月的海面，仿佛就那么一瞬间，凤凰花开满天……"

这首歌是厦大1986级校友送给母校的礼物，情真意切，深情款款。平淡朴素的歌词背后，汹涌着难以平静的思念和怀旧情感。它不仅勾起许多毕业生的记忆，也触动了无数人的泪点：

那一年，骊歌悠扬蝉声渐远
仿佛就在那么一瞬间
挥别了芙蓉湖我泪流满面
远处的凤凰花已含泪无言
潮落潮涨几度风霜
青春不老岁岁年年……

凤凰花

别名金凤花、红花楹，豆科凤凰木属。落叶乔木，植株高大，树冠宽广，二回羽状复叶，小叶长椭圆形。花大而美丽，鲜红至橙红色，花期5~7月，荚果木质。厦门市树，马达加斯加国花。校园广为分布。

附录：

拍花小记

厦大之美，美在百年积淀的人文底蕴，美在一脉相承的校园建筑，当然也美在校园里的花草树木。

2019年，林间老师担纲写作的《芙蓉园里尽芳菲——厦大校园的花草树木》一书被列入厦大"百年精神文化系列"丛书。他知道我平常喜欢摄影，也经常到处"走走拍拍"，便热情邀我为该书的百种花草树木配图。盛情难却，加之在校园里生活了几十年，对身边的一草一木也深有感情，于是便答应了下来。

回想1978年秋天，自己刚到厦大读书时，校园里虽然也是花团锦簇，但花草树木的品种似乎并不算多，给我留下印象较深的是林荫道（博学路）两旁高大的银桦、上弦场青翠的蒲葵、生物馆周边成簇的三角梅、演武场挺拔的木麻黄和国光楼旁的龙眼树。因为经常从林荫道去老化学馆上课、做实验，课余时间也常在上弦场附近背单词，沿途的植物看得多了，也就深深地印在了脑海里。

一年四季，校园里草木葱茏，花开不断。早春时节，群贤楼前的木棉花盛开怒放，一朵朵像火焰般燃烧；春末夏初，芙蓉二前的凤凰花开满枝头，如彩霞般绚烂；盛夏时节，通往白城海滨的羊肠小道旁，喇叭状的黄色夹竹桃散发出阵阵诱人的清香；而去新华书店和信箱的路上，总能看到洒落一地的毛茸茸的合欢花。

伴随着四季的轮回，校园里的许多名花、名树，如初春绽放的迎春花、黄花风铃木，夏日骄阳下的紫薇、荷花，秋风里色彩斑斓的栾树，冬日里灿烂的三角梅、美丽异木棉，还有全年盛开的洋紫荆……都已成为自己生活的伴侣。花季时没看到它们，就仿佛丢了什么东西似的。

数码相机普及后，自己对校园花草树木的喜爱也由欣赏上升为拍摄，开始尝试通过镜头来记录这些花草树木的倩影和校园环境的变迁，空闲时也常常背着相机在校园里四处转悠，捕捉美的瞬间。校园里的各种花草树木，芙蓉湖里的白鹭、黑天鹅，以及身着毕业礼服的学生在凤凰花下纵情恣意的身影，都留在了我的镜头中。

接下拍摄校园花草树木的任务后，我便迅速行动起来，制定了一个详细的拍花计划，准备从2020年早春开始，随同季节的变幻，全年跟拍校园里的花草树木。为了拍出效果，我还特地换了一部新相机。

没想到，就在我准备将拍花计划付诸行动时，2020年一月下旬，突如其来的"新冠"疫情爆发了，校园被关闭，拍花计划不得不按下暂停键。我在心中期盼着疫情早日结束，人们的生活、工作能够常态化，我也可以早日进入校园拍花，毕竟花时不等人啊！

好在全校师生和全市人民高度自觉，处处"严防死守"。到了三月，疫情已基本被控制住，校园终于"有条件"地开放了。于是，每到周末、节假日，无论清晨或傍晚，我都会背上相机到校园里拍摄。每次拍照前，自然要做足功课，通过各种网站和识花小程序了解相关植物的形态特征，开花、结果的时间，设计好拍摄路线。刚开始主要是拍品种，即根据作者提供的目录"按图索骥"，先把相应的花草树木一一拍下，然后"拾遗补缺"；对不认识的花草树木，只要觉得花美或树形好看，也先拍下来，回家再进行识别；对那些时令未到、尚未开花或结果的植物，则需等待花朵绽放或树木结果时再去补拍。虽然疫情拖延了开拍的时间，但由于疫情期间学校停课及不对外开放，校园里十分空旷，倒也给拍照带来了不少便利。

春天是草木复苏的季节，伴随着小草返青、嫩芽初上，各种春花成片绽放。先是木棉在群贤楼前盛开，树上硕大的花朵红彤彤一片，树下用落花摆成的心形随处可见。紧接着，樱花、黄花风铃木也悄然登场。虽然这两种花种植的数量不多，但无论是色彩还是花形都十分养眼，让人颇有"乱花渐欲迷人眼"的感受。

在拍摄过程中，有两种花美得让我有些意外：一是柿子花，二是番石榴花。虽然大家平常都知道柿子好吃，但似乎很少有人会关注柿子花长什么样。拍摄中我发现，柿子花虽然很小，但花瓣晶莹剔透，像一串透明的小喇叭挂在树枝上，十分唯美，只是美得有些低调。而番石榴花平素也不太引人注意，我此前似乎没见过，想象它大概和杧果花差不多。当番石榴花出现在我面前时，我不禁被它吸引住了，那白色的花瓣、钟形的萼管、近圆形的萼帽，尤其是细长而密集的花丝，仿佛是姑娘头上的银色簪花，特别漂亮。番石榴花和常见的桃花、李花大小相近，但显得更厚实、更有质感。看来大自然确实不缺少美，缺少的是发现美的眼睛。

在拍摄过程中，还有幸发现了校园花草树木中的某些"稀有品种"，如被称为福建"六大果树"之一的荔枝。虽然在闽南、闽中一带，荔枝树随处可见，但在我的记忆中，似乎从未在校园里见过，作者也没有把它列入目录。可是，荔枝毕竟是福建的著名果树，而且它身上承载着丰富的文化内涵。如果能在校园里找到它，岂不是一件赏心乐事？然而，我在校园里四处寻觅，却始终不见荔枝的身影。

于是，我特地去苗圃向园丁咨询。老师傅告诉我："校园里只有一株荔枝，但只开花不结果。"我找到这株荔枝后，观察了一段时间，发现它确实不会结果。但我并不死心，继续在校园里寻找。就在我"踏破铁鞋无觅处"时，奇迹出现了！一个初夏的早晨，在去海滨东区拍摄的途中，一株刚刚挂果的荔枝树撞进了我的眼帘，那青涩的荔枝果还带着露水，让我喜出望外。一个月后，这株荔枝树已是果实累累，一颗颗红灿灿的荔枝果鲜艳而诱人。真是功夫不负有心人啊！

梅花和蜡梅的发现也充满了戏剧性。作者提供的目录中虽然有梅花，但我在校园里转来转去，却始终不见梅花的踪影。于是退而求其次，试图寻找蜡梅来代替。但蜡梅树植株较小，且早已过了花期，偌大的校园去哪里找呢？我只好采取排除法，发现有类似的植物先拍回来再进行辨认。虽然耗时费力，却也逐渐缩小了"包围圈"。终于，在海滨宿舍区的一个角落里发现了一株光秃秃的蜡梅，后来又在苗圃师傅的指点下找到几处种植蜡梅的地方。由于担心错过花期，刚入冬我就隔三岔五地去"巡视"。待到蜡梅开放时，我总算如愿以偿地拍到了暗香飘送的蜡梅！

没想到，就在我心满意足、准备打道回府时，竟意外地在白城宿舍区发现了一株开着白色花朵的绿萼梅，我急忙把它收入我的镜头。随后"乘胜追击"，在亦弦馆外拍到了一株遗世独立的宫粉梅，可谓"好事成双"！当我看到这株绚烂绽放的宫粉梅的那一刻，感觉这一年的辛劳顷刻间烟消云散。有了这缤纷多彩的梅花照，作者的最后一篇压轴随笔——"唯有梅花香如故"也就水到渠成了。

能在美丽的厦大校园里学习、工作，原本就是件幸福的事儿。而能在母校百年校庆之际，为校庆的图书、校庆的活动奉献自己的绵薄之力，则让我感到十分欣慰和自豪！

宋文艳

2021 年 3 月 8 日

后记

"面朝大海，春暖花开"，这是青年诗人海子对未来幸福生活的向往，人们用它作为对依山傍海、四季繁花盛开的厦门大学的礼赞。

走进厦大校园，人们发现，这里的每一幢房子几乎都面朝大海，这里的每一个季节都温暖如春，这里的三百六十五天每一天都有鲜花盛开。在这里读书的厦大学子，在这里生活、工作的厦大人真是太幸运了！

可是，素有"花园大学"之称的厦大校园里，都有些什么花草、什么树木呢？每天在校园里匆匆来去的学生们似乎有些无暇顾及，偶尔到校园里参观游览的游客们更是浮光掠影，即使像我这样在校园里生活了几十年的"厦大人"，也只能说是略知皮毛。校园管理部门虽然曾给一些古树名木挂上"标牌"，但囿于各种原因，还称不上完备；《厦门大学报》的副刊上，不时也会发表一些介绍或描述校园植物的文章，但篇幅有限，且比较零散；生命科学学院的师生们也曾建立过"厦大植物网"之类的网站，介绍校园里的各种植物，只是随着学生毕业、时过境迁早已关闭。

被誉为"中国最美的大学校园"之一的厦门大学，怎么能没有一部专门介绍校园花草树木的书呢？眼看着十几年来北大、南开等知名学府一部部介绍校园草木、花事的科普著作相继出版，心里不禁有些"失落"，也有些为厦大"抱不平"。毕竟厦大地处南方亚热带地区，不仅阳光充足，雨水丰沛，而且夏长冬短，气候温和，非常适宜花草树木的生长。一年四季草木繁盛，景色秀丽，与地处北方的大学不可同日而语。可是，左盼右盼，却始终不见这样一部作品问世。

2019年夏天，得知学校正在紧锣密鼓地筹备百年校庆，并规划出版一百多种校庆图书，其中就有一套"精神文化系列"丛书。介绍厦大的花草树木及其背后蕴含的人文内涵、历史典故和民俗花事，不正是校园文化的一部分吗？于是，《芙蓉园里尽芳菲——厦大校园的花草树木》一书的策划创意产生了，并得到了出版社和学校有关方面的肯定和支持。尽管自己手头写作任务繁重，尽管写这样的书并非自己所长，尽管有在众多植物专家面前"班门弄斧"之嫌，也只好勉为其难，把写作任务承担了下来。

回想当年恢复高考后参加的第一次入学考试和大一读了一整年的"植物学"课程；回想教植物的柯老师（厦大生物系1958届毕业生）在课堂上诵读的白居易诗句"人间四月芳菲尽，山寺桃花始盛开"；回想为了参加植物学期末考试和同学躲到花果山上互相背植物思考题的情景；回想在厦大校园里度过的几十个春秋、日日夜夜与校园花草树木相伴的时光，心里不禁增加了几分创作的"底气"和勇气。

庆幸的是，厦门大学出版社总编辑宋文艳担纲了本书的"特约摄影"。从庚子年早春时节到寒冬腊月，在"新冠"疫情暴发、校园"严防死守"的日子里，在出版工作十分紧张繁忙的间隙，她先后进进出出校园数十次，随着季节的变换、时令的更替、花事的变迁、草木的枯荣，跟踪拍摄了数以万张的照片，并从中选出四百余张"美图"，为本书"图文并茂"增光添色，使美图与"蓬荜"相映生辉。

同样庆幸的是，与北大、南开等著名大学出版的花木、花事图书大多从科普角度写作不同，本书别辟蹊径，选择从人文角度来描写校园的花草树木及其背后的故事，以增加作品的知识性、趣味性和可读性。全书共分为五辑，每辑约二十篇随笔、短文。其中，引子《五老峰下，姹紫嫣红的校园》介绍了厦大花草树木的概貌，尤其是被称为"厦大校花"、每年毕业季盛开怒放、艳若云霞的凤凰花。

第一辑"芙蓉湖畔柳依依"，着重从植物与校园建筑、环境相结合的角度，描写了厦大校园里的柳树、木棉等十九种花草树木，如《芙蓉湖畔柳依依》《群贤楼外木棉红》《刺桐花开情人谷》《漫山遍野相思浓》等随笔；

第二辑"绿覆荫浓三角梅"，着重从植物形态特征和美学的角度，介绍了榕树、柠檬桉等二十种花草树木，如《长髯飘拂的老榕树》《随风摇曳的柠檬桉》《醉人的香樟树》《美丽的蓝花楹》等随笔；

第三辑"椰子树的长影"，着重从植物与文化艺术相结合的角度，介绍了椰子树、茉莉花等二十种花草树木，如《高高的树上结槟榔》《夜来香吐露着芬芳》《八月桂花遍地开》《月光下的凤尾竹》等随笔；

第四辑"果树枝繁欣岁熟"，着重从果树观赏与水果食用相结合的角度，介绍了龙眼、波罗蜜等二十种果树，如《国光楼前的龙眼树》《漂洋过海的波罗蜜》《石榴花开红似火》《谁人知是荔枝来》等随笔；

第五辑"扶桑正是春光好"，着重从植物与中国古典诗词相结合的角度，介绍了桃花、杜鹃花等二十种花草树木，如《桃花春色暖先开》《杜鹃花发鹧鸪啼》《等闲识得腊肠树》《映日荷花别样红》等随笔。

最后，在尾声《凤凰花开会有时》中，与"引子"首尾呼应，着重介绍了被作为厦门市树的凤凰木，既回顾了当年凤凰花开时走进东海之滨这所美丽校园的情景，回顾了在校园里和凤凰木相依相恋的青春岁月，也表达了广大师生、广大校友"凤凰花开时，再聚芙蓉园"的美好愿望。

"千门万户曈曈日，总把新桃换旧符。"艰难的庚子年终于过去了，断断续续地写了一年多的书稿也即将交给出版社了。由于时间紧、任务重，厦大花草树木的品种多、分布广，加之自己专业知识和写作水平有限，书中难免存在种种不足乃至错讹之处，恳切希望得到读者、方家的批评指正。

十年树木，百年树人。愿厦大校园里那些饱经风霜的花草、那些历尽沧桑的树木，在营造校园美丽风景的同时，也能为学子们的成长增添一些厚重、深邃的人文底蕴，能使这座百年知识殿堂更加充满蓬勃的生命活力！

林　间

2021年2月14日